LabVIEW를 활용한
기초물리실험

장기완 저

북스힐

머 리 말

이 책은 전기 및 전자공학을 전공하지는 않지만 이들의 기본지식 및 응용을 필요로 하는 물리 또는 이공 기초학문을 전공하는 학생들을 위해 저서 되었다. 전공실험에서 필요한 기초적인 회로구성 및 컴퓨터를 활용한 실험수행에 필요한 기초개념의 이해와 함께 이를 응용할 수 있도록 구성되었다.

저자는 물리학 및 이공 기초학문 분야의 학생들의 실험지도를 위해 여러 실험 책들을 활용하면서 보다 우리 실정에 맞는 실험교재의 개발이 필요하다고 인식하여 왔다. 따라서 국내에서 비교적 쉽게 구할 수 있는 실험장비와 부품을 이용하여 데이터를 구하고 분석할 수 있도록 노력하였다.

많은 실험들이 컴퓨터와 전자기기들을 간단히 연결하여 데이터를 구하는 동시에 분석도 어느 정도는 자동화되어 학생들이 그 중간에 숨어 있는 개념의 이해에 소홀해지는 점이 있는 것 같다. 이 책에서는 기본개념으로부터 컴퓨터를 활용한 실험을 수행하도록 함으로서 학생들이 보다 생각하면서 실험을 수행하는 능력을 키우도록 노력하였다. 기본개념의 이해 없이는 새로운 제품을 개발하지 못한다는 것은 주지의 사실이다. 따라서 기본개념을 바탕으로 물리학 및 이공 기초학문을 수행하는 학생들에게 꼭 필요하다고 생각되는 실험을 수행하도록 하였다. 또한 간단한 프로그램을 학생들이 스스로 작성하여 실험할 수 있도록 Labview 프로그램을 활용한 실험들도 첨부하여 고전적이면서 현대적인 실험을 수행할 수 있도록 실험내용을 구성하였다.

실험을 하다보면 많은 참고문헌 및 자료가 필요하므로, 실험수행에 필요한 기본개념의 설명을 통하여 학생들에게 개념 및 실험수행에 도움이 되도록 노력하였다. 이 책을 사용하면서 부족한 점이나 보완할 점에 대해서는 독자들의 아낌없는 조언을 부탁드린다.

2019년 2월

차 례

실험 01

실험에 필요한 기초자료

1. 저항

회로에 흐르는 전류의 양을 제한하는 소자를 저항체라 하며, 저항 값이 일정한 고정저항과 저항의 크기를 변화시킬 수 있는 가변저항으로 분류된다. 가변저항은 사용 목적에 따라 전위차계(potentiometer), 가감저항(rheostat), 혹은 트리머 저항(trimmer resistor)이라고 한다. 저항체에 너무 많은 전류를 흘려주면 저항체가 타 버리게 되는데 실험실에서 많이 사용되는 저항체의 허용전력은 1/4 W, 1/2 W, 1 W, 2 W, 5 W 및 10 W 등이다. 일반적으로 저항은 표면에 색 띠를 표시하여 저항 값을 식별하도록 하고 있다. 왼쪽부터 3개의 띠는 저항 값을 나타내고 4번째 띠는 허용 오차를 나타낸다. 또한 5개의 띠로 된 저항의 경우, 5번째 띠는 1000시간 사용했을 때에 파괴될 확률을 의미한다. 따라서 그림 1.1의 경우에 저항 값은

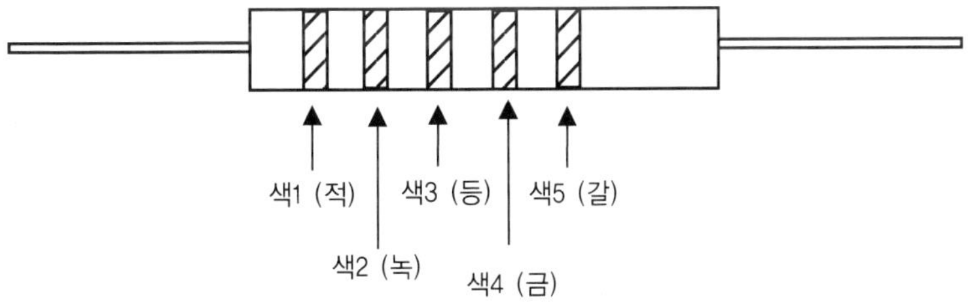

그림 1.1 색 띠 표시에 의한 저항 값 식별

$$25 \times 10^3 \Omega = 25k\Omega \pm 5\% \,(1.0\%)$$

이다. 이러한 색 띠에 대한 약속은 아래의 표 1.1과 같다.

표 1.1 저항체의 색 띠

색(color)	첫째 띠 (첫숫자)	둘째 띠 (둘째숫자)	셋째 띠 (배수)	넷째 띠 (오차)	다섯째 띠 (확률)
흑색, Black	0	0	1		
갈색, Brown	1	1	10		1.0%
적색, Red	2	2	100		0.1%
등색, Orange	3	3	1,000		0.01%
황색, Yellow	4	4	10,000		0.001%
녹색, Green	5	5	100,000		
청색, Blue	6	6	1,000,000		
자색, Violet	7	7	10,000,000		
회색, Gray	8	8	100,000,000		
백색, White	9	9	1,000,000,000		
금색, Gold			0.1	±5%	
은색, Silver			0.01	±10%	
무색, None				±20%	

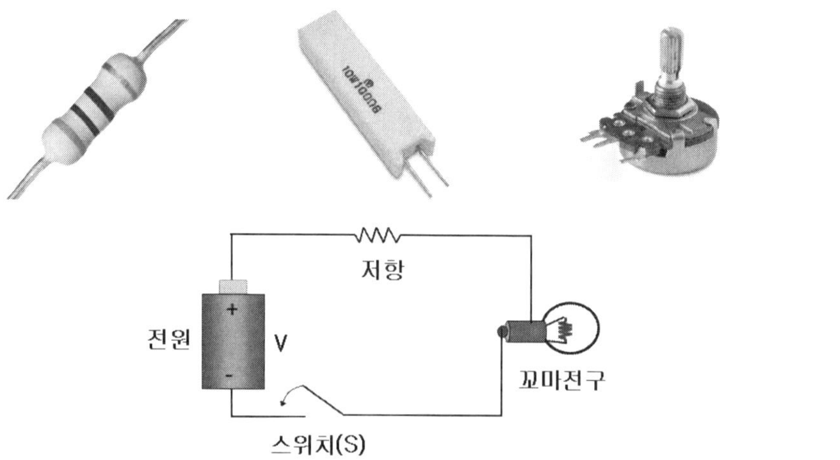

그림 1.2 저항의 모양과 회로에서의 저항의 역할

2. 축전기(콘덴서)

두 평행 도체판을 절연물질로 분리시켜 만든 전자소자를 축전기라 하는데, 재질에 따라 종이 축전기, 전해축전기, 운모축전기 및 세라믹축전기 등이 있다. 또한 축전기의 용량을 변화시킬 수 있는 가변 축전기도 있다. 무극성 축전기는 (+) 또는 (−)의 표시가 없는데 비하여 전해 축전기는 축전기의 표면에 정격전압 및 정전용량이 표시되어 있으며, 음극은 (−)기호를 사용하여 나타내므로 나머지 한쪽은 양극임을 의미한다. 또한 전해축전기의 경우에 전극 전선의 길이를 다르게 하여 전극을 표시하기도 하는 데, 좀 더 긴 쪽이 양극이고 짧은 쪽은 음극이다.

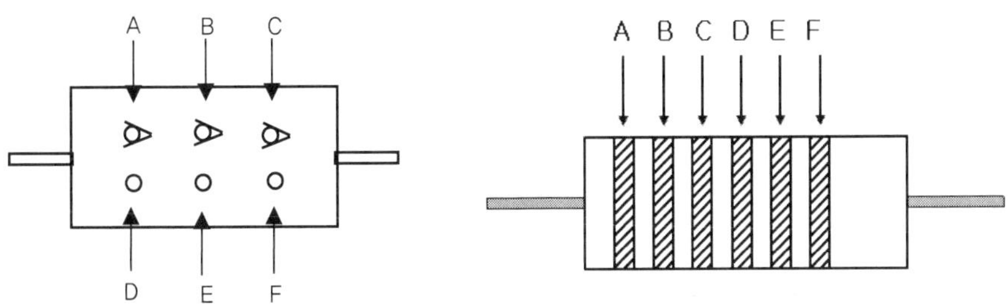

그림 1.3 운모 및 종이 축전기의 색에 의한 용량 표시

표 1.2 축전기의 용량 표시

색(color)	A 첫째 자리수	B 둘째 자리수	C 셋째 자리수	D 배수	E 허용오차 [%]	F 정격전압 [V]
흑색, Black	0	0	0	1	±20	
갈색, Brown	1	1	1	10	±1	100
적색, Red	2	2	2	100	±2	200
등색, Orange	3	3	3	1,000	±3	300
황색, Yellow	4	4	4	10,000	±4	400
녹색, Green	5	5	5	100,000	±5	500
청색, Blue	6	6	6	1,000,000	±6	600
자색, Violet	7	7	7	10,000,000	±7	700
회색, Gray	8	8	8	100,000,000	±8	800
백색, White	9	9	9	1,000,000,000	±9	900
금색, Gold				0.1	±5	1,000
은색, Silver				0.01	±10	2,000
무색, None					±20	3,000

운모 및 종이축전기는 그림 1.3과 같이 6개의 점 또는 색 띠로서 용량을 표시하며, 각각의 색깔에 대한 약속은 표 1.2와 같다. 전해축전기는 축전기 표면에 정격전압 및 정전용량과 전극이 표시되어 있다.

축전기의 정격전압 표시법을 그림 1.4(a)와 표 1.3을 이용하여 설명하면 다음과 같다. 그림 1.4(a)에서 2G는 표 1.3에서 세로축의 2와 가로축의 G를 지정하는 것으로 그 숫자가 정격 전압, 즉, 400 V가 된다. 또한 222는 정전용량을 지정하는 숫자로서, 처음 두 숫자는 2자리의 정수이고 마지막 숫자는 10의 제곱수를 의미한다. 따라서 222는 $22 \times 10^2 = 2,200$ 이고 단위는 pF이다. 이와 같이 정격전압을 문자와 숫자로 표시하는 경우도 있으나, 그림 1.4(b)와 같이 정격전압의 값을 그대로 표시하는 경우도 있다. 그리고 그림 1.4(a)에서 마지막 문자는 축전기의 허용오차를 의미하며 문자에 대응하는 숫자의 약속은 표 1.4와 같다. 실험실에서 많이 사용되는 다양한 축전지들에 대한 사진을 그림 1.5에 나타내었다.

표 1.3 축전기의 정격전압 표시

	A	B	C	D	E	F	G	H	J	K
0	1	1.25	1.6	2.0	2.5	3.15	4.0	5.0	6.3	8.0
1	10	12.5	16	20	25	31.5	40	50	63	80
2	100	125	160	200	250	315	400	500	630	800
3	1,000	1,250	1,600	2,000	2,500	3,150	4,000	5,000	6,300	8,000

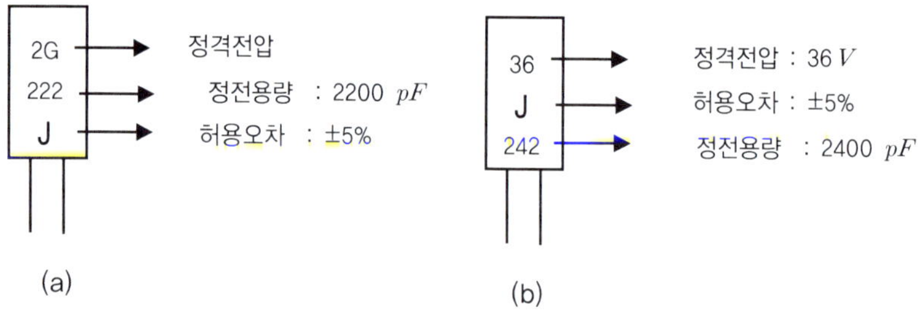

그림 1.4 축전기의 용량 표시

표 1.4 축전기의 허용 오차 표시

문자	B	C	D	F	G	J	K	M	N
허용오차[%}	±0.1	±0.25	±0.5	±1	±2	±5	±10	±20	±30

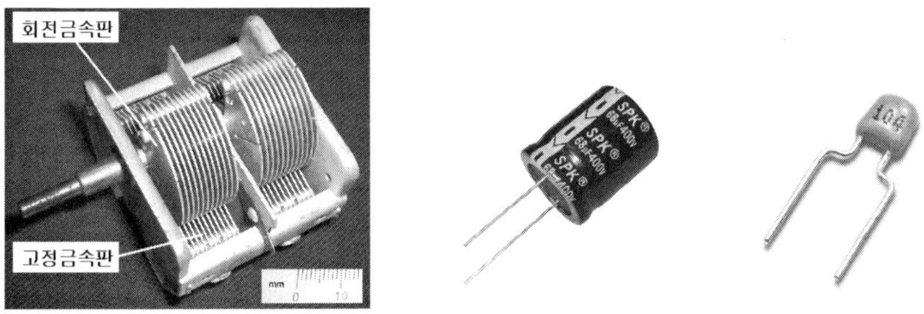

(a) 가변축전지 (b) 극성 축전지 (c) 비극성 축전지

그림 1.5 다양한 모양의 축전지[출처: 자료 1]

3. 접지

3-1. 목적

- 전위차를 최소화시켜 사람 또는 전기, 전자 및 통신기기 설비 상호간에 감전 등의 전기사고에 대한 예방 목적으로 안전을 위한 하나의 수단이다.
- 전류는 전위차가 있을 때 흐르므로, 이론상 접지가 되어 있는 전기기기에 사람의 몸이 닿아도 감전되지 않는다.

3-2. 정의

전기기기와 땅을 도선으로 연결하여 땅과 전기기기의 전위를 “0”으로 유지하는 것을 의미한다. 물론, 땅에서의 전위를 전위의 기본 값으로 정하고 있기 때문에 땅과 전기적으로 연결된 금속물체의 전위는 “0”이 된다.

3-3. 접지의 중요성

- 전기사용 시설물에서 접지는 가장 기본적인 안전장치이다.

• 감전사고 또는 전자장비의 파손 및 오작동 방지를 위해서는 완벽한 접지시설이 필요하다.

3-4. 접지의 종류

• 전기설비의 보안용 접지 : 비충전 금속부분을 접지하여 감전이나 화재를 방지한다.

• 뇌해 방지용 접지 : 피뢰침이나 피뢰기의 접지로 낙뇌에 의한 방전전류를 안전하게 무한대로 전하를 받아들일 수 있는 땅으로 흘려보낸다.

• 정전기장해 방지용 접지 : 정전기를 안전하게 땅으로 흘려보낸다.

• 잡음방지용 접지 : 통신설비 등에 있어 잡음 에너지를 땅으로 흘려보낸다.

• 기능용 접지 : 전자계산기 등에 있어서 전위의 안정된 기준을 얻는다.

• 회로용 접지 : 전철의 선로에서와 같이 전기회로에서 땅을 회로의 일부로 이용한다(그림 1.6 참조).

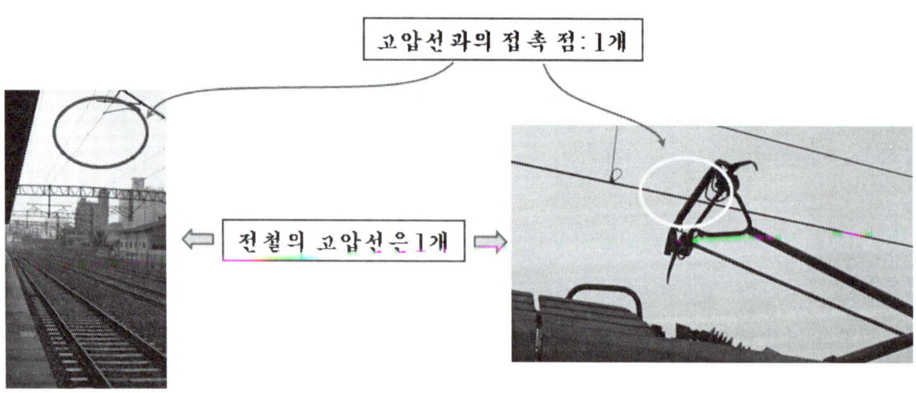

그림 1.6 접지의 한 예로서 KTX의 전원연결

4. 납땜

납땜은 회로의 동작 여부를 결정지을 수 있는 중요한 작업 중의 하나로서, 접합하고자 하는 금속보다 녹는점이 낮은 별도의 금속 또는 합금을 녹인 상태에서 접합하고자 하는 회로를 연결하는데 주로 사용한다.

4-1. 납땜에 필요한 도구

① 인두 (납땜기)

전자부품을 기판에 붙일 때 사용하며, 인두 끝에 열을 가하여 납을 녹여 납땜을 한다. 땜납은 섭씨 400 도에서 녹는 물질이기 때문에 인두는 그보다 뜨거워야 한다. 납땜할 때 온도가 너무 낮으면 납땜이 잘 되지 않고 너무 높으면 열에 약한 부품들이 손상될 수 있으므로 주의해야 한다. 납땜인두는 출력, 인두 끝의 굵기, 모양에 따라 다양한 종류가 있다.

② 인두 스탠드

뜨거운 인두를 보관하는 도구로 가능하면 떨어지거나 쓰러지지 않는 장소에 보관한다.

③ 땜납

납과 주석의 합금으로 가운데에는 납땜이 잘되도록 하는 페이스트가 들어있기도 하다.

④ 납흡입기

불필요해진 납땜을 제거하거나 기판 위에 납땜을 잘못하였을 경우 인두로 납을 녹이면서 공기흡입 방법을 이용하여 순식간에 납을 제거하는 도구이다. 납이 녹은 상태에서만 납의 제거가 가능하므로 납이 다시 굳기 전에 신속하게 납을 제거해야 한다.

4-2. 납땜하는 방법

① 인두기를 전원에 연결하고 약 3분정도 뜨거워질 때까지 기다린다.

② 오른손에는 인두, 왼손에는 땜납을 쥐고 납땜할 자리를 예열한다.

③ 땜납을 대고 살짝 밀면서 땜납을 녹인다. 너무 많이 녹이면 납땜한 부분이 커져서 옆의 회로에 닿게 되므로 조심한다.

④ 필요한 만큼 녹인 후 땜납을 땐다.

⑤ 인두를 떼어내고 식을 때까지 기다린다.

4-3. 납땜 작업에서의 기타 주의사항

- 인두기 팁이 흔들리지 않는지 확인 후 흔들리면 인두기 팁의 나사를 조여 준다.
- 과열로 인해 동판 면이 떨어질 수 있으므로 인두기 팁을 너무 오래 동판 면에 접촉시키지 않는다.
- 땜납을 너무 많이 사용하지 않는다.
- 옆 회로에 납땜이 닿아 단락되지 않도록 주의하여 납땜한다.

5. 참고자료

[1] https://www.physicsforums.com/threads/capacitors-with-more-than-two-plates. 504644/.

실 험 02

오실로스코프 I

1. 실험 목적

오실로스코프의 동작원리를 이해하고 각 조절기의 기능을 배움으로서, 오실로스코프를 사용하는 방법과 응용을 배운다. 한 예로서 교류전압의 파형 및 주파수를 측정한다.

2. 실험 준비물

- 오실로스코프
- 파형 발생기
- 멀티미터
- 직류전원 장치(DC 15 V)
- 저 항(1/4 W : 10, 47, 56, 68, 100, 220, 680Ω, 4.7$k\Omega$, 10$k\Omega$)

3. 기초 이론

오실로스코프는 실험실에서 사용하는 매우 유용한 측정장비들 중의 하나로서 전압 측정 및 파형의 변화 등을 관찰하는데 주로 사용된다. 오실로스코프는 시간에 대한 전압변화를 그래프 형태로 보여주며, 그래프의 수평축은 시간축이고 수직축은 전압축이다. 또한 오실로스코프는 X- 및 Y-축 표현이 가능하므로 보통의 전압계로서 측정이 불가능한 서로 다른 주파수를 갖는 전압이나 불규칙한 펄스(pulse)의 파형을 측정하는데 사용한다.

3-1. 기본 구조 및 동작 원리

오실로스코프는 그림 2.1과 같이 전자총, 수평 및 수직 편향판 그리고 형광판으로 구성되어 있으며 수직 편향판은 전자빔을 상·하로(그림 2.2 참조), 수평 편향판은 좌·우로 편향시킨다. 오실로스코프의 수평 편향판에 그림 2.3과 같은 톱니파 전압을 가하면 전자빔이 스크린에 부딪치는 점이 수평방향으로 시간 t 에 비례하여 이동한다. 시간이 $t=0$ 에서부터 전압이 점점 증가하기 시작하므로 전자빔은 수평방향으로 이동하게 되며 $t=T$ 일 때 전압이 갑자기 $t=0$ 일 때의 값으로 떨어지므로 전자빔은 역시 $t=0$ 위치로 돌아오며 그 후 동일한 변화를 반복하게 된다. 수평 편향판에 가하는 이러한 전압을 스위프(sweep)전압이라고 한다. 이 상태에서 수직 편향판에 주기적인 교류신호 전압을 가하면 신호 전압의 주기와 스위프 전압의 주기가 서로 일치하거나 또는 스위프 전압의 주기를 신호 파형의 주기의 정수 배로 하면 정지한 신호파형을 볼 수 있으며, 신호의 주파수 f 와 주기 T 는 $T=1/f$ 의 관계가 성립된다. 이처럼 스위프 전압의 주기를 수직 편향판에 가해지는 입력신호 주기의 정수 배로 조절하는 것을 동기(synchronization)라고 한다. 그리고 수직축 입력신호의 크기는 수직 감쇠기(attenuator)와 전압 배분기(voltage divider)에 의해 임의로 조절할 수 있다.

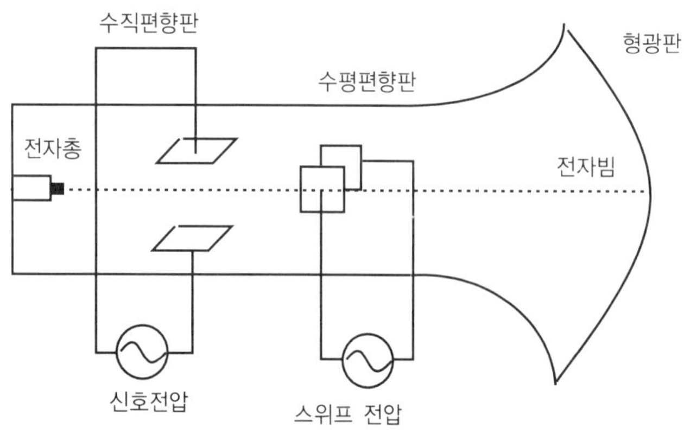

그림 2.1 음극선 오실로스코프의 기본구조

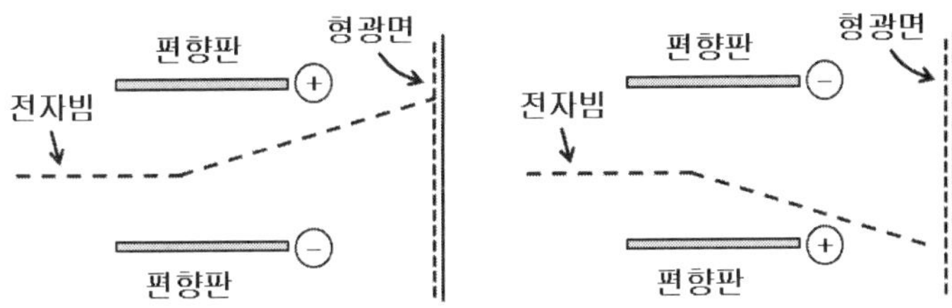

그림 2.2 편향판의 전압에 따른 전자빔의 운동경로

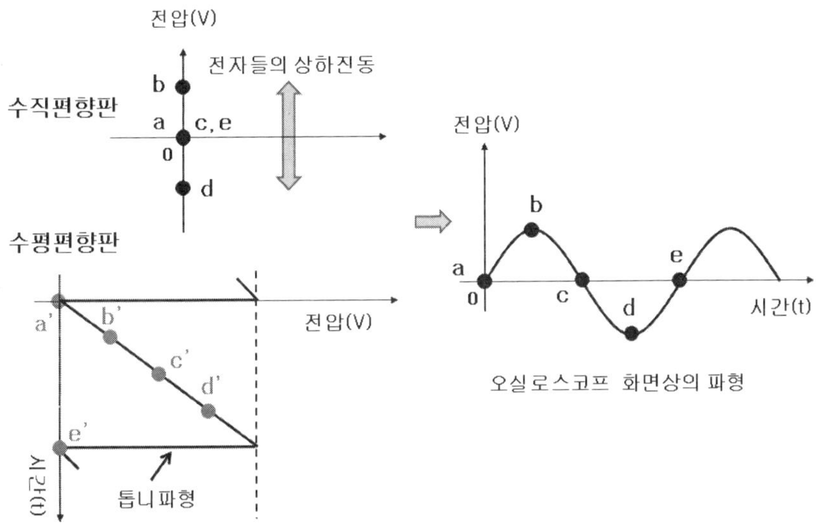

그림 2.3 스위프 전압에 의한 입력신호의 모양

3-2. 조절기의 기능

오실로스코프에는 많은 조절손잡이가 있는데 오실로스코프를 정상적으로 동작시키려면 각 조절손잡이의 기능을 완전히 이해하여야 한다. 각 조절손잡이의 기능을 간단히 설명하면 다음과 같다.

① 전원 스위치 : 전원 스위치를 누르면 켜지고(ON), 한번 더 누르면 꺼진다(OFF).

② 밝기(intensity) 조절기 INT.: 오실로스코프 화면상의 밝기를 조절하는 장치로서 시계방향으로 돌리면 밝아진다.

③ 초점(focus) 조절기 : 입력신호를 나타내는 화면상의 파형을 가늘면서 선명하게 조정한다.

④ 수평축 위치조절기 : 오실로스코프 스크린 위에 전자빔의 수평위치를 조절한다.

⑤ 수직축 위치 조절기 : 오실로스코프 스크린 위에 전자빔의 수직위치를 조절한다.

⑥ 시간(time/div) 조절기 : 수평축(X-축)의 시간 측정에 사용한다.

⑦ 전압(volt/div) 조절기 : 수직 감쇄기에 의해서 입력전압 신호의 크기를 측정하는 데 사용한다.

⑧ AC-GND-DC 조절기 : 조절기를 AC 위치에 두면 입력신호의 직류(DC) 성분이 콘덴서에 의해 차단되어 교류(AC) 성분만 스크린에 나타난다. DC위치에 있으면 입력신호의 모든 성분(AC, DC)이 화면에 나타난다. GND 위치에 있으면 입력신호는 접지되어 전압값은 “0”을 나타낸다.

⑨ 모드 스위치

CH1 : Ch1의 입력 신호만이 화면에 나타난다.

CH2 : Ch2의 입력 신호만이 화면에 나타난다.

DUAL : 두 채널의 입력신호가 동시에 화면에 나타난다.

ADD : 두 채널의 입력신호가 대수적인 합으로 화면상에 나타난다.

⑩ CH1. X IN 컨넥터 : 입력신호를 CH1 수직 증폭부에 연결하거나 X-Y 동작시 X-축 신호가 된다.

⑪ CH2. Y IN 컨넥터 : 입력신호를 CH2 수직 증폭부에 연결하거나 X-Y 동작시 Y-축 신호가 된다.

⑫ 트리거 레벨 : 동기신호의 시작점을 선택한다. 시계방향으로 돌리면 시작점이 + 최고치 쪽으로 움직이고 반대로 돌리면 시작점이 - 최저치 쪽으로 움직인다.(SLOPE이 -일 때는 반대로 동작한다)

⑬ 기울기(slope) : 트리거신호의 기울기를 선택하며 (+)기울기일 경우에는 신호의 상승 시간부터 트리거가 시작된다.

⑭ 트리거모드 : 스위프 동기형태를 선택한다.

⑮ 트리거소스 : 트리거소스를 선택한다.

ⓐ 외부트리거 입력(EXT. TRIG. IN) : 외부 동기신호를 트리거 회로에 연결하며, 이는 입력신호가 시간에 따라 불규칙한 파형을 관찰하는 경우에 사용한다.

ⓑ 접지 컨넥터 : 접지 연결단자.

4. 실험 방법

① 오실로스코프의 조절손잡이를 다음과 같이 조절하라.

ⓐ 수평축 위치 조절기 : 중간 부분에 놓는다.

ⓑ 수직축 위치 조절기 : 중간 부분에 놓는다.

ⓒ 트리거 소스 : VERT.에 놓는다.

ⓓ 휘도 조절기 : 중간 부분에 놓는다.

ⓔ 초점 조절기 : 중간부분에 놓는다.

② 전원코드를 외부의 교류 전원(60 Hz , 220 V)에 연결한다.

③ ON-OFF 스위치를 켠 다음 몇 초간 기다린다.

④ 필요하다면 휘도 조절기를 조절하여 선명한 빔이 나타나게 하고, 수평 및 수직 조절손잡이를 조절하여 빔이 오실로스코프 화면의 중앙에 오도록 한다.

주의 오실로스코프 화면의 같은 지점에 오랜 시간동안 지속적으로 밝은 상태로 빛나도록 하지 마라.

⑤ 그림 2.4와 같이 회로를 연결하라.

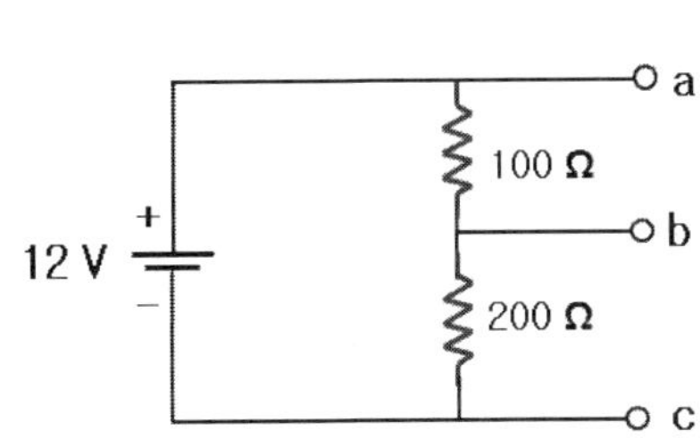

그림 2.4 직류전압 측정

⑥ 오실로스코프와 멀티미터로 점 a와 점 b 사이의 전압 $V_{a,b}$ 및 점 b와 점 c 사이의 전압 $V_{b,c}$를 측정하고, 이 결과를 이용하여 전류 I를 계산하여 표 2.1에 기입하라.

표 2.1 직류전압 측정

측 정 점	이 론 치		측 정 치		
			오실로스코프	멀티메타	
	V[V]	I[mA]	V[V]	V[V]	I[mA]
a − b					
b − c					

⑦ 그림 2.4의 회로에서 직류전원을 제거하고 정현파 신호발생기의 출력을 a−c단자에 연결한다. 이때 신호 발생기의 출력은 $10\,V_{p-p}$ 정도로 맞추고 주파수는 $1000\,Hz$로 맞춘다. 여기서 V_{p-p}는 최대와 최소전압을 의미한다.

⑧ 오실로스코프로 단자 a−b와 b−c의 전압(V_{p-p})을 측정하고, 멀티미터로 측정한 실효치 전압(V_{rms}) 및 전류를 계산하여 표 2.2에 기록하라.

표 2.2 교류전압 측정

측정점	이 론 치			측 정 치			
				오실로스코프		멀티메타	
	V_{p-p}[V]	V[V]	I[mA]	V_{p-p}[V]	V_{rms}[V]	V_{rms}[V]	I[mA]
a − b							
b − c							

⑨ 그림 2.5와 같이 회로를 연결하되 입력신호의 출력과 주파수는 $17\,V_{p-p}$, $1\,kHz$ 정도로 한다. 하지만, 입력전압을 반드시 $17\,V_{p-p}$, $1\,kHz$로 할 필요는 없다.

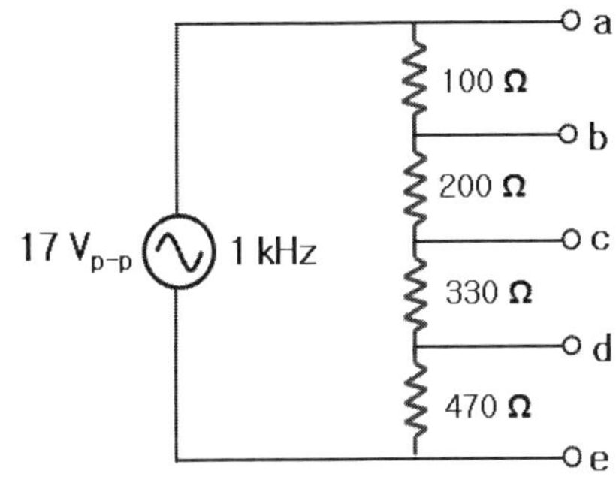

그림 2.5 교류전압 측정

⑩ 오실로스코프를 사용하여 그림 2.5의 단자간의 전압(Vp-p)을 측정하고 이 결과를 이용하여 실효치(V_{rms})를 계산하고 표 2.3에 기록하라. 그리고 멀티미터로 측정한 값을 표 2.3에 기록하고 오실로스코프로 측정한 실효값(V_{rms})과 비교하여 보아라.

표 2.3 교류전압 측정

측 정 점	이 론 치		측 정 치		
			오실로스코프		멀티미터 측정값
	$V_{p-p}[V]$	$V_{rms}[V]$	$V_{p-p}[V]$	$V_{rms}[V]$	$V_{rms}[V]$
a − b					
a − c					
a − d					
a − e					
b − c					
c − d					
d − e					

⑪ 출력파형의 한 주기(T)를 측정하여 표 2.4에 기록하라.

⑫ 신호발생기의 주파수를 $200Hz$, $500Hz$, $5kHz$로 변환시키면서 T를 측정하여 표 2.4에 기록하라.

⑬ $f = 1/T$ 에서 주파수 f 를 계산하여 표 2.4에 기록하라.

표 2.4 파형의 주기 측정

신호발생기 주파수[kHz]	오실로스코프로 측정한 주기[sec]	주 파 수[Hz]	
		측정값	참 값
0.2			
0.5			
5			

실 험
03

오실로스코프 II

1. 실험 목적

오실로스코프를 사용하여 리사주(Lissajous) 파형을 관찰하고 두 입력신호 사이의 위상관계 및 주파수 측정법을 이해한다.

2. 실험 준비물

- 오실로스코프: 1대
- 신호 발생기 : 2대
- 변압기(1 중심탭, 1차전압(V_P = 220 V, 2차 전압(V_S)= 6.3 V) : 1개
- 가변저항(1/4 W, 1 $k\Omega$) : 1개
- 축전기 : 15μF 및 0.1μF 각 1개

3. 기초 이론

오실로스코프를 이용하면 두 입력신호 사이의 위상관계는 물론 미지의 입력신호에 대한 주파수의 측정이 가능하다. 주파수는 서로 같고 위상이 서로 다른 두 정현파 중에서 한 신호를 오실로스코프의 수평축(X-축)에 다른 신호를 수직축(Y-축)에 연결하고 시간(time/div)조절기 단자를 X-Y로 놓으면 그림 3.1(a)와 같은 리사주 파형이 형성

되며 이로부터 두 입력신호사이의 위상차를 구할 수 있다. 즉 그림 3.1(a)와 같이 수평(X-축) 및 수직(Y-축)축 중앙에 리사주 파형이 오도록 하고 수직축의 최댓값 B와 Y-축과의 교점 A를 측정하면 식(3.1)에 따라 위상각 θ가 결정된다.

$$\sin\theta = \frac{A}{B} \quad \Rightarrow \quad \theta = \sin^{-1}\frac{A}{B} \tag{3.1}$$

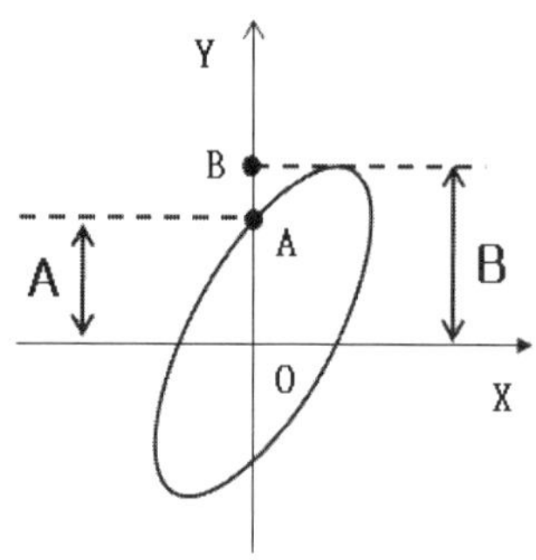

(a)

(b)

그림 3.1 위상 측정 및 리사주 파형

참고로 그림 3.1(b)는 두 입력신호에 대한 주파수의 비가 3:1인 두 입력신호를 오실로스코프를 사용하여 관찰한 리사주 파형을 보여주고 있으며, 그림 3.2는 주파수와 진

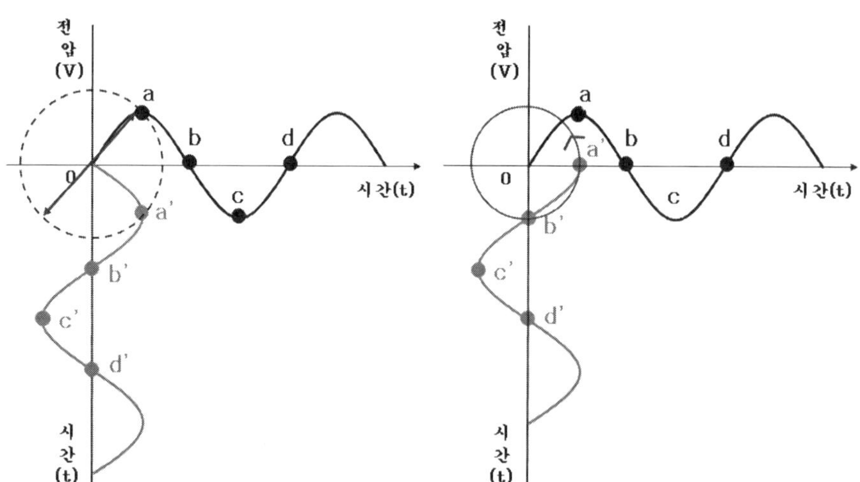

그림 3.2 리사주 파형의 형성 원리

폭은 서로 같으나 두 파사이에 위상차가 없는 경우(3.2(a))와 위상차가 90°인 경우(3.2(b))에 대한 리사주 파형이 어떻게 형성되는 지를 보여주고 있다.

입력신호의 주파수를 오실로스코프로 측정하고자할 때는 오실로스코프의 시간(time/div) 조절기 단자를 X-Y에 놓고 표준 발진주파수가 F_H 인 신호는 수평입력(X) 단자에, 미지의 주파수 F_V 인 신호는 수직입력(Y) 단자에 연결하여 스크린 위의 파형이 안정되도록 조정함으로써 얻어지는 리사주 파형의 관찰을 통하여 미지의 주파수를 측정할 수 있다.

$$\frac{F_V}{F_H} = k \quad \Rightarrow \quad F_V = kF_H \tag{3.2}$$

만일 두 신호가 진폭이 서로 같은 정현파이면 두 신호의 주파수 비에 따라 그림 3.3과 같은 여러 가지 모양의 리사주 파형을 관찰할 수 있다. 여기서 그림 3.3의 (c), (d)와 같은 복잡한 주파수의 비는 눈금의 수를 계산함으로써 결정된다. 즉, T_H를 수평축에 접하는 수, T_V를 수직축에 접하는 수라 하면 식 (3.3)이 성립한다.

$$\frac{F_V}{F_H} = \frac{T_H}{T_V} \quad \Rightarrow \quad F_V = F_H \times \frac{T_H}{T_V} \tag{3.3}$$

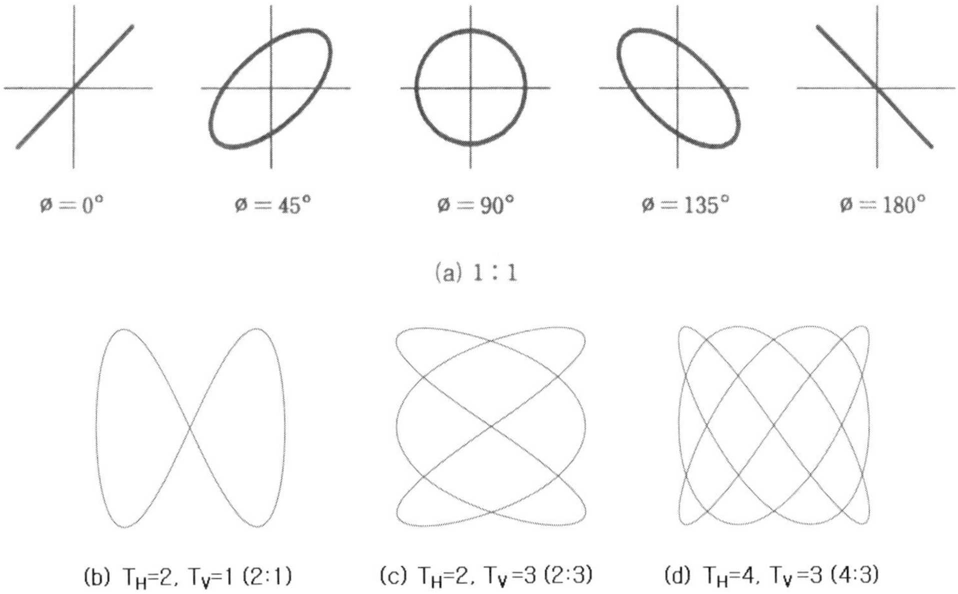

그림 3.3 리사주 파형의 예

4. 실험 방법

① 신호발생기 1, 2와 오실로스코프를 그림 3.4와 같이 연결한다.

② 신호발생기 1을 "ON"하고 수평축(X-축)에 연결된 신호발생기 1의 출력이 오실로스코프 화면상에 나타나는 크기가 4 눈금이 되도록 수직이득 조절손잡이를 조절한다.

③ 신호발생기 2를 "ON"하고 수직축(Y-축)에 연결된 신호발생기 2의 출력이 오실로스코프 화면상에 나타나는 크기가 4 눈금이 되도록 수직이득 조절손잡이를 조절한다.

④ 리사주 도형을 관찰하기 위하여 시간(time/div) 조절기 단자를 "X-Y"에 위치시킨다.

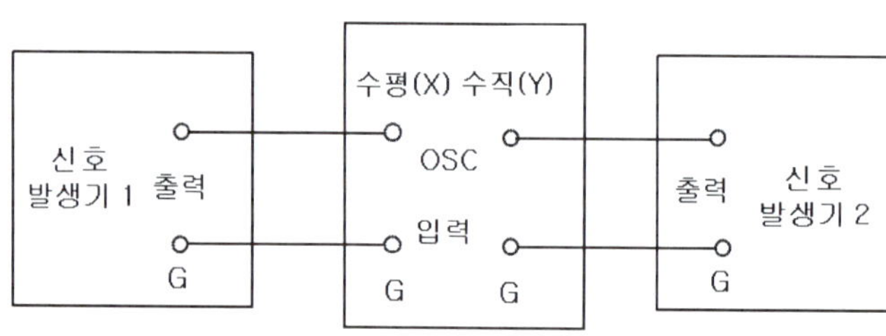

그림 3.4 주파수 측정

⑤ 신호발생기의 주파수를 변화시켜 하나의 원형파형이 되도록 하고 표 3.1에 기록하라. 이때의 파형은 원에서 타원 또는 직선으로 지속적으로 변한다. 즉, 2개의 독립된 입력신호를 가지므로 정지된 리사주 도형이 얻어지지 않는다. 정지된 리사주 도형을 얻기 위해서는 어떻게 회로를 구성해야 되지는 지에 대해서 조원들과 토의한다.

표 3.1 주파수 측정 (I)

리사주 파형 그리기	F_H와 F_V의 비(ratio)	계 산 값(F_V)

⑥ 신호발생기 2의 주파수를 변화시켜 그림 3.3(b~d)중의 하나가 되도록 조절한 후, 오실로스코프로 측정한 T_H와 T_V를 표 3.2에 기록한다.

표 3.2 주파수 측정 (II)

리사주 파형 그리기	접 선 수		측 정 값(F_V)
	T_H	T_V	

⑦ 그림 3.5와 같이 연결하고 가변저항을 조절하여 전압 V_x에 따라 변하는 직선의 기울기를 측정하여 표 3.3에 기록하라. 이때 오실로스코프 상의 X, Y눈금은 4칸 정도로 하고, 신호발생기의 출력파형은 정현파로 한다. 회전각은 눈대중으로 개략적으로 측정한다.

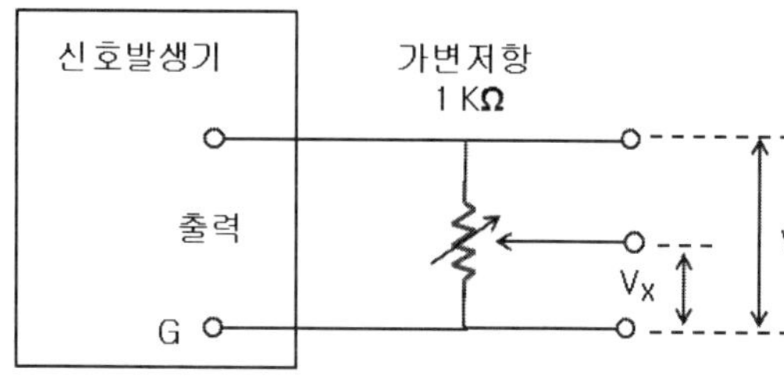

그림 3.5 직선파형의 특징

표 3.3 기울기 측정

가변저항기 회전각[°]	기 울 기 (a)	측 정 값	
		수평전압(VX)	수직전압(VY)
30°			
45°			
60°			
90°			
135°			

⑧ 그림 3.6과 같이 변압기의 출력단자 ①과 ②에 오실로스코프의 X-축과 Y-축 입력단자를 연결하고 시간(time/div) 조절기를 "X-Y"로 놓고, 오실로스코프에 나타나는 파형을 그리고 그 이유를 설명한다. 이때 신호발생기의 주파수는 $1kHz$이다.

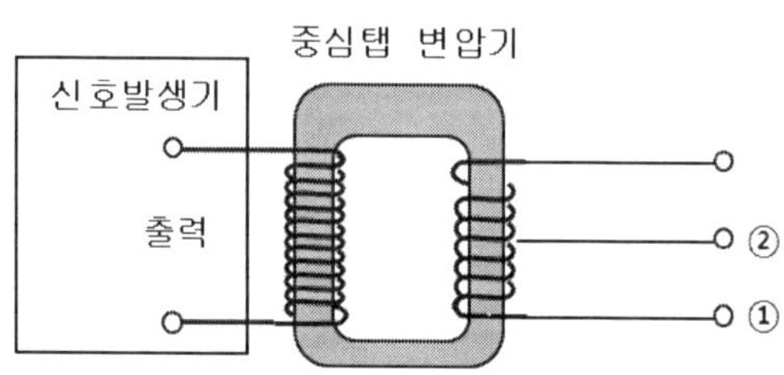

그림 3.6 위상차가 "0"인 두 입력신호에 대한 리사주 파형관찰

⑨ 그림 3.7과 같이 변압기의 출력단자 ①과 ②에 오실로스코프의 X-축을, 그리고 ②와 ③에 Y-축 입력단자를 연결하고 시간(time/div) 조절기를 "X-Y"로 놓고,

오실로스코프에 나타나는 파형을 그리고 이유를 설명한다. 물론 오실로스코프의 X-축 및 Y-축의 입력접지단자 2개를 모두 변압기의 중심 탭인 ②에 연결한다. 이때 신호발생기의 주파수는 1kHz 이다.

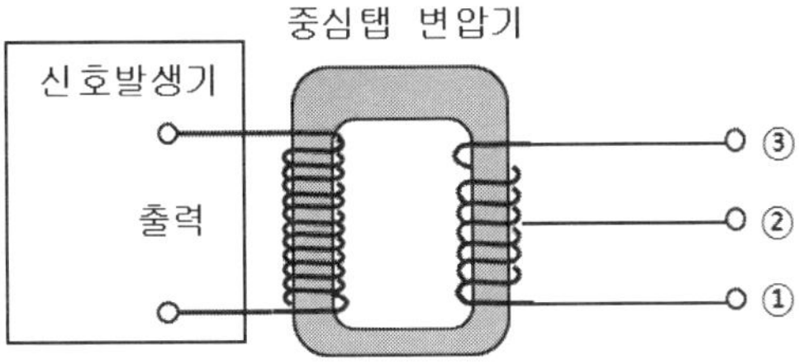

그림 3.7 위상차가 "180°"인 두 입력신호에 대한 리사주 파형관찰

⑩ 그림 3.8과 같이 연결하고 시간(time/div) 조절기를 "X-Y"로 놓고, 오실로스코프에 나타나는 리사주 파형이 오실로스코프의 수평축과 45°를 이루는 직선이 되도록 가변저항을 변화시킨다. 이때 신호발생기의 주파수는 약 200Hz 이다. 오실로스코프의 Ch1과 Ch2를 이용하여 수평축과 수직축에 입력되는 입력파형들 사이의 위상차가 "0"임을 확인한다.

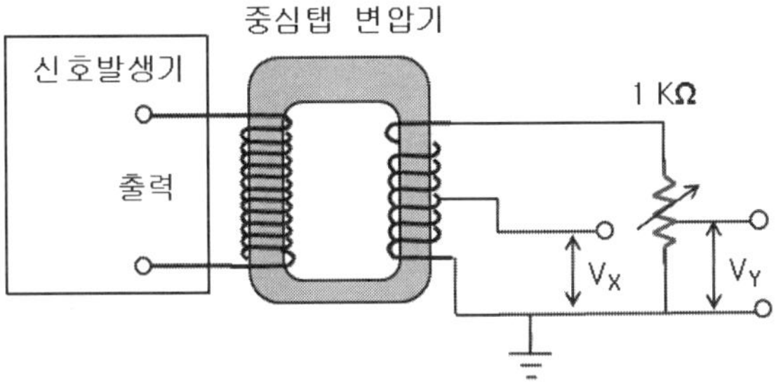

그림 3.8 위상측정 회로

표 3.4 위상측정

리사주 파형 그리기	측 정 값		위 상 차
	X-축 입력전압 (V_X)	Y-축 입력전압 (V_Y)	

⑪ 그림 3.9와 같이 연결하고 시간(time/div) 조절기를 "X-Y"로 놓고, 오실로스코프에 나타나는 리사주 파형을 그린다. 위의 ⑩에서 설정된 가변저항은 변화시키지 않고 축전지만 그림 3.9와 같이 연결한다. 이때 신호발생기의 주파수는 약 200 Hz 이며, 오실로스코프의 Ch1과 Ch2를 이용하여 입력파형들 사이의 위상차가 약 90°(정확히 90°가 아닐 수 있다.)발생되었음을 확인하고 그 이유를 조원들과 토의한다. 축전지는 극성축전지거나 무극성 축전지 중 어느 것을 사용해도 무관하다.

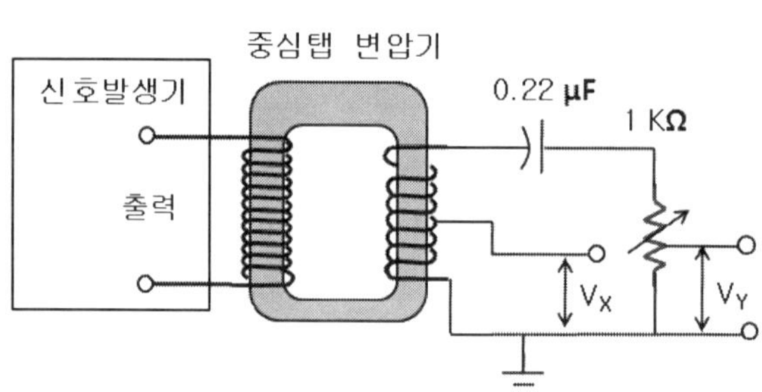

그림 3.9 위상측정 회로

⑫ 그림 3.9의 회로에서 가변저항(R)과 축전지(C)를 변화시키지 않은 상태에서 신호발생기의 주파수를 0.2 kHz , 2 kHz , 10 kHz 로 변화시키면서 관찰된 리사주 파형을 표 3.5에 기록하고, 얻어진 결과의 원인에 대하여 조별로 토의하라. 또한 입력주파수가 0.2 kHz , 2 kHz , 10 kHz 일 때, 오실로스코프의 Ch1과 Ch2에 입

력된 입력파형들 사이의 위상차의 변화를 확인하고 리사주 도형을 통하여 얻은 결과와 비교하여 보아라.

표 3.5 주파수에 따른 위상의 변화

R = (   )Ω, C = (   )μF

주 파 수	리사주 파형 그리기	위 상 각 [θ]
0.2 [kHz]		
2.0 [kHz]		
10.0 [kHz]		

5. 참고자료

[1] https://en.wikipedia.org/wiki/Lissajous_curve.

실험 04

정류용 다이오드와 고속 스위칭 다이오드

1. 실험 목적

정류용 다이오드와 고속 스위칭 다이오드의 전기적 특성을 이해함으로서 이들의 물리적 특성을 이해한다.

2. 실험 준비물

- 오실로스코프
- 정류용 다이오드(1N 4001 또는 대체품)
- 고속 스위칭 다이오드(1N 914 또는 대체품)
- 저항(1/4 W: 4.7 $k\Omega$, 2개)
- 함수 발생기

3. 기초 이론

사용목적에 따라 다양한 종류의 다이오드가 있다. 여기서는 보통 60 Hz의 가정용 전압을 정류하는 목적으로 사용하는 정류용 다이오드와 고속 스위칭이 목적인 고속 스위칭 다이오드는 높은 주파수의 신호를 정류하는데 사용된다. 본 실험에서는 이러한 2종류의 다이오드를 사용하여 회로를 구성하고 이들의 전기적 특성에 대하여 알아본다.

4. 실험 방법

① 그림 4.1과 같은 회로를 구성하라.

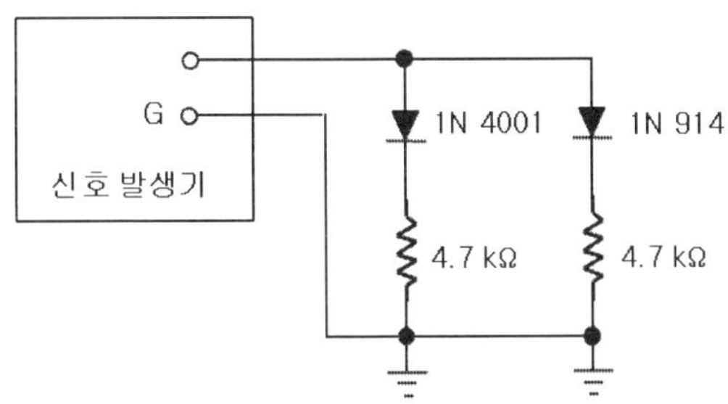

그림 4.1 전기적 특성을 측정하기 위한 회로

② 오실로스코프의 CH1과 CH2를 4.7 $k\Omega$ 의 양단에 연결하고, CH1과 CH2로부터 입력신호를 동시에 관측이 가능하도록 오실로스코프를 셋팅한다.

③ 함수발생기의 출력파형을 사인파로 셋팅하고 출력주파수를 10 kHz 로 조절하여, 그림 4.1의 회로에 인가하여 2개의 4.7 $k\Omega$ 의 저항양끝에 걸리는 전압을 오실로스코로 동시에 측정하여 파형을 관찰하고, 관찰결과를 기록한다.

④ 100 kHz 의 사인파를 그림 4.1의 회로에 인가하여 1N914 다이오드와 1N4001 다이오드에 연결된 4.7 $k\Omega$ 의 저항양끝에 걸리는 전압을 오실로스코로 동시에 측정하여 파형을 관찰하고, 차이점을 그림 4.2에 기록한다.

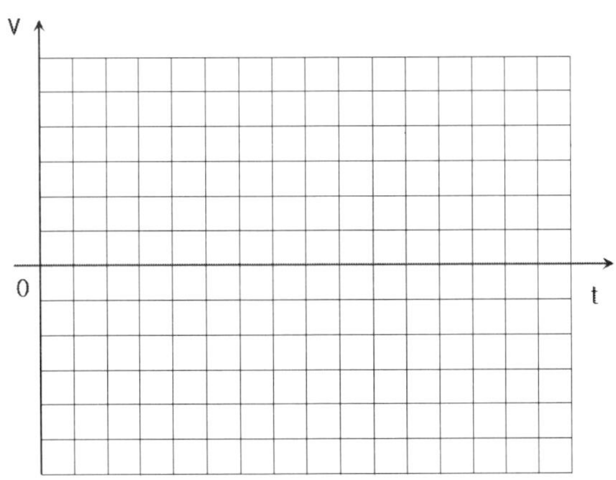

그림 4.2 2 종류의 다이오드에 각각 연결된 4.7 kΩ의 저항양끝에 걸리는 전압

⑤ 1 MHz 의 사인파를 그림 4.1의 회로에 인가하여 1N914 다이오드와 1N4001 다이오드에 연결된 4.7 $k\Omega$ 의 저항양끝에 걸리는 전압을 오실로스코로 동시에 측정하여 파형을 관찰하고, 위의 과정 ④에서 관찰한 결과와의 차이점을 그림 4.3에 기록한다.

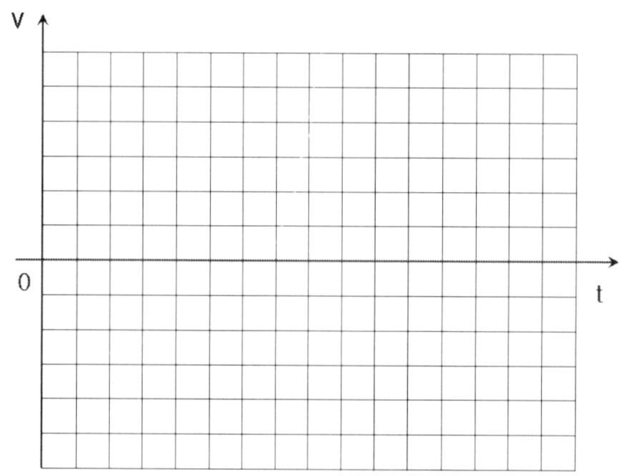

그림 4.3 2 종류의 다이오드에 각각 연결된 4.7 kΩ의 저항양끝에 걸리는 전압

⑥ 5 MHz 의 사인파를 그림 4.1의 회로에 인가하여 1N914 다이오드와 1N4001 다이오드에 연결된 4.7 $k\Omega$ 의 저항양끝에 걸리는 전압을 오실로스코로 동시에 측정하여 파형을 관찰하고, 위의 과정 ⑤에서 관찰한 결과와의 차이점을 그림 4.4에 기록한다.

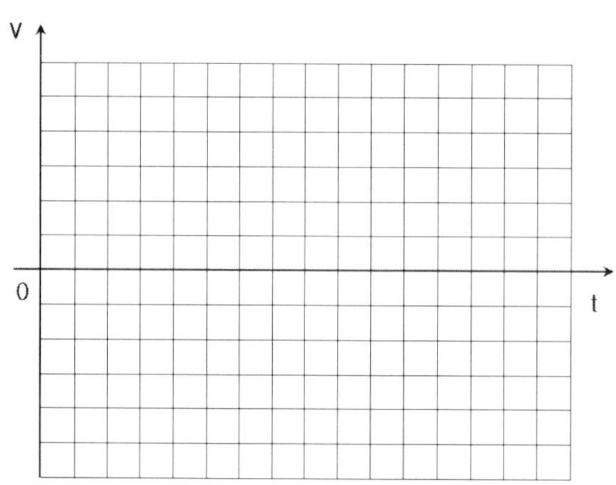

그림 4.4 2 종류의 다이오드에 각각 연결된 4.7 kΩ의 저항양끝에 걸리는 전압

⑦ 500kHz 주파수의 사각파를 입력시켜 입력전압이 (+)에서 (−)로 바뀔 때 1N914 다이오드와 1N4001 다이오드에 연결된 4.7kΩ의 저항양끝에 걸리는 전압을 오실로스코로 동시에 측정하여 파형을 관찰하고, 이를 입력전압이 (−)에서 (+)로 바뀌는 부분에서의 파형과 비교하여 그림 4.5에 기록하고 차이점을 알아본다.

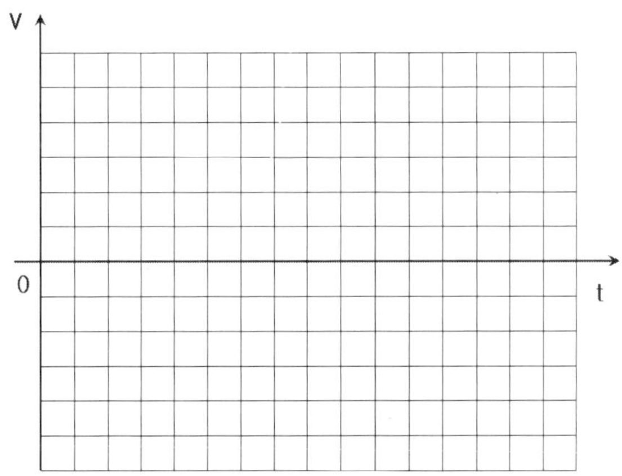

그림 4.5 2 종류의 다이오드에 각각 연결된 4.7 kΩ의 저항양끝에 걸리는 전압

5. 참고자료

[1] https://blog.naver.com/specialist0/221055117625.

실 험
05
안정되지 않은 전원장치

1. 실험 목적

다이오드의 전기적 특성을 이해하고 이를 바탕으로 정류형 다이오드를 사용하여 교류를 직류로 변환하는 반파, 완파, 브리지 정류기를 제작하고 이의 특성을 이해한다. 정류기의 부하저항에 병렬로 연결된 축전기의 역할과 축전기의 용량이 리플(ripple)전압과 출력전압에 어떤 영향을 미치는지를 알아본다.

2. 실험 준비물

- 오실로스코프
- 다이오드(실리콘다이오드: 1N2071 (또는 1N 4007, 1N 34) 또는 이와 동등한 것; 4개)
- 전해 축전기(1 μF, 50 V; 10 μF, 50 V; 100 μF, 50 V; 각 1개)
- 저항 (1/4 W: 5.6 $k\Omega$, 10 $k\Omega$, 22 $k\Omega$; 각 1개)
- 변압기(입력: 220 V, 출력: 13 V, 중심 탭, 100 mA , 1개, 회로 참고)

3. 기초 이론

교류전원을 직류전원으로 바꾸어 주는 회로를 정류회로라고 하며 p-n 접합형 반도

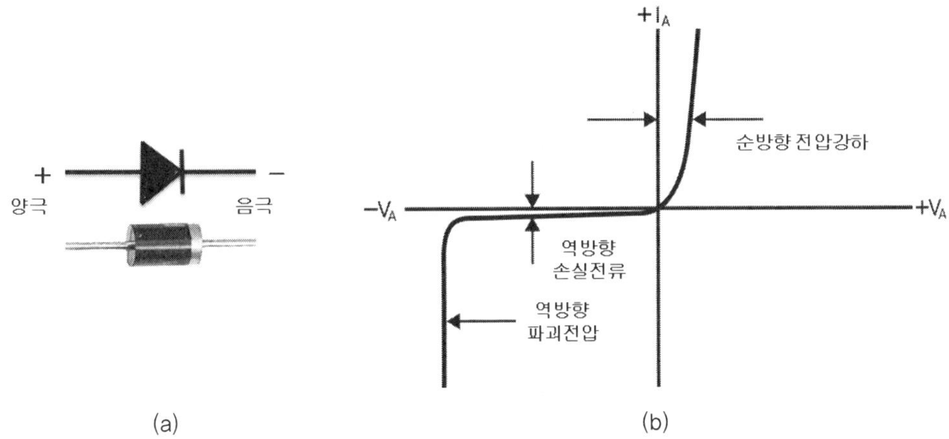

그림 5.1 다이오드에 대한 기호 (a)와 전류전압 특성(b)

체다이오드는 그림 5.1에서 보는 바와 같이 다이오드에 가해주는 전압이 순방향인 경우에만 전류가 흐르는 성질을 가지고 있다. 이러한 다이오드의 성질을 이용하여 정류회로를 구성하며, 정류회로는 정류파형에 따라 반파정류와 전파정류로 구분된다. 정류된 파형의 시간에 따른 전압변동을 줄이기 위하여 축전기와 함께 정류회로가 구성된다.

3-1. 반파정류회로

그림 5.2에 반파정류회로와 동작원리를 나타내었다. 그림 5.2(a)는 정류용 다이오드와 저항이 직렬로 연결된 반파정류 회로이다. 이러한 회로에 교류전압이 가해지면, t_0와 t_1의 시간동안에는 다이오드에 순방향 전압이 가해지게 되어 회로에 전류(i)가 흐른다. 이러한 전류가 흐르면서 부하저항(R_L) 양단에 $V_{out} = i\,R_L$크기에 해당하는 전위차가 그림 5.2(b)와 같이 발생하게 된다. 하지만, 회로에 가해지는 교류전압이 t_1와 t_2의 시간동안에는 다이오드에 역방향 전압이 가해지게 되어 회로에 전류(i)가 흐르지 못하게 된다. 따라서 부하저항(R_L) 양단에는 그림 5.1(c)와 같이 전압이 발생하지 않게 된다.

이처럼 입력전압의 1/2주기 동안에는 출력전압이 발생되고, 나머지 1/2주기 동안에는 부하저항 양끝에 출력전압이 "0"이 되는 출력파형을 발생되는 반파정류가 만들어진다. 이렇게 만들어진 전압의 방향은 일정하지만, 전압의 크기가 시간에 따라 변하므로 안정되지 못한 직류전원이 되는 것이다. 그림 5.2(a)의 반파정류 회로를 통하여 얻어

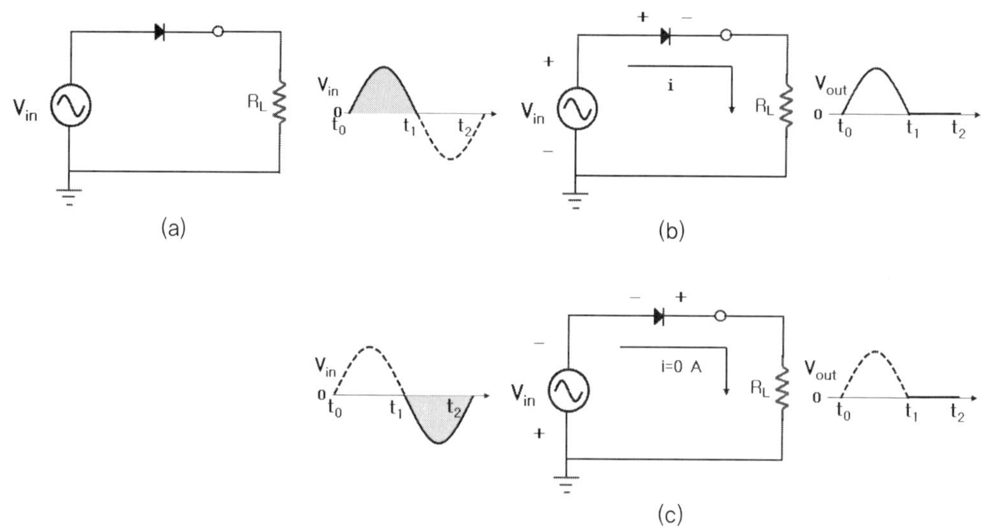

그림 5.2 반파 정류회로 및 동작원리

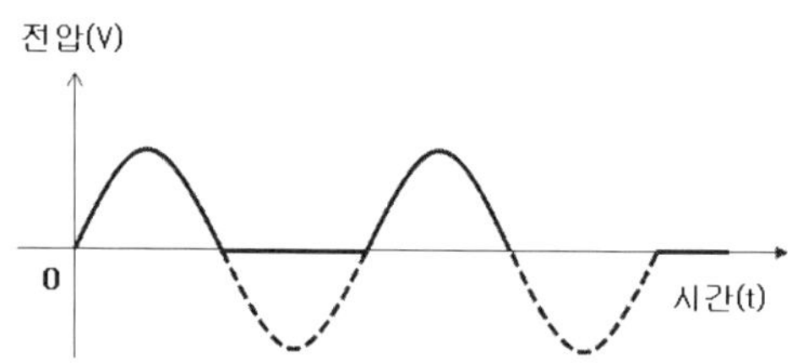

그림 5.3 반파 정류전압

진 반파정류 전압을 그림 5.3에 나타내었다.

그림 5.3에 나타낸 반파 정류전압은 시간에 따라 전압의 변동이 매우 심하다는 것을 알 수 있다. 이러한 단점을 보완하기 위하여 축전기를 사용하여 시간에 따른 전압의 변화를 감소시키게 되며, 그림 5.4에 반파정류기 필터회로와 동작원리를 나타내었다.

그림 5.4(a)에서 입력전압의 최대전압까지 축전기가 충전되면서 충전된 전압이 부하저항 양단에 나타나게 된다. 이러한 축전기의 초기충전(다이오드가 순방향바이어스 된다.)은 (+)의 전압이 가해지는 동안에 일어난다. 최초 입력전압의 최대치까지 충전된 전압(다이오드를 역방향으로 바이어스 시킨다.)은 그림 5.4(b)에서처럼 시간 t_2까지는 축전기에 충전된 전하들이 부하저항을 통하여 방전되면서 방전전압이 부하저항 양단에 그림 5.4(b)와 같이 나타나게 된다. 축전기의 용량이 충분히 크다면 축전기가 완전 방전되기 전에 다시 축전기가 충전되었다가 방전되는 현상을 반복하게 된다.

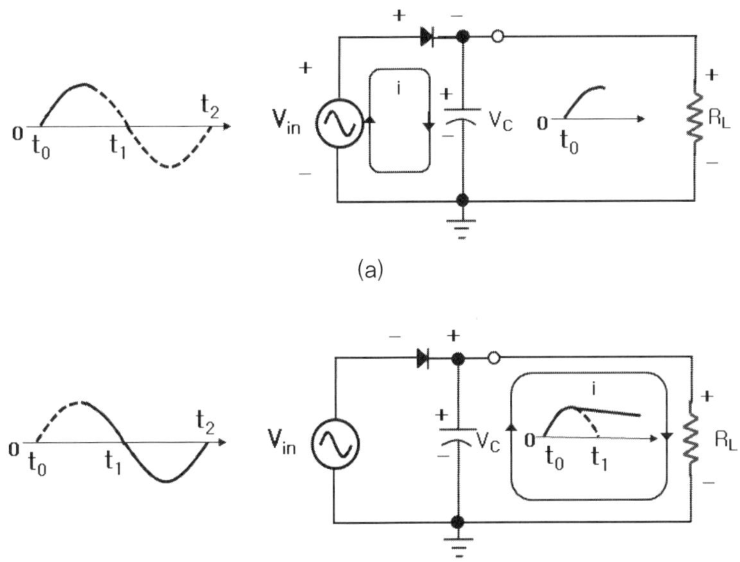

그림 5.4 축전기를 사용한 반파정류기 필터회로 및 동작원리

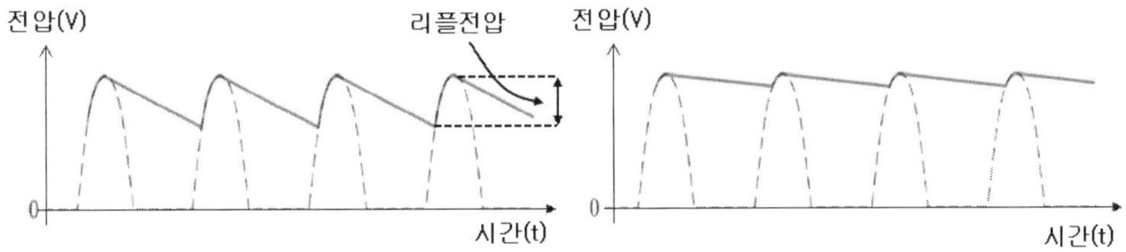

(a) (b)

그림 5.5 축전기의 용량에 따른 반파 정류회로의 출력전압

그림 5.5(a)에서의 리플전압이 그림 5.5(b)보다 리플전압이 크다는 것을 알 수 있는데, 리플전압이 작을수록 축전기에 의한 필터효과가 크다는 것을 의미한다. 즉, 축전기의 용량이 클수록 리플전압은 작아지게 된다.

3-2. 전파정류회로

대표적인 전파정류회로는 4개의 다이오드를 사용하는 브리지 정류회로로서 이를 그림 5.6에 나타내었다. 그림 5.6(a)와 같이 주어진 회로에 교류전압이 가해지는 경우에 정현파의 양(+)의 반주기 입력 시에는 $D_1 \rightarrow R_L \rightarrow D_3$ 순서로 전류가 흐르면서 부하저

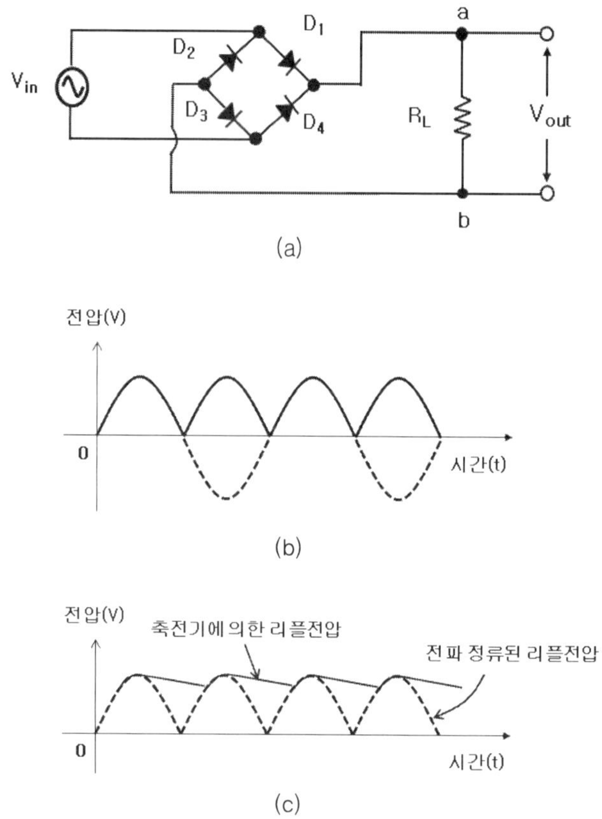

그림 5.6 (a) 브리지 정류회로, (b) 전파정류 전압, (c) 필터회로를 통과한 출력전압

항 양단에 $V_{out} = i\,R_L$의 크기로 주어지는 출력전압이 발생한다. 반면에 정현파 모양의 입력전압의 음(−)의 반주기 입력 시에는 $D_4 \rightarrow\ R_L \rightarrow D_2$의 순서로 전류가 회로에 흐른다. 따라서 입력전압의 (+)의 반주기나 (−)의 반주기 동안에 부하저항의 점 a에서의 전위가 점 b에서 보다 항상 높기 때문에 전파정류 전압이 얻어진다. 따라서 출력전압은 그림 5.6(b)와 같이 주어진다.

3-3. 불안정한 직류전원과 안정된 직류전원

앞에서 교류를 직류로 전환하는 방법에 대하여 알아보았으며 정류용 다이오도와 축전기를 사용하여 얻어지는 직류에는 리플전압이 존재한다는 것을 알았다. 따라서 시간적으로 보다 안정된 직류전원을 얻기 위해서는 그림 5.7과 같은 과정을 거치게 된다. 안정된 직류전원에 대해서는 6장에서 실험을 수행하면서 보다 자세히 알아볼 것이다.

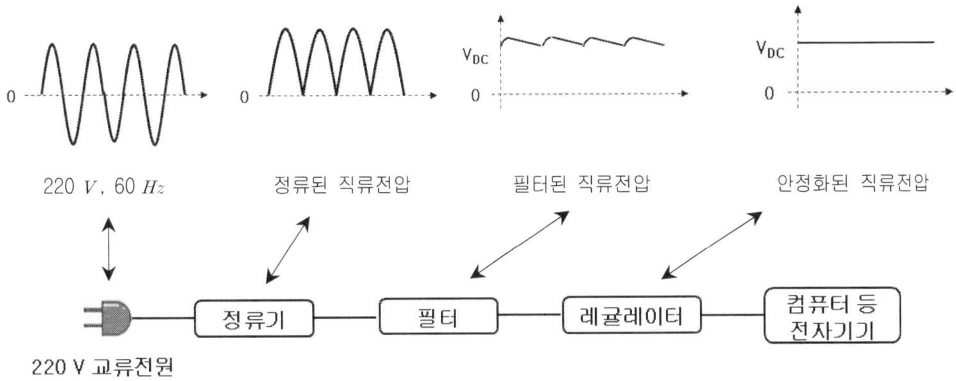

그림 5.7 교류전원으로부터 얻어지는 직류전원

4. 실험 방법

4-1. 반파 정류기

① 그림 5.8(a)와 같은 회로를 구성하라. 즉, 정류용 다이오드에 표시된 흰색의 띠 쪽에 저항($R = 5.6\,k\Omega$)을 연결한다.

② 오실로스코프의 선택 스위치들을 다음과 같이 두어라.
TRIGGERING－INT/EXT/LINE 스위치를 LINE 위치에
TRIGGERING－SLOP 스위치를 "+"위치에
TIME/CM 스위치를 2ms 위치에
AC/GND/DC 입력 스위치를 DC 위치에

③ 변압기의 1차 입력단자들을 220 V 교류전원에 연결하라(220 V 교류전원 대신에 함수발생기의 출력에 연결하여 실험하여도 된다.). 오실로스코프의 입력단자의 감도를 5V/div(일부 오실로스코프는 20V/div)으로 선택하고 오실로스코프 전용 케이블의 감쇄를 "10"으로 선택한 후, 오실로스코프의 접지단자를 회로의 점 ⓑ에 연결하고 오실로스코프의 수직입력 선을 점 ⓐ에 연결하라. 입력파형이 잘 관찰되도록 입력단자의 감도를 적절하게 조절한다. 변압기의 1차 입력단자들을 220 V 교류전원에 연결한 경우, 입력파형이 찌그러진 사인파인가를 확인하라.

이 사인파의 1주기 시간을 측정하라. $T=($ $)$초,

$f=1/T$ 식을 이용하여 입력교류(AC) 신호의 진동수(f)를 계산하라.

$f=($ $)Hz$.

④ 오실로스코프에 연결된 입력교류신호의 진폭(E_{p-p}: 피크-피크 전압)을 측정하라. $E_{p-p}=($ $)V$.

이 값을 2로 나누어 최대진폭(E_p)을 계산하라. $E_p=($ $)V$.

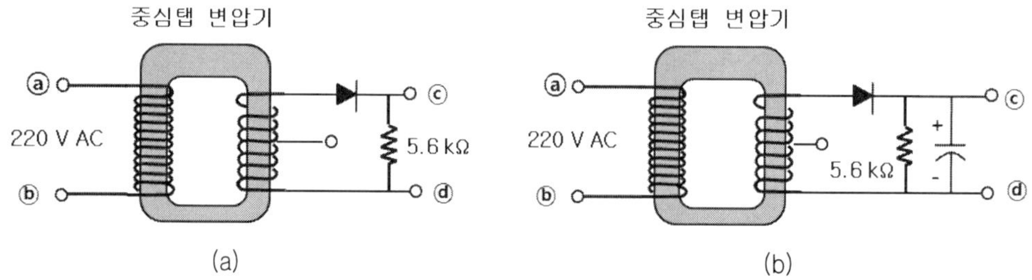

그림 5.8 변압기의 입력과 반파 출력파형

⑤ 220 V 교류입력 전원을 끄고 오실로스코프 수직입력 선을 점 ⓒ와 ⓓ로 옮겨라(부하저항 양단으로). 220 V 전원을 연결하고 오실로스코프의 AC/GND/DC 입력스위치를 DC위치로 하고 오실로스코프의 화면의 신호를 관찰하고 기록하라. 이 파형의 두 주기만을 그림 5.9(a)에 그려라.

⑥ $E_{유효}=\dfrac{E_p}{\sqrt{2}}$ 식을 이용하여 평균 출력전압을 계산하라. $E_{유효}=($ $)V$.

⑦ 220 V 전원을 끄고 그림 5.8(b)와 같이 R_L과 병렬로 $1\mu F$의 축전기를 연결하라. 축전기의 +극성이 다이오드 쪽으로 연결되도록 주의하라.

⑧ R_L 양단에 오실로스코프의 수직 입력단자를 연결하여 화면을 관찰하라. 이 때 화면의 선은 0 V DC를 가리켜야 한다.

⑨ 220 V 전원을 연결하라. 오실로스코프의 화면에 나타난 선이 0 V 위치에서 아래 혹은 위로 움직이는가? (예/아니오).

⑩ 그림 5.9(b)에 이 파형의 두 주기만 그려라. 파형 중 어느 점이 0 V 만큼 낮은

곳이 있는가? (예/아니오) 리플 펄스의 진폭(E_{p-p})이 그림 5.9(a)에 그려진 것과 비교하여 높아졌는가? (예/아니오)

⑪ 오실로스코프와 $E_{유효} = \frac{E_p}{\sqrt{2}}$ 식을 이용하여 R_L 양단에 걸리는 $E_{유효}$을 측정하라. $E_{유효}$ = (   ) V.
이 값과 ⑥에서 측정한 $E_{유효}$ 값을 비교하라. 부가시킨 축전기가 $E_{유효}$ 값을 (증가/감소) 시킨다.

⑫ 220 V 전원을 끄고 1 μF 축전기 대신 10 μF 축전기를 연결하라. 축전기의 +극성이 다이오드 쪽에 연결되어 있는가를 확인하라.

⑬ 220 V 전원을 여러 번 끄고 켜면서 오실로스코프 화면을 관찰하라. 220 V의 입력전원이 꺼져 있을 때는 0 V 이다. 220 V 전원을 연결했을 때 화면선의 위치를 관찰하라.

⑭ 관찰한 파형을 그림 5.9(c)에 그려라. E_p 값과 $E_{유효}$ 값은 각각 얼마인가?
E_p = (   ) V, $E_{유효}$ = (   ) V.

⑮ 220 V 전원을 끄고 10 μF 축전기 대신 100 μF 축전기를 연결하라. 축전기의 +극성이 다이오드 쪽에 연결되어 있는가를 확인하라.

⑯ 220 V의 입력전원을 여러 번 끄고 켜면서 오실로스코프 화면을 관찰하라. 220 V의 입력전원이 꺼져 있을 때는 0 V이다. 220 V 전원을 연결했을 때 화면선의 위치를 관찰하라.

⑰ 관찰한 파형을 그림 5.9(d)에 그려라. E_p 값과 $E_{유효}$ 값은 각각 얼마인가?
E_p = (   ) V, $E_{유효}$ = (   ) V.

⑱ 220 V 전원을 끄고 그림 5.10과 같이 다이오드와 축전기를 역으로 연결하라. 점 ⓒ에서의 전압은 지금 점 ⓓ보다 (양/음)이다.

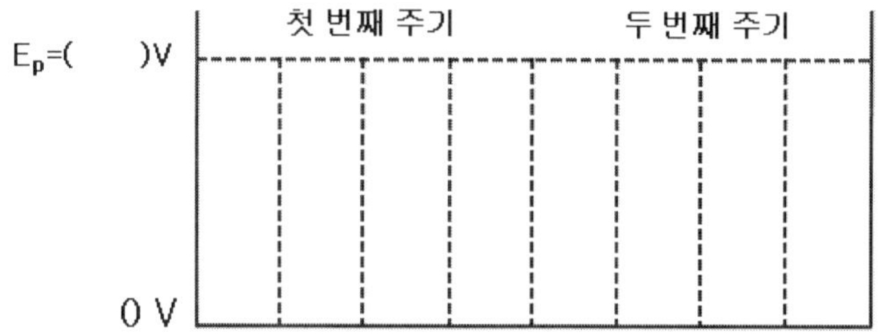

(a)

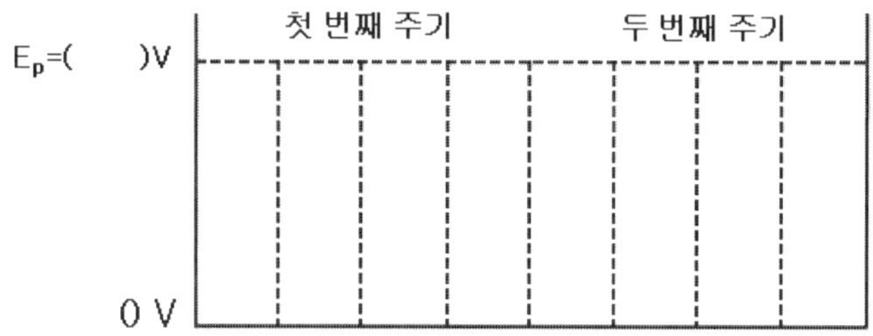

(b)

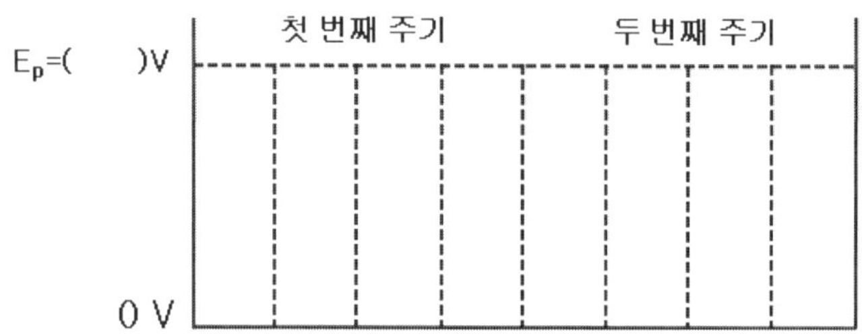

(c)

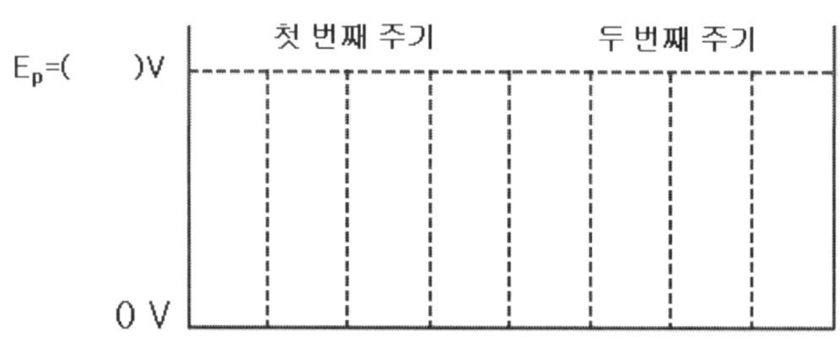

(d)

그림 5.9 축전기의 용량에 따른 출력파형관찰

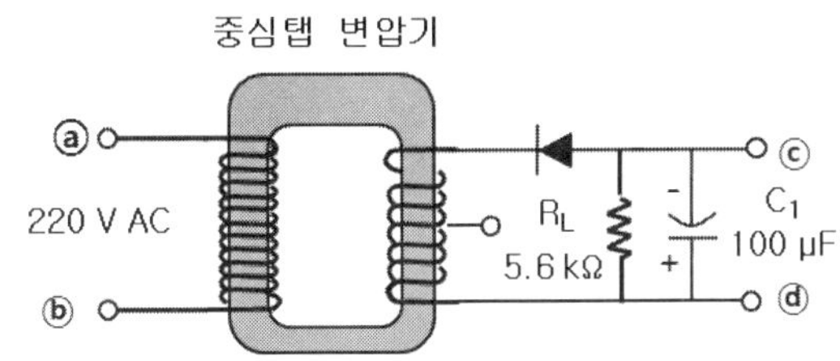

그림 5.10 다이오드와 축전지의 방향이 바뀌었을 때의 출력파형

4-2. 완파 정류기

① 그림 5.11과 같은 회로를 구성하고 다이오드가 정확히 연결되었는지를 다시 확인하라.

② 점 ⓓ에 오실로스코프의 접지단자를 연결하고 점 ⓒ에 수직 입력단자를 연결하라.

③ 220 V 교류전원을 변압기 1차코일(점 ⓐ와 ⓑ)에 연결하여라. 그리고 R_L(부하저항)양단의 전압을 관찰하라. 그림 5.12(a)에 출력파형의 두 주기를 그려라. 리플 진동수는 몇 Hz 인가? (　　)Hz .

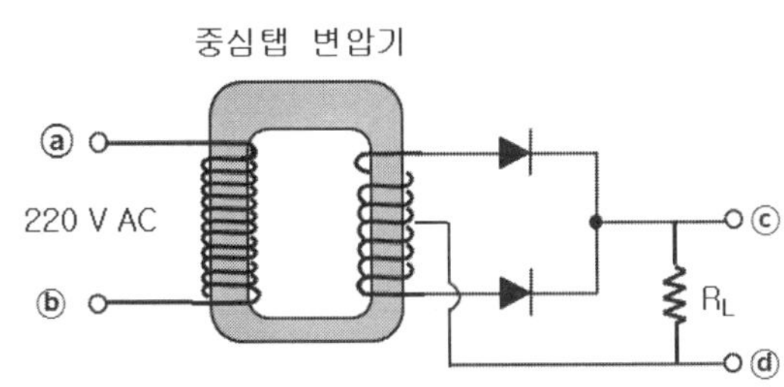

그림 5.11 완파형 정류회로

④ 오실로스코프를 이용하여 E_p 를 측정하여 그림 5.13(a)에 그려 넣어라. 그림 5.9(a)에서의 E_p 값과 이 회로에서의 E_p 값을 비교해 보아라.

⑤ $E_{유효} = \dfrac{E_p}{\sqrt{2}}$ 식을 이용해서 $E_{유효}$ 값을 계산하라. $E_{유효} = ($　　　$)V$.

⑥ 앞의 반파정류기 실험의 ⑥에서 계산된 $E_{유효}$ 값과 비교하라.

⑦ 220 V전원을 끄고 그림 5.12와 같이 R_L에 병렬로 10 μF의 축전기를 연결한 후, 입력전원 220 V를 연결하고 R_L양단의 파형을 관찰하라.

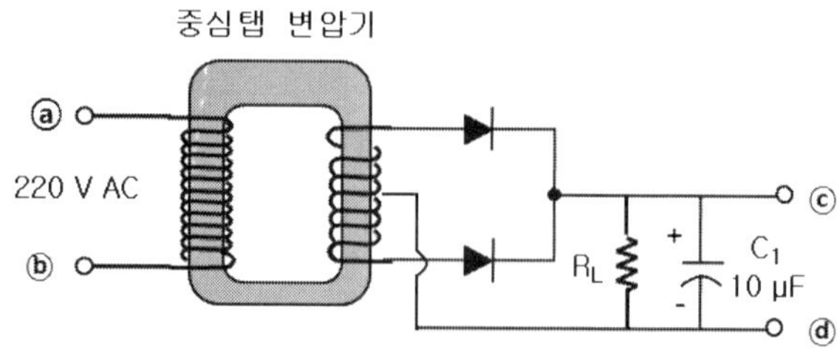

그림 5.12 축전기가 연결된 완파형 정류회로

⑧ 그림 5.13(b)에 파형의 두 주기를 그려라. 리플의 진폭 변화를 주목하라. $E_{유효}$ 값의 변화도 주목하라.

⑨ 220 V전원을 끄고 10 μF의 축전기 대신 100 μF의 축전기를 연결하라. 그림 5.13(c)에 파형을 그려라. 리플전압과 $E_{유효}$ 의 변화를 면밀하게 관찰하라.

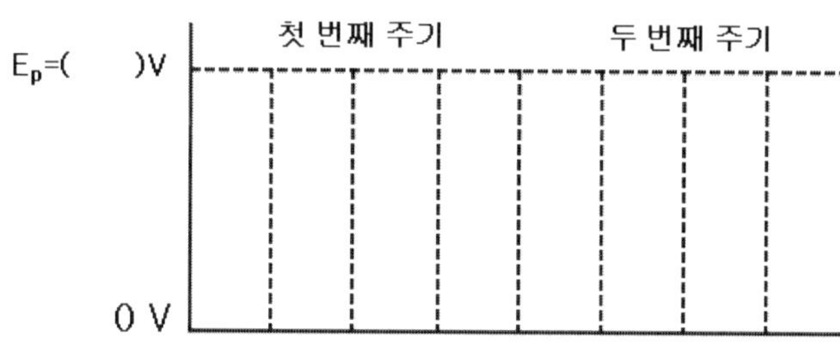

(a)

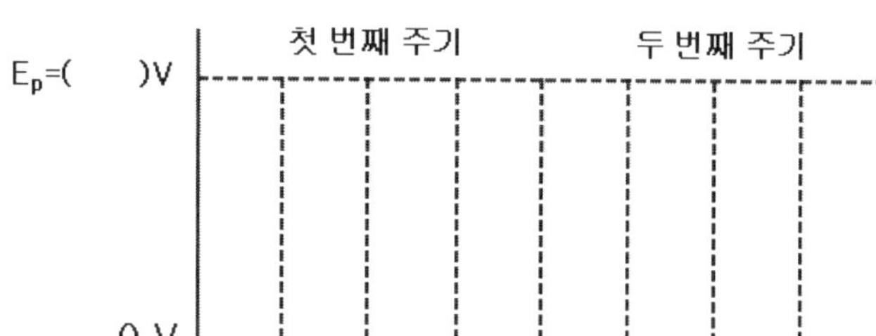

(b)

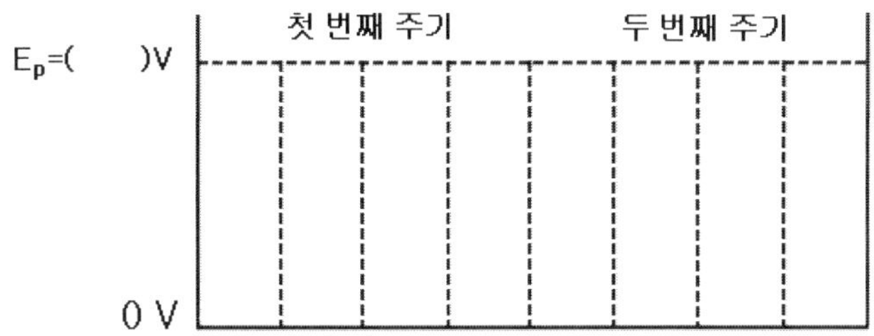

(c)

그림 5.13 축전기의 용량에 따른 출력파형관찰

4-3. 브리지 정류기

① 그림 5.14와 같은 회로를 구성하고 다이오드가 정확히 연결되었는가를 확인하라.

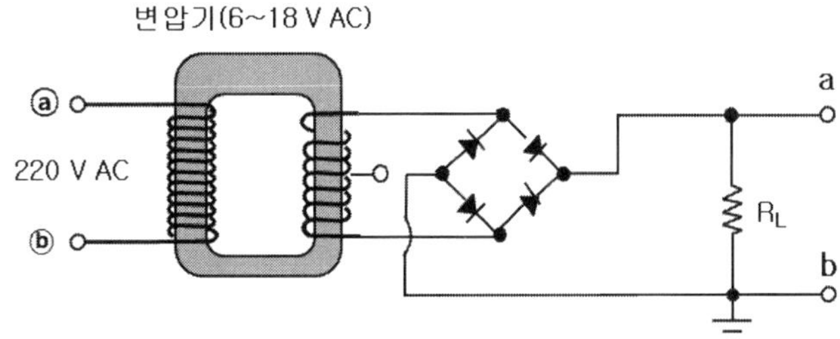

그림 5.14 브리지 정류회로

② 오실로스코프의 접지단자를 점 b에 그리고 수직 입력단자를 점 a에 연결하라.

③ 220 V 교류전원을 연결하고 R_L 양단의 전압을 관찰하라. 그림 5.16(a)에 출력파형의 두 주기를 그려라. 리플 진동수는 얼마인가? (   ) Hz .

주의 변압기 2차 코일의 전압과 점 a와 점 b사이의 전압을 동시에 오실로스코프로 측정하는 경우에 접지상의 문제로 인하여 전파 정류된 파형의 관찰이 안 되므로 변압기 2차 코일의 전압과 점 a와 점 b사이의 전압을 각각 다른 오실로스코프로 측정한다.

④ 오실로스코프를 이용하여 E_p 를 측정하여 그림 5.16(a)에 그리고 그림 5.9(a)에서 측정한 E_p 값과 비교하라.

⑤ $E_{유효} = \frac{E_p}{\sqrt{2}}$ 를 이용하여 $E_{평균}$ 을 계산하라. $E_{유효} = (\quad)V$.

⑥ 실험 4-1의 ⑥에서 반파정류기의 $E_{유효}$ 값과 이 값을 비교하라. 또 완파정류기에서의 $E_{유효}$ 값과 비교하라.

⑦ 220 V 전원을 끄고 그림 5.15와 같이 R_L 에 병렬로 10 μF의 축전기를 연결하라. 220 V 전원을 연결하고 R_L 양단의 파형을 관찰하여 그림 5.16(b)에 파형의 두 주기만 그려라. 리플 진폭과 $E_{평균}$ 의 변화를 주목하라.

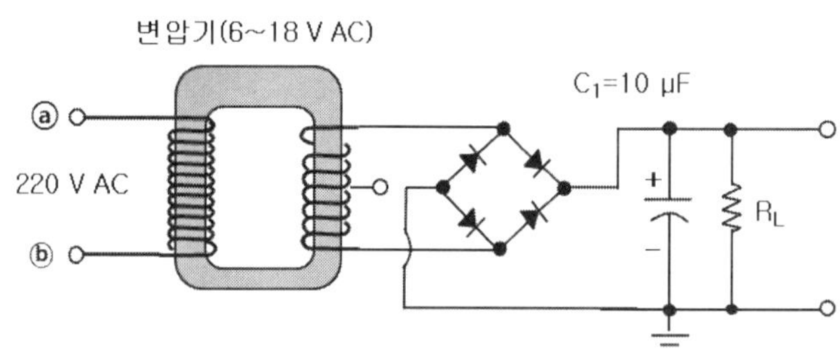

그림 5.15 축전기가 연결된 브리지 정류회로

⑧ 220 V 전원을 끄고 10 μF 축전기 대신 100 μF 축전기를 연결하라. 220 V 전원을 연결하고 R_L 양단의 파형을 관찰하라. 그림 5.16(c)에 이 파형을 그리고 리플과 $E_{유효}$ 의 변화를 주목하라.

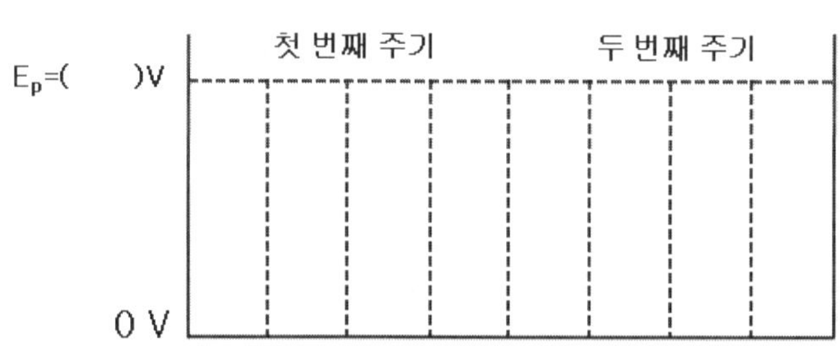

(a)

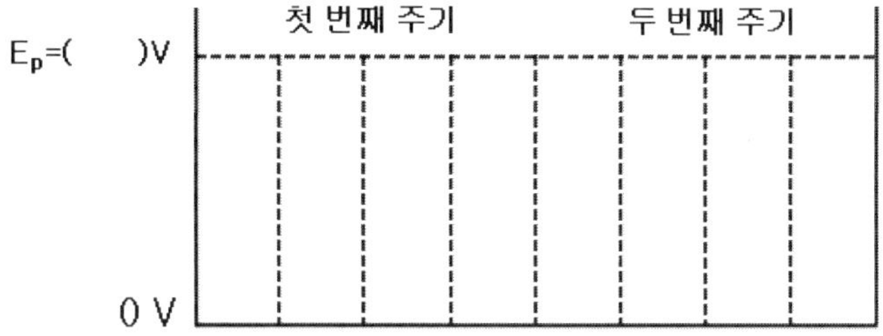

(b)

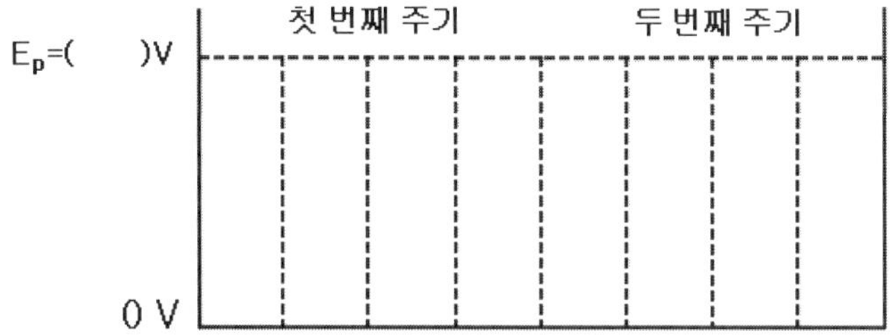

(c)

그림 5.16 브리지 정류회로에서의 출력파형

4-4. 반파 정류기와 전파 정류기의 특성 비교

반파정류기와 전파정류 실험에서 저항 양 끝에 $1\mu F$의 축전기를 연결한 경우에 출력파형을 서로 비교하여 그 차이점을 찾아내고 원인을 설명하라.

5. 참고자료

[1] https://www.elprocus.com/rectifier-diode-working-applications/.

[2] http://cfile7.uf.tistory.com/attach/1503523C4DB5A29423B913.

실 험
06

IC를 이용한 안정된 전원장치

1. 실험 목적

브리지 완파정류기에 IC 전압 안정기를 연결하여 이들이 출력전압의 특성에 미치는 역할과 함께 가변출력전압을 얻는 방법을 이해한다. 이를 바탕으로 IC 전압 안정기를 사용하여 실험실에서 자신의 실험목적에 알맞은 안정된 전원장치를 구성하고 이를 작동시켜 본다.

본 실험에서는 IC를 이용하여 항상 안정된 직류 전원을 얻는 전원장치를 제작하고 저항과 축전지를 사용하여 얻은 정류파형과 비교하여 보고자 한다.

2. 실험 준비물

- 오실로스코프 : 1
- 정류용 다이오드(1N4007 또는 이와 동등한 것) : 4
- 정전압 IC (LM340, LM317 : 각 1)
- 변압기 (220 V 입력, 출력 13 V, 중심탭: 100 mA)
- 축전지 (0.1 μF, 1 μF 고체 탄탈륨, 10 μF, 2200 μF : 각 1)
- 저항 (1/4 W, 220 Ω : 1)
- 가변저항 (1/2 W 5 $k\Omega$: 1)

3. 기초 이론

그림 6.1은 실험 5의 안정되지 않은 전원장치 실험을 통하여 다이오드와 축전지를 사용하여 얻은 정류파형을 나타낸 것으로 축전지의 용량에 따라 얻어진 정류파형의 시간에 따른 안정성이 결정된다는 것을 알았다.

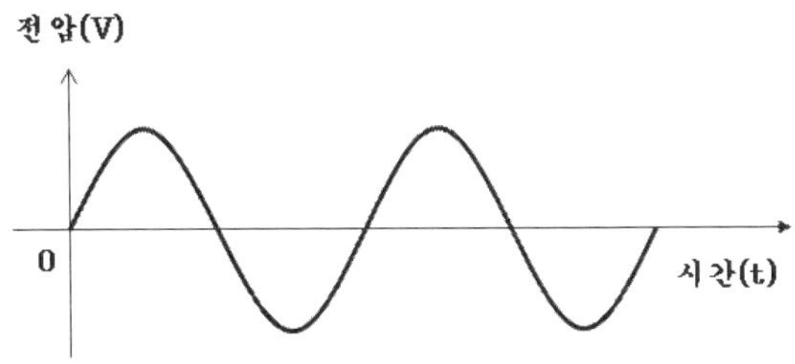

(a) 입력파형

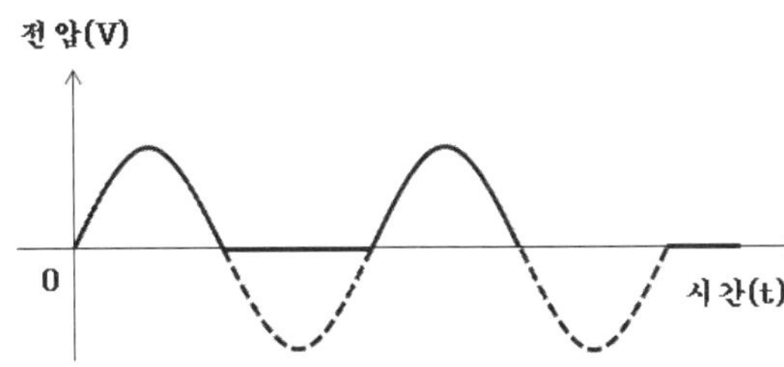

(b) 반파정류 파형

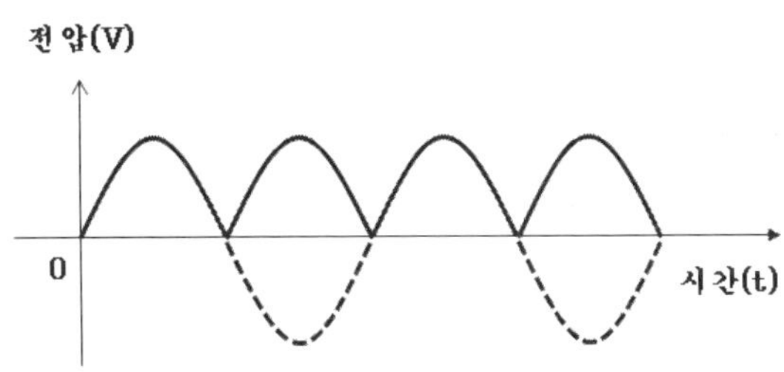

(c) 전파정류 파형

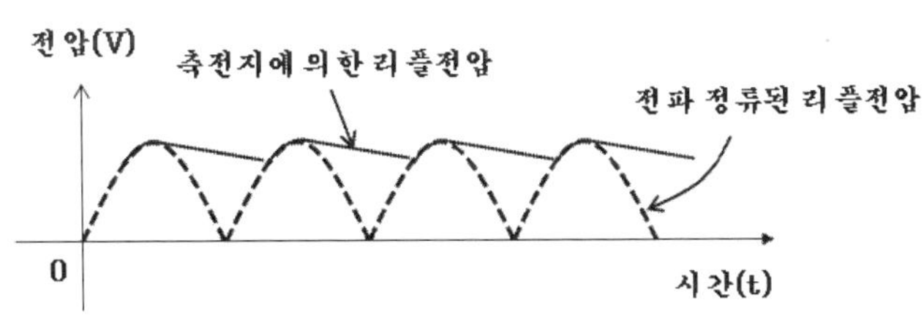

(d) 축전지에 의한 전파정류 파형

그림 6.1 입력, 반파 정류, 전파정류 및 축전지에 의한 전파정류 파형

비 안정 입력 핀, 안정화된 출력 핀, 그리고 접지 핀의 3개 핀만으로 구성된 IC 전압 안정기(100 mA 에서 3 A 의 부하전류를 공급할 수 있음)를 사용한 전원장치는 일반화되어 있고 가격이 매우 저렴한 동시에 바이패스 통과 축전지 결합을 제외하고는 다른 외부회로를 거의 필요로 하지 않아 회로자체도 매우 간편하다. 또한 IC 내부에 전류 제한회로 및 열 차단회로가 내장되어 있어 파손되는 일이 거의 없다. 표 6.1은 몇몇 대표적인 IC 전압안정기에 대한 데이터로서 탈락전압은 출력전압과 입력전압 사이의 최소 허용 차이를 나타낸 값으로서 LM 340-5의 경우에 2.3 V의 탈락전압을 가지므로 입력전압은 출력전압보다 2.3 V커야 올바로 동작한다.

표 6.1 몇몇 대표적인 IC 전압 안정기에 대한 데이터

IC명	출력전압 [V]	최대전류 [A]	부하안정 [mV]	전원안정 [mV]	리플제거 [dB]	탈락전압 [V]	용 도
LM309	+5	1	15	4	75	2	고정전압
LM317	가변	1.5	0.1 [%]	0.2 [%]	65	2.5	1.2~33 [V]
LM320-5	-5	1.5	50	10	65	2	고정(-)전압
LM320-15	-15	1.5	30	5	80	2	고정(-)전압
LM338	가변	5	0.1 [%]	0.1 [%]	60	2.7	1.2~32 [V]
LM340-5	+5	1.5	10	3	80	2.3	고정 (+)전압
LM340-15	+15	1.5	12	4	80	2.5	고정 (+)전압
LM350	가변	3	0.1 [%]	0.1 [%]	65	2.5	1.2~33 [V]
RC4194	가변	0.15	0.2 [%]	0.2 [%]	75	3	0~32 [V] (±)전압
RC4195	(±)15	0.15	3	2	70	3	고정 (±)전압

표 6.1에서 LM 340 계열의 경우에 핀 1은 입력, 핀 2는 접지점, 핀 3은 출력단자가 된다. 한 예로서 LM 340-5는 7 V~20 V의 입력 직류전압에 대해서 +5 V의 출력전압을 가지며, 최대 부하전류는 1.5 A, 부하안정은 10 mV, 전원안정은 3 mV, 리플제한은 80 dB이다. 약 0.01 Ω 의 대단히 낮은 출력 임피던스를 갖는 LM 340-5는 최대 전류 비율을 유지하면서 매우 고정된 전압원을 모든 부하로 보낸다. 그리고 IC가 안정되지 않은 직류전압원과 가까이 떨어져 있을 경우에 리드인덕턴스가 커지므로 고주파에서 전류귀환을 일으키게 되어 IC내에서 기생발진을 일으킨다.

따라서 이를 제거하기 위하여 핀 1에 바이패스 통과 컨덴서(C_1)를 가능한 IC에 가까이 병렬로 연결시킴으로서 IC에서의 기생발진을 제거하는 것이 필수적이며, 보통 0.1~1 μF의 고품질 탄탈륨 축전지를 사용한다. 또한 안정된 출력전압에서 발생할 수 있는 과도응답을 개선하기 위하여 출력바이패스 통과 축전지 C_2를 사용하는데, LM 340 계열의 경우 $C_1 = 0.22\,\mu F$, $C_2 = 0.1\,\mu F$이다(그림 6.2 참조).

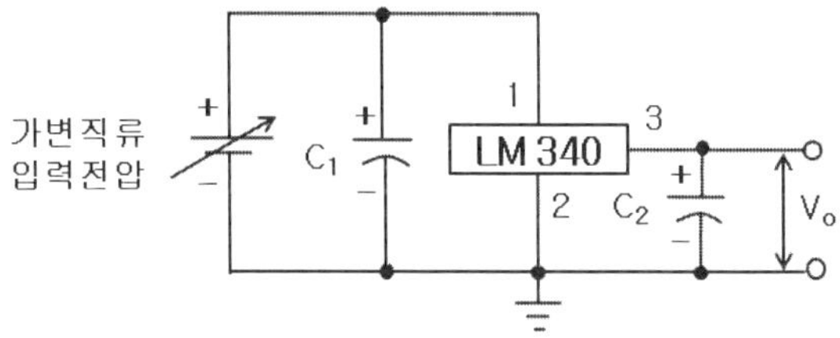

그림 6.2 LM 340을 사용한 (+)고정 출력전압 회로

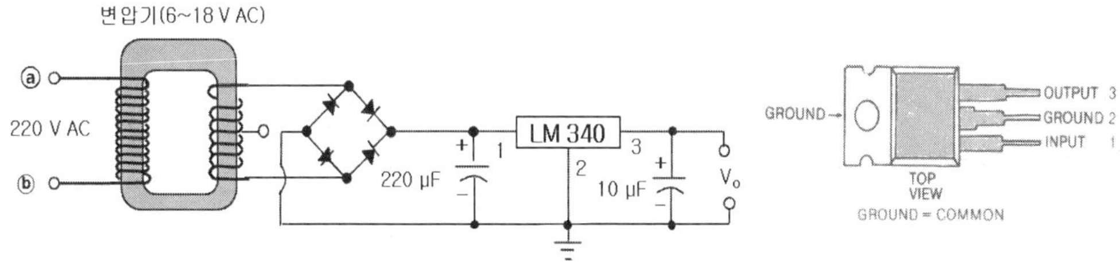

그림 6.3 LM 340을 사용한 (+)고정 출력전압 회로 [출처: 참고자료 1]

LM 340 계열은 고정된 출력전압을 얻는데 사용되나 자주 가변 출력전압이 필요하다. +1.2~37 V 사이에서 1.5~5 A의 부하전류가 필요한 경우에는 LM 317, LM 338, LM 350 등을 사용하여 얻을 수 있다.

그림 6.4은 안정화되지 않은 직류전원으로 구동되는 LM 317회로로 +1.25~37 V의 출력전압을 얻을 수 있다. 물론 탈락전압을 고려하여 입력전압은 출력 전압보다 약 2.5 V 높아야 한다. R_1에 걸리는 전압을 V_{ref} 라고 하면, 출력전압은

$$V_{out} = V_{ref}\left(\frac{R_2}{R_1} + 1\right)[V] \tag{6.1}$$

와 같이 주어진다.

동작 시에는 LM 317이 출력단자(2번 핀)와 접지 조절단자(1번 핀) 사이에 1.25 V의 기준전압을 갖게 한 정밀 급 내부 기준전압을 갖고 있도록 설계되어 있어 식 (6.1)은

$$V_{out} = 1.25\left(\frac{R_2}{R_1} + 1\right) + I_{adj} R_2 \, [V] \tag{6.2}$$

와 같이 된다. IC 전압안정기 앞의 고주파 입력 바이패스용 컨던서(C_1)는 보통 0.1 μF 디스크 축전지나 1 μF 고체 탄탈륨 축전지가 적합하며, 출력 임피던스의 향상과 과도현상을 제거하기 위한 출력축전지 C_2는 1~10 μF의 탄탈륨 고체 전해축전지가 사용된다. 열 발생에 의한 오작동을 방지하기 위하여 출력핀 2는 방열판(heatsink)에 연결한다. 이밖에 (±)의 동일한 출력전원이 필요한 경우에는 RC4194와 RC4195가 사용되는데, RC4194는 ±0.05~±32 V의 전압조정이 가능하고 RC 4195는 ±15 V의 고정된 출력전압을 얻는데 사용된다.

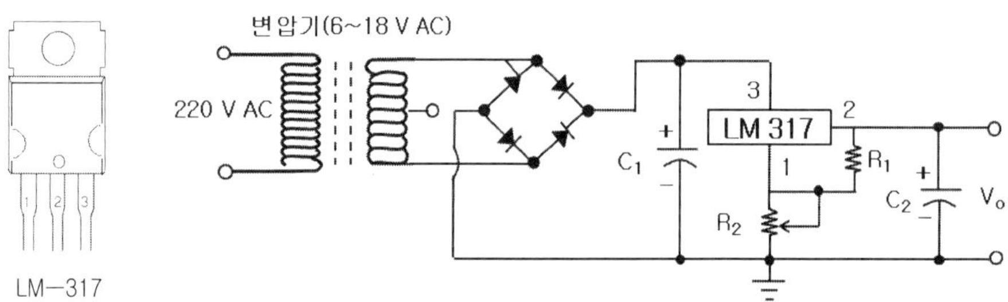

그림 6.4 전압안정기 LM317을 사용한 (+)가변 출력전압회로

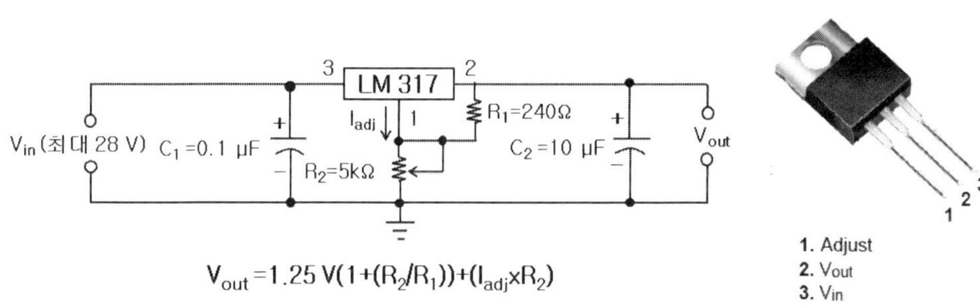

그림 6.5 LM317을 사용한 (+)가변 출력전압회로[출처: 참고자료 2]

4. 실험 방법

4-1. LM 340을 사용한 고정 출력전압 안정기

① 그림 6.2와 같이 회로를 구성하고 입력전압의 크기에 따른 출력전압의 크기를 측정하여 표 6.2를 완성하고 그 이유를 논의하라.

표 6.2 입력전압에 따른 출력전압의 변화

입력전압(V)	0	3	6	7	9	11	15
출력전압(V)							

4-2. LM 317을 사용한 가변 출력전압 안정기

① 그림 6.4(또는 그림 6.5)와 같이 회로를 구성하라. 여기서 $C_1 = 0.1\,\mu F$, $C_2 = 10\,\mu F$, $R_1 = 240\,\Omega$, 그리고 $R_2 = 5\,k\Omega$ 이다.

② 오실로스코프로 LM 317 전압안정기에서 3번 핀의 파형을 관찰하고 측정하여 표 6.3을 완성하라.

③ 그림 6.4의 회로에서 가변저항이 최대 및 최저일 경우에 2번 핀의 출력전압을 측정하라.

ⓐ 가변 저항 최대일 때의 출력 전압 : V

ⓑ 가변 저항 최소일 때의 출력 전압 : V

표 6.3 LM 317 전압안정기에 대한 입력조건

최대전압 (V_{peak})	[V]
최저전압 (V_{low})	[V]
리플전압: $V_{peak} - V_{low}$	[V]

④ 그림 6.5와 같이 직류전원장치를 축전지 C_1 양단에 연결하여 입력전압의 변화에

따른 출력전압의 변화를 측정하여 표 6.4를 완성하고 그 결과에 대하여 논하라. (LM 317의 가변저항은 최대로 고정시켜 둔다.)

표 6.4 입력전압에 따른 출력전압의 변화

입력전압(V)	0	3	6	7	9	11	15
출력전압(V)							

5. 참고자료

[1] http://edatasl.blogspot.com/2012/02/lm340-and-78xx-series-3-terminal.html.

[2] www.circuitstoday.com.

실 험 07

IC 741을 이용한 반전, 비반전 증폭기

1. 실험 목적

일반적으로 많이 사용되는 반전 및 비반전 증폭기를 제작하고 실험을 통하여 증폭원리를 이해하고, 실생활에서의 응용에 대해서 생각해 본다.

2. 실험 준비물

- 오실로스코프 ; 1
- 사인파 발진기 ; 1
- 저항(1/4 W, 1.0, 4.7, 10, 22, 47, 100, 200$k\Omega$ 각 1개)
- 직류 전원(±15 V, 50mA)
- IC741 ; 1

3. 기초 이론

연산증폭기를 이상증폭기라고도 하는데, 이상증폭기는 (1)전압이득 무한대, (2)입력 임피던스 무한대, (3)출력 임피던스 0, (4)주파수 대역폭이 무한대인 특성을 가지고 있으며 그의 기호는 그림 7.1(a)와 같고 개략도는 그림 7.1(b)와 같다. 이 회로에서 +또는 비반전 입력은 입력과 위상이 같은 출력신호를 만들어 내며, −또는 반전입력은

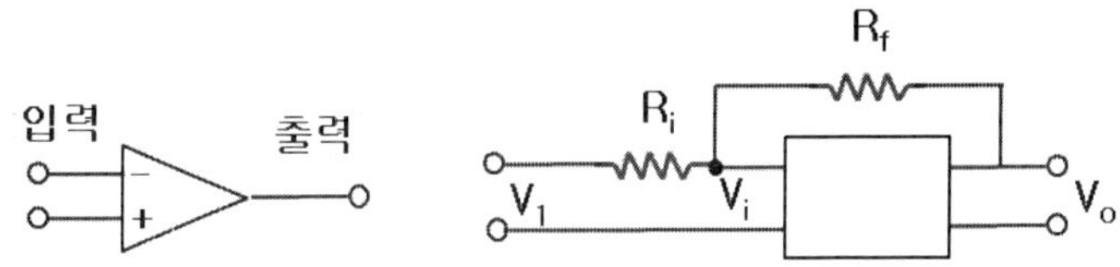

(a) 연산증폭기의 기호 (b) 연산증폭기의 개략도

그림 7.1 연산증폭기

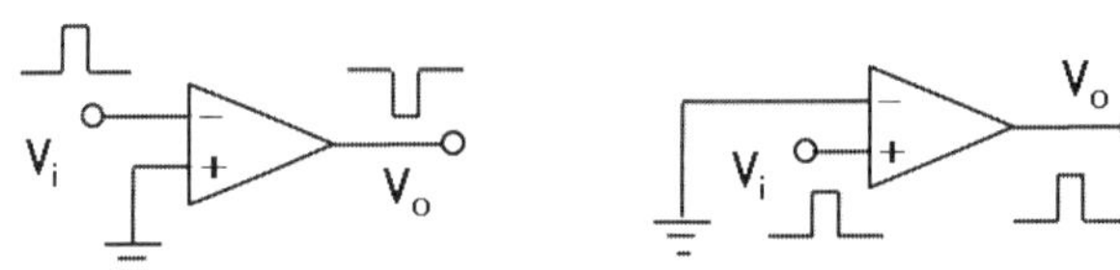

(a) 반전증폭기 (b) 비반전 증폭기

그림 7.2 반전과 비반전 증폭기

입력과 180°의 위상차가 있는 출력신호를 만들어 낸다.(그림 7.2 참조)

연산증폭기를 이해하기 위해서는 귀환(feedback)회로를 이해하여야 한다. 입력과 출력사이의 귀환 연결이 회로의 특성을 결정한다.

3-1. 반전 증폭회로

반전 증폭회로는 그림 7.3과 같다. 이 회로에서 입력점 ⓐ에 입력전압 V_i 를 가해주면, 저항 R_i 를 통해서 증폭기의 입력단자 점 ⓑ에 가해진다. 그 순간 증폭기가 이득이 매우 큰 반전 증폭기이므로 출력점 점 ⓒ에서는 V_i 와 반대 극성의 매우 큰 (−)출력 전압이 나올 것이다. 그러나 ⓒ는 $R_f(10\,k\Omega)$를 경유하여 점 ⓑ에 연결되어 있으므로 이 (−)전압이 점 ⓑ에 되돌려져서 V_i 를 상쇄하는 방향으로 동작한다. 또한 그 전압은 매우 크므로 V_i 를 거의 상쇄하는데 점 ⓑ에서의 입력이 완전히 "0"가 되기까지 상쇄해버리면 그것을 증폭한 점 ⓒ의 (−)전압도 "0"가 되어버리므로 점 ⓑ의 전압이 "0"가 되기 바로 직전(거의 "0"와 같다)에 상쇄는 멈추고 점 ⓒ의 (−)출력은 V_i 와 밸런스한 일정한 값 V_o 로 되어서 출력된다. 이 V_o 의 크기를 입력 전원의 내부 저항을 "0"로 하여 (실제의 OP암프 회로에서는 그렇게 해도 상관이 없다) 계산하면, $V_0 = V_{in} \times R_f / R_i$ 가 된다. 즉, 이 회로의 이득 G는

$$G = V_0 / V_i = R_f / R_i \tag{7.1}$$

와 같이 되어 이득은 R_f 와 R_i 2개 저항 값의 비(比)만으로 정해진다. 만일 여기서 증폭기 본체의 이득이 온도나 전원의 전압 변동으로 5배나 10배 변화해도 원래 무한대에 가까운 이득을 가지므로 회로 전체의 이득에는 아무런 영향도 없다. 이와 같이 부극성 출력을 정극성 입력으로 되돌리는 회로방식을 부궤환이라고 부르며 전자회로에서는 매우 중요한 회로기술의 하나로 되어 있다.

증폭기의 입력단자 점 ⓑ의 전압이 V_i 와 R_f 경유의 부궤환 전압의 상쇄로 거의 “0”에 가깝다고 하였다. 즉 점 ⓑ는 겉보기로 접지와 같은 전위라고 생각할 수 있으며 이것을 가상접지(imaginary earth)라고 한다. 점 ⓑ를 접지전위라고 생각하면 $V_i = 1\,V$, $R_i = 1\,k\Omega$인 경우에, 입력측의 전류 i_1 은 $1\,mA$ 로 점 ⓑ를 향해서 흘러든다.

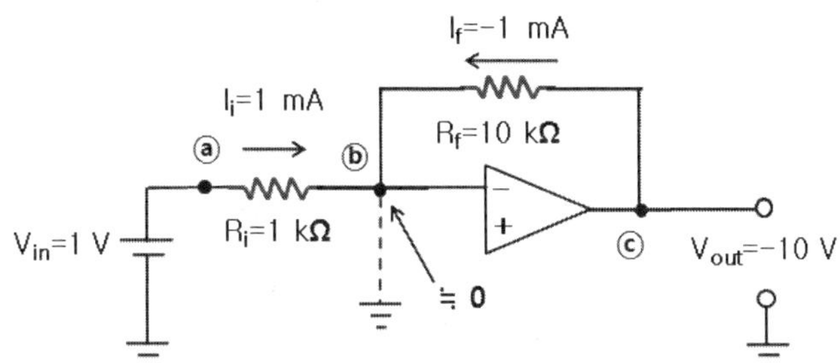

그림 7.3 반전 증폭기의 가상 접지

점 ⓑ의 전위가 접지와 같으나 접지에 접속되어있지 않으므로 키르히호프의 법칙으로 이 전류값과 같은 전류가 점 ⓑ에서 밖으로 흘러 나가든가 또는 전류 값이 같게 역방향의 전류가 점 ⓑ에 흘러 들어가지 않으면 점 ⓑ의 접지전위는 무너지게 된다. 따라서 점 ⓒ측에서 R_f 경유로 $-1\,mA$ 를 흘려주면 (점 ⓑ에서 점 ⓒ를 향하여 $1\,mA$ 를 흘려주면) 된다. 10배($G = 10$)로 증폭하는 회로의 구성은 입력전압(V_i) $V_{in} = +1\,V$에 대해서 출력전압(V_o)이 $V_o = -10\,V$(반전증폭이므로 −가 된다.)가 되게 해주면 되므로 $R_f = 10$kΩ 으로 하면 $-1\,mA$ 가 R_f 를 경유하여 점 ⓑ에 흘러들어 10배의 증폭회로가 된다. G=5로 하고 싶으면 $R_f = 5$kΩ 으로 하면 된다는 것을 알 수 있다. 이처럼 가상 접지방법을 도입하면 반전증폭회로의 동작 원리를 비교적 쉽게 이해할 수 있다.

3-2. 비 반전 증폭 회로

그림 7.4가 OP암프를 사용한 비반전 증폭회로이다. 입력전압 V_i는 +입력단자에 가해지고 다른 쪽 부궤환의 루트는 출력단자에서 R_f를 경유하여 R_i와 R_f로 출력전압 V_o를 분할한 전압이 -입력단자에 가해지도록 되어 있다.

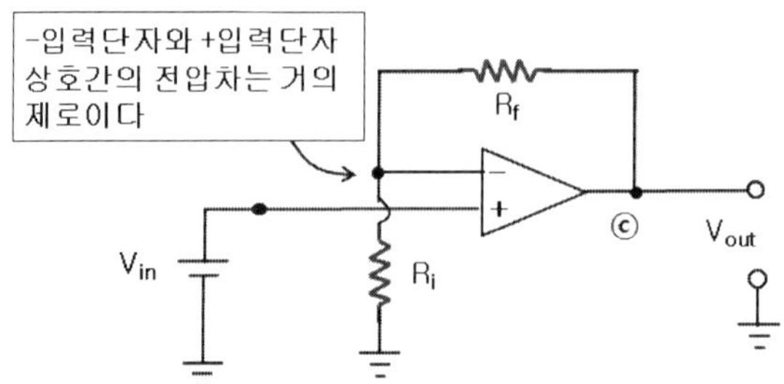

그림 7.4 비반전 증폭회로

지금 V_i가 +입력에 가해지면, V_i와 같은 극성을 가지는 매우 큰 전압이 출력단자에 나올 것이지만(OP암프의 이득이 매우 크므로), 그 순간 이 출력전압을 R_i와 R_f로 분할한 전압이 (-)입력에 가해져서 이 (-)입력을 증폭한 출력전압은 V_i를 증폭한 출력전압과는 반대극성이므로 서로 상쇄하는 방향으로 동작한다. 그러나 이 (-)입력의 전압(R_i의 양단전압)이 V_i와 완전히 같게 되면 출력전압도 상쇄되어서 "0"가 되어 부궤환도 없어지고 만다. 만일 그렇게 되면 원래의 V_i가 없어진 것은 아니므로 다시 매우 큰 출력전압이 나오게 되므로 결국 R_i의 양단전압(-입력)이 V_i와 같아지기 직전의 어떤 한 점 (V_i와 거의 같음)에서 출력전압이 일정 전압으로 균형을 맞추게 되는 것이다. 이때의 출력전압 V_o와 입력전압 V_i의 비가 이러한 비반전 증폭회로의 이득(G)으로서 다음과 같이 주어진다.

$$G = (R_i + R_f)/R_i = 1 + \frac{R_f}{R_i} \tag{7-2}$$

$$\leftarrow \; V_o = i(R_i + R_f),\; i = \frac{V_o}{R_i + R_f},\; iR_i = \frac{V_o}{R_i + R_f} R_i = V_i,$$

$$G = \frac{V_o}{V_i} = \frac{R_i + R_f}{R_i} = 1 + \frac{R_f}{R_i}$$

여기서 주목할 것은 이러한 비반전 증폭회로에서는 (+)입력과 (−)입력의 입력전압이 거의 같은 상태에서 동작하고 있다는 것이다. 다시 말해 +·−양 입력은 겉보기로 쇼트(단락)된 것과 같다는 것이다. 이 상태를 가상쇼트(imaginary short)라고 한다.

4. 실험 방법

4-1. 반전증폭기의 증폭측정

(1) 실험 A

① 그림 7.5와 같은 반전증폭회로를 구성하면서 $+15\ V$와 $-15\ V$를 7번과 4번 단자에 각각 연결하라.

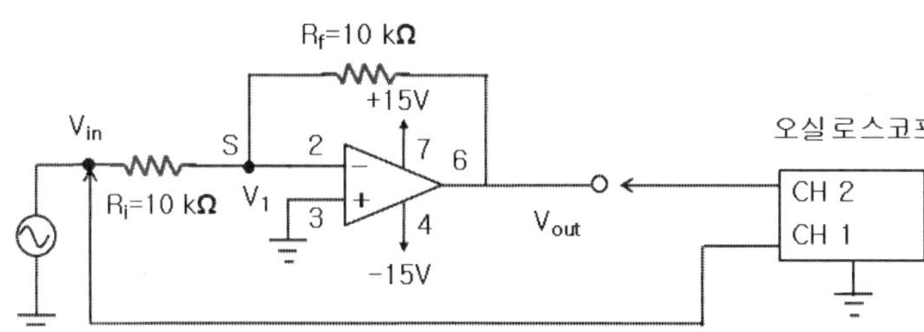

그림 7.5 반전증폭회로

② 입력전압의 크기를 $V_{p-p} = \sim 1.0\ V$, 주파수를 $1\ kHz$로 조정하라. 오실로스코프의 화면상에서 입력전압을 출력전압의 위쪽에 놓아라. 두 신호간의 차이를 그림으로 아래에 나타내고 차이점을 설명하라.

주의 1. 입력신호를 오실호스코프의 입력 1(X), 그리고 출력신호를 입력 2(Y)를 연결하고 트리거 신호는 입력 1(X)에 입력된 신호를 이용한다.

2. 입력신호의 크기가 커서, 증폭된 출력전압의 크기가 바이어스 전압보다 크게 되면 파형의 일부가 잘려지게 되어 사각형의 파형으로 관찰된다. 이 경우에 입력신호의 크기를 줄여 주어야 정상적인 실험결과를 얻게 된다.

③ 피크-피크 출력전압(V_{p-p})을 측정하고, 전압이득을 구하여 이론치와 비교하여 표 7-1의 첫줄에 기록하라.

④ 입력신호를 그대로 유지하고, 그림 6.5의 회로에서 저항(R_f)를 바꿔가면서 ③에서와 같은 방법으로 구한 값들을 표 7.5에 기록한다.

표 7.1 반전 증폭기에 대한 실험결과

저항 (R_f)	입력전압(V_{in})	출력전압(V_{out})	이득(측정값)	이득(기대값)	% 오차
10 kΩ					
22 kΩ					
47 kΩ					
100 kΩ					
200 kΩ					
4.7 kΩ					
1 kΩ					

⑤ 표 7.1의 결과를 통하여 반전 증폭기의 이득은 항상 1보다 크거나 작을 수 있는지를 확인하여라.

(2) 실험 B

① 그림 7.6과 같은 비반전 증폭회로를 구성하면서 $+15\,V$와 $-15\,V$를 7번과 4번 단자에 각각 연결하라.

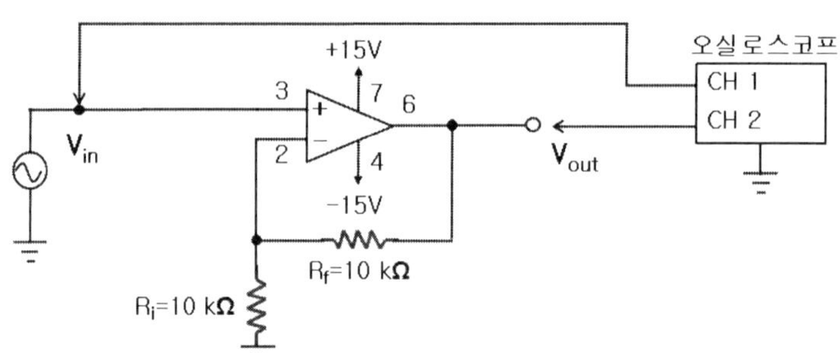

그림 7.6 비반전 증폭회로

② 입력전압의 크기를 $V_{p-p} = \sim 1.0\ V$, 주파수를 $1\,kHz$ 로 조정하라. 오실로스코프

의 화면상에서 입력전압을 출력전압의 위쪽에 놓아라. 두 신호간의 차이를 그림과 함께 아래에 그리고 차이점을 설명하라.

③ 피크-피크 출력전압(V_{p-p})을 측정하고, 전압이득을 구하여 이론치와 비교하여 표 7.2의 첫줄에 기록하라.

④ 입력신호를 그대로 유지하고, 그림 7.6의 회로에서 저항(R_f)를 바꿔가면서 ③에서와 같은 방법으로 구한 값들을 표 7.2에 기록한다.

표 7.2 비반전 증폭기에 대한 실험결과

저항 (R_f)	입력전압(V_{in})	출력전압(V_{out})	이득(측정값)	이득(기대값)	% 오차
10 kΩ					
22 kΩ					
47 kΩ					
100 kΩ					
200 kΩ					
4.7 kΩ					
1 kΩ					

⑤ 표 7.2의 결과를 통하여 비반전 증폭기의 이득은 항상 1보다 큰가를 확인하여라.

5. 참고자료

[1] OP 암프회로의 마스터, 편집부, 가남사, 1986.

실 험 08

연산증폭기를 사용한 능동필터회로

1. 실험 목적

축전지는 주파수가 낮은 신호에 대해서는 높은 저항을 가지지만, 주파수가 높은 신호에 대해서는 낮은 저항을 가진다. 이러한 축전지의 특성 및 연산증폭기 IC 741을 사용하여 필터회로를 구성하고 이들의 주파수 특성을 알아본다.

주의 필터회로에 입력되는 입력신호의 진폭은 사인파 발진기의 진동수에 관계없이 일정하게 유지되어야 한다. 만약에 사인파 발진기의 출력전압 크기가 진동수에 따라 변하면, 사인파 발진기의 출력조절 단자를 조절하여 출력전압의 크기를 사용하고자 하는 특정 크기의 값으로 조절하여 진동수에 따른 출력전압의 크기를 그래프로 나타내야 필터회로의 특성을 이해할 수 있다.

2. 실험 준비물

- 오실로스코프 : 1대
- 사인파 발진기: 1대
- IC 741: 1개
- 축전기(0.0022 μF): 3개, 100 nF: 1개, 3.3 nF: 1개
- 저항(1/4 W): 1 $k\Omega$: 1개, 1.5 $k\Omega$: 1개, 8.2 $k\Omega$: 1개, 9 $k\Omega$: 1개, 10 $k\Omega$: 2개, 15 $k\Omega$: 1개, 100 $k\Omega$: 2개

3. 기초 이론

필터는 진동수에 민감한 회로로 어떤 주파수는 통과시키고 다른 주파수는 통과시키지 않거나 또는 감쇠시킨다. 일반적으로 필터는 입력신호의 증폭이 가능한 능동형 필터와 입력신호가 증폭되지 않는 수동형필터로 구분된다. 이 실험에서는 입력신호의 증폭이 가능한 능동형 저역 필터(low-pass filter), 능동형고역 필터(high-pass filter) 및 능동형 대역필터(band-pass filter)를 구성하고 각각에 대한 주파수 반응 곡선에 대하여 알아보고자 한다.

3-1. 저역 필터(low-pass filter) 회로

저역필터는 직류로부터 차단주파수(f_c)까지는 통과시키고, 그 이상의 주파수를 가지는 신호들은 차단시키는 필터이다(그림 8.1 참조). 이상적인 경우에는 주파수 반응곡선은 차단주파수에서 바로 "0"으로 떨어지겠지만, 실질적으로는 천천히 감소한다. 차단주파수(f_c)는 주파수 반응곡선에서 최대효율의 70.7% ($-3\ dB$)까지 떨어지는 주파수를 의미한다.

간단한 저역필터는 입력임피던스가 높고 출력임피던스가 작은 연산증폭기와 함께 구성되며, 연산증폭기와 함께 사용함으로서 출력신호의 증폭이 가능하며, 최대 주파수 반응은 증폭기의 특성에 의존한다.

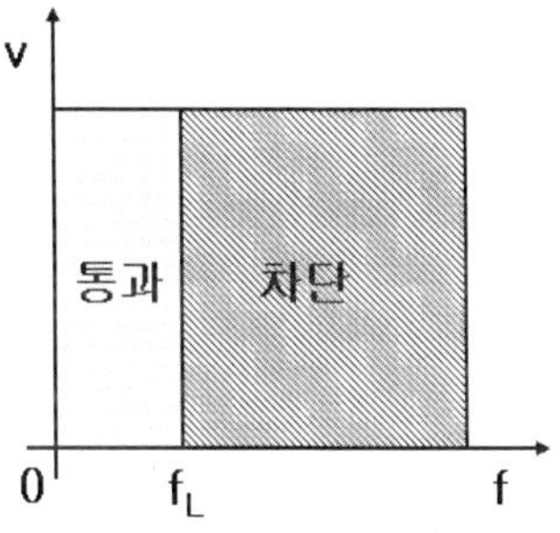

그림 8.1 이상적인 저역필터

1차 저역필터는 그림 8.2에서와 같이 연산증폭기의 비반전(또는 반전) 입력에 연결된 1개의 RC-회로로 구성된다.

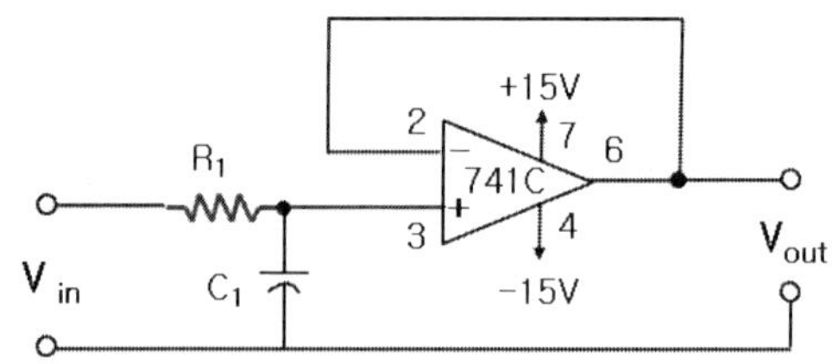

그림 8.2 1차 저역필터

그림 8.2의 회로에서 R_1C_1-회로는 낮은 주파수를 가지는 신호에 대한 연산증폭기의 입력단자에 입력되며, 이 경우에 입력임피던스는 R+1/jωC에 의하여 결정된다. 그림 8.2의 회로에서 전압이득은 "1"인 것이 단점인데, 전압이득을 증가시키기 위하여 그림 8.3과 같은 회로가 사용된다. 그림 8.3에서 입력신호의 주파수가 낮은 경우에는 연산증폭기로 바로 입력되나, 높은 주파수의 성분들은 C_1을 통하여 접지로 흐르게 되며 이득(G)은 다음과 같다.

$$G = 1 + \frac{R_2}{R_1} \tag{8.1}$$

그림 8.3의 회로에서 전압이득(V_G)은 입력신호의 주파수에 따라 다음과 같이 주어진다.

$$V_G = \frac{V_{out}}{V_{in}} = \frac{G}{\sqrt{1+(f/f_c)^2}} \tag{8.2}$$

식 (8.2)에서 V_{out}은 출력전압, V_{in}은 입력전압, $G = 1 + R_2/R_1$, f는 입력신호 주파수 그리고 f_c는 차단주파수를 의미한다.

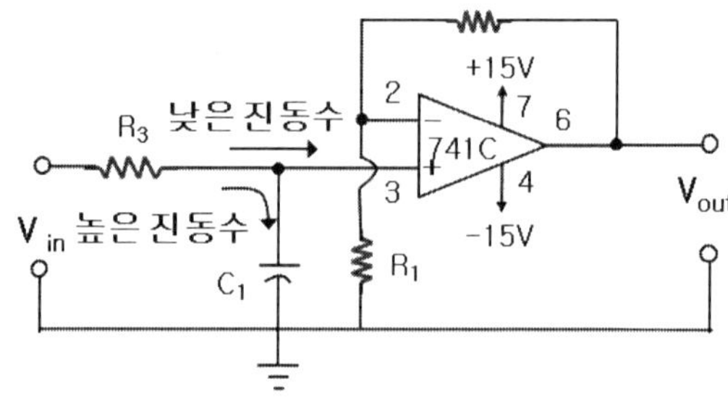

그림 8.3 1차 저역필터

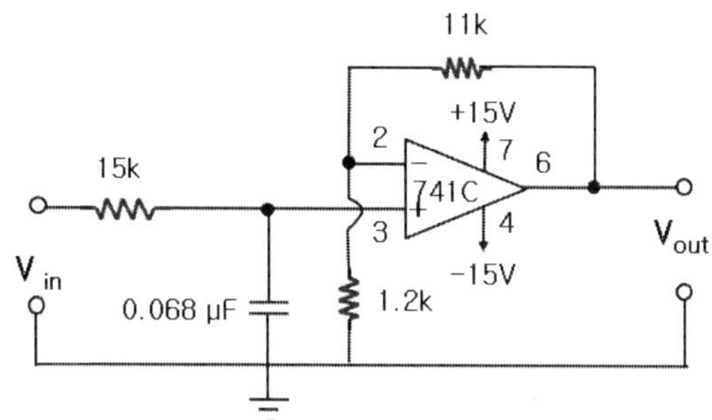

그림 8.4 1차 저역필터 회로

차단주파수가 160 Hz 이고 입력임피던스가 15 $k\Omega$ 인 그림 8.4의 저역필터회로를 생각하여보자. 낮은 주파수에서 이득(G)이 "10"이라고 가정하면, $10 = 1 + R_2/R_1$ 이다. 따라서 $R_1 = 1.2\ k\Omega$ 으로 선택하면 $R_2 = 9 \times 1.2 = 10.8\ k\Omega$ 이 되는데, 10.8 $k\Omega$ 이 없어 이 값에 가장 가까운 11 $k\Omega$ 을 사용한다.

차단주파수(f_c)는 축전기의 정전용량과 저항 R_3에 의하여 다음과 같이 결정된다.

$$f_c = \frac{1}{2\pi R_3 C_1} \quad \rightarrow \quad C_1 = \frac{1}{2\pi f_c R_3} \tag{8.3}$$

그림 8.4의 회로에서 입력임피던스의 값을 $R_3 = 15\ k\Omega$, 그리고 차단주파수를 160 Hz로 지정하였으므로, 축전지의 정전용량은 C=0.068 μF가 된다. 그림 8.4의 회로에 대한 주파수 반응곡선을 나타내면 그림 8.5와 같다.

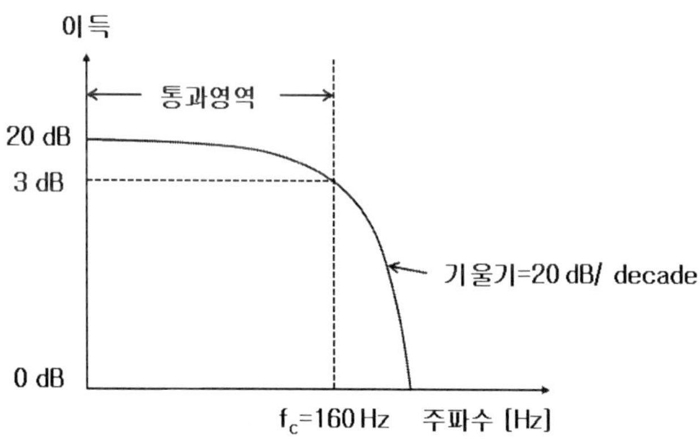

그림 8.5 그림 8.4의 회로에 대한 주파수반응곡선

1차 저역필터에 RC-회로를 하나 더 첨가하면 2차 저역필터로서 작동하며, 2차 저역필터회로는 그림 8.6과 같다.

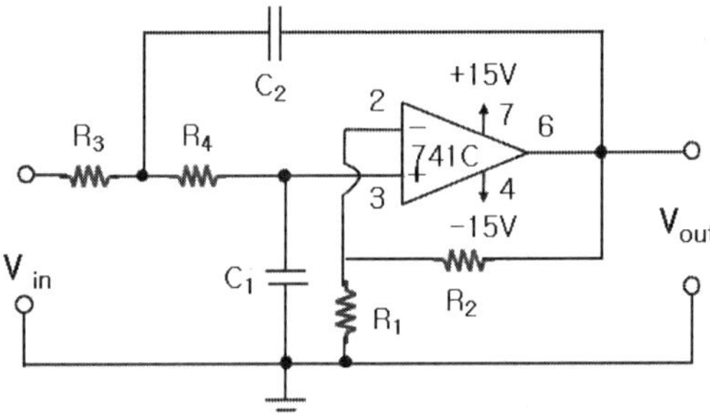

그림 8.6 2차 저역필터

그림 8.6의 회로에서 이득(G)은 $G = 1 + R_2/R_1$, 차단주파수는 $f_c = \dfrac{1}{2\pi\sqrt{C_1C_2R_3R_4}}$ 이다. 이러한 2차 저역필터에 대한 주파수반응곡선은 1차 저역필터와 특성이 비슷하나 차단주파수보다 높은 주파수 성분들에 대한 감쇄 기울기가 2배로 높아 높은 주파수를 가지는 입력신호를 보다 효율적으로 차단하게 된다. 이러한 저역필터는 오디오스피커에서 발생된 높은 주파수의 성분을 차단하거나, 오디오 증폭기 등에서 널리 사용된다.

3-2. 고역 필터(high-pass filter) 회로

1차 고역필터는 그림 8.7에서와 같이 연산증폭기의 비반전(또는 반전) 입력에 연결된 1개의 RC-회로로 구성되는데, 저역필터와 다른 점은 저항과 축전지의 위치가 서로 바뀐다는 것이다. 그림 8.7에서 이득은 "1"이며, 차단주파수(f_c)는 $f_c = 1/2\pi R_1 C_1$ 이다.

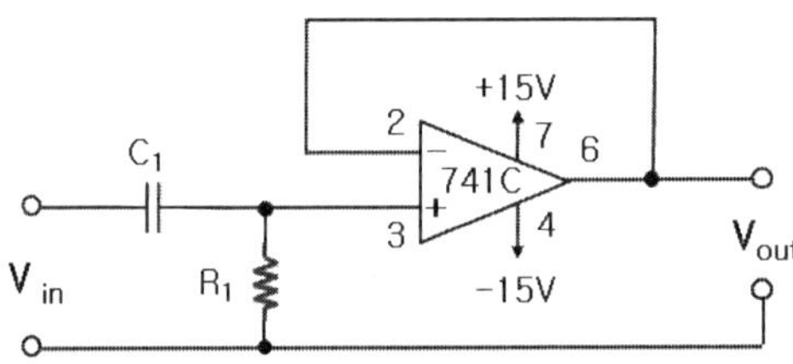

그림 8.7 고역필터

그림 8.7에서 이득이 "1"이므로 증폭된 출력을 가지는 고역필터회로는 그림 8.8과 같이 구성되며, 이득(G)은 다음과 같다.

$$G = 1 + \frac{R_2}{R_1} \tag{8.4}$$

그림 8.8의 회로에서 차단주파수(f_c)는 $f_c = 1/2\pi R_1 C_1$이며, 차단주파수에서 위상의 변화는 +45°로서 $\Phi = \tan^{-1}(1/2\pi f_c R_1 C_1)$와 같다.

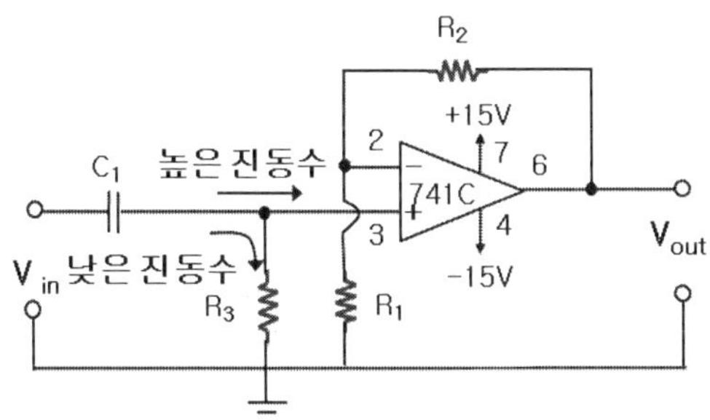

그림 8.8 증폭되는 고역필터

차단주파수가 10 kHz 이고 이득(G)이 1.5, $C_1 = 0.02\ \mu F$인 경우를 생각하여 보자. 차단주파수(f_c)는 축전기의 정전용량과 저항 R_3에 의하여 다음과 같이 결정된다.

$$f_c = \frac{1}{2\pi R_3 C_1} \quad \rightarrow \quad R_3 = \frac{1}{2\pi f_c C_1} \tag{8.5}$$

그림 8.8의 회로에서 $R_3 = 1/2\pi f_c C_1 = 1/(2\pi \times 10{,}000 \times 0.02 \times 10^{-6}) = 795.77\ \Omega$가 되며, 이득은 $G = 1 + R_2/R_1$로 주어지므로 이득이 1.5가 되기 위해서는 $R_1 = R_2/0.5$인 조건을 만족해야 한다. $R_2 = 5\ k\Omega$으로 $R_1 = 10\ k\Omega$의 값을 가지게 된다. 한편, 1차 고역필터에 또 하나의 RC-회로를 첨가하면 2차 고역필터로서 작동하며, 2차 고역필터회로는 그림 8.9와 같으며, 차단주파수는 $f_c = 1/2\pi\sqrt{C_1 C_2 R_3 R_4}$로 주어진다.

$C_1 = C_2 = 0.02\,\mu F$를 사용하여 차단주파수가 4 kHz 인 2차 고역필터를 설계하여 보자. 차단주파수는 $f_c = \frac{1}{2\pi RC}$로 주어지므로 $R = \frac{1}{2\pi f_c C} = \frac{1}{2 \times \pi \times 4000 \times 0.02 \times 10^{-6}}$

$= 1.989\ k\Omega$ 이다. $R = 1.989 = 2\ k\Omega$ 의 저항을 사용하면 된다. 한편, 고역필터의 이득을 "2"라고 하면, $2 = 1 + R_2/R_1$ 으로부터, $R_1 = R_2$ 인 관계가 얻어지며, $R_1 = R_2 = 10\ k\Omega$ 을 사용하여 회로를 구성하면 그림 8.10과 같다.

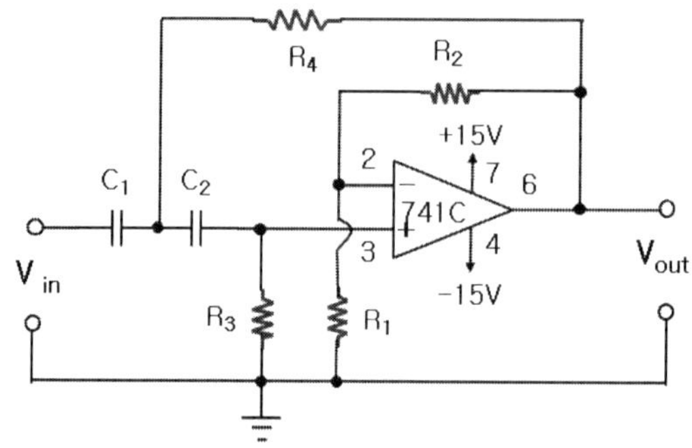

그림 8.9 2차 고역필터

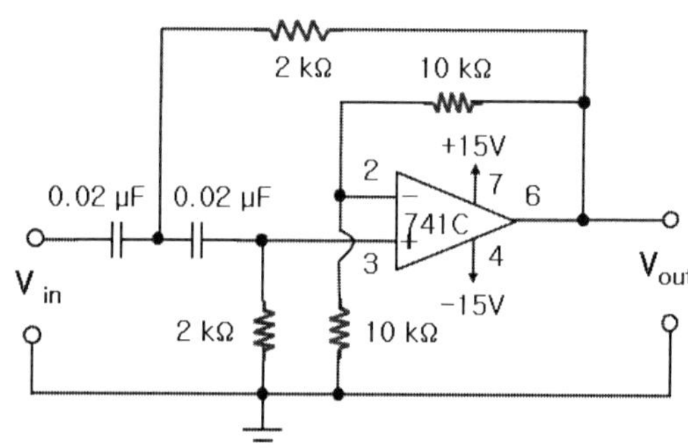

그림 8.10 2차 고역필터회로

이러한 고역필터는 높은 주파수의 신호 증폭이 필요한 오디오증폭기 및 이퀄라이저 등에서 널리 사용된다.

3-3. 대역 필터(band-pass filter) 회로

대역필터는 특정영역의 주파수를 가지는 신호는 통과시키나, 특정영역 밖의 주파수 성분을 가지는 신호는 크게 감소시키는 기능을 가진다. 수동형 대역필터는 저항과 축전지만으로 구성되지만, 능동형 대역필터는 증폭을 위하여 트랜지스터 또는 연산증폭기가 필요하며 저역필터와 고역필터의 조합을 통하여 구성된다. 저역필터를 200 Hz 에 맞추고, 고역필터를 2 kHz 에 맞추면, 200 Hz 와 2 kHz 사이의 신호는 최대세기를 가지는 출력신호를 가지나, 이 영역을 벗어난 입력신호는 크게 감소된 출력신호를 가지게 된다. 이때에 낮은 차단주파수(f_L)는 200 Hz 이며, 높은 차단 진동수(f_H)는 2 kHz 로서, 이들 차단주파수에서 출력전압은 피크전압(V_{peak})보다 3 dB 감소된 0.707 V_{peak} 전압을 가지게 되어 출력은 최대출력의 1/2이 된다.

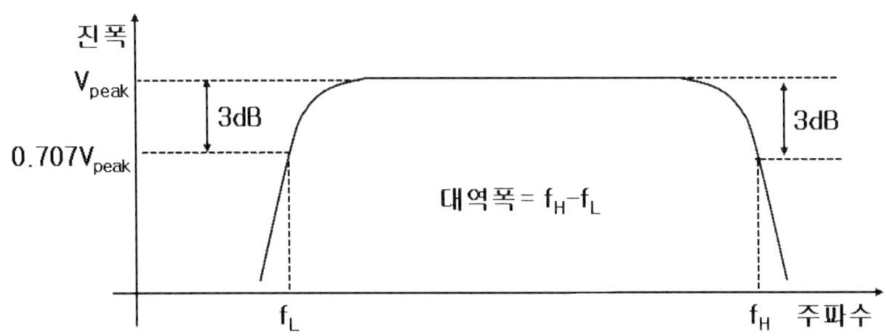

그림 8.11 대역 필터의 주파수 특성

낮은 차단진동수(f_L)가 1 kHz, 높은 차단 진동수(f_H)가 3.2 kHz 인 대역필터를 구성하면 그림 8.12와 같다. 그림 8.12의 회로는 출력신호의 위상이 입력신호에 대하여 180°차이가 나는 능동형 반전 대역필터 회로이다.

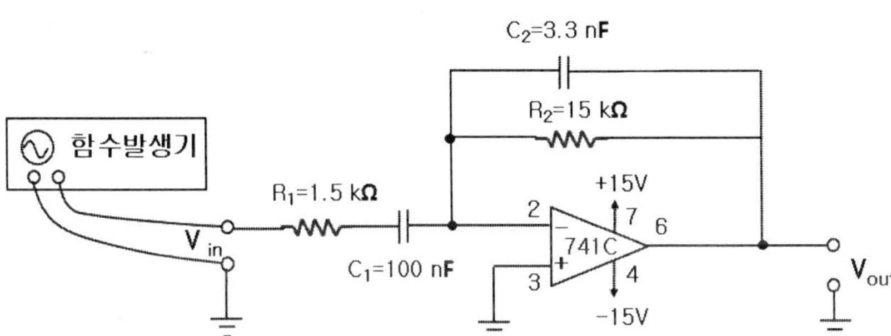

그림 8.12 반전 대역필터 회로

연산증폭기에 가해주는 직류 바이어스 전압의 크기는 증폭된 출력전압의 크기에 의존한다. 예를 들어 출력신호의 피크-피크 전압이 20 V 인 경우에, 연산증폭기의 4번 단자에 가해주는 바이어스 전압(V_-)은 -10 VDC이거나 더 낮아야 하며, 7번 단자에 가해주는 바이어스 전압(V_+)은 +10 VDC이거나 더 높아야 교류신호는 +20 V와 −20 V사이를 왔다 갔다 할 수 있게 된다.

연산증폭기의 이득(G)이 $G=10$이고, 연산 증폭기의 4번 핀에 $V_- = -12$ VDC, 7번 핀에 $V_+ = +12$ VDC을 걸어주면, 최대 입력세기는 12 V/10=1.2 V가 된다. 입력신호의 크기가 1.2 V보다 크게 되면 출력신호는 잘려지거나 변형되므로, 1.2 V보다 작은 1.1 V가 비교적 안전한 입력전압이 된다.

그림 8.12에서 저항 R_1과 축전지 C_1은 고역필터를 형성하므로, 이보다 높은 주파수를 가지는 신호는 모두 통과하게 된다. 이때에 낮은 차단진동수(f_L)는 1 kHz가 되며, 이는 $f_L = \dfrac{1}{2\pi R_1 C_1} = \dfrac{1}{2\pi \times 1500 \times 100\,nF} = 1061\ Hz$ (약 1 kHz)와 같이 결정된 값이다. 고역필터를 통과한 신호는 저항 R_2와 축전지 C_2로 구성된 저역필터로 들어가게 되며, 높은 차단 진동수(f_H)보다 낮은 주파수를 가지는 신호들은 감소되지 않고 통과된다. f_H는 $f_H = \dfrac{1}{2\pi R_2 C_2} = \dfrac{1}{2\pi \times 15000 \times 3.3\,nF} = 3216\ Hz$ (약 3.2 kHz)이다. 이처럼 1 kHz 보다 높고 3.2 kHz 보다 낮은 영역의 주파수를 가지는 신호들은 증폭된 출력신호를 내보내지만, 이 영역 밖의 신호들은 크게 감쇄된 출력신호를 가지게 된다. 그림 8.12의 회로에서 연산 증폭기의 이득(G)은 $G = -R_2/R_1 = -15/1.5 = -10$이며, 출력신호는 입력신호와 위상이 180°차이가 난다.

한편, 입력신호와 출력신호 사이에 위상차가 없는 비반전 대역필터의 회로는 그림 8.13과 같다.

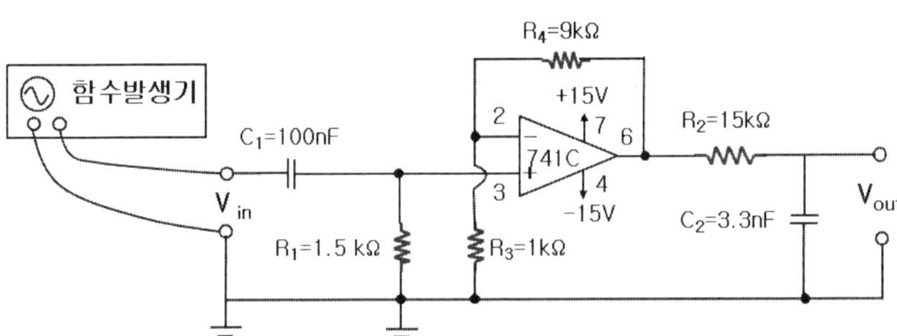

그림 8.13 비반전 대역필터회로

그림 8.13에서 저항 R_1과 축전지 C_1은 하나의 고역필터를 형성하게 되므로, 이보다

높은 주파수를 가지는 신호는 모두 통과하게 된다. 이 경우에 낮은 차단진동수(f_L)는 $1\,kHz$가 되며, 이는 $f_L = \dfrac{1}{2\pi R_1 C_1} = \dfrac{1}{2\pi \times 1500 \times 100\,nF} = 1061\ Hz$ (약 $1\,kHz$)이다. 연산 증폭기의 이득(G)은 $G = 1 + R_4/R_3 = 1 + 9/1 = 10$ 이며, 출력신호는 입력신호와 위상이 같다. 증폭된 신호는 저항 R_2와 축전지 C_2로 구성된 저역필터로 들어가게 되며, 저역필터의 높은 차단 진동수(f_H)는 $f_H = \dfrac{1}{2\pi R_2 C_2} = \dfrac{1}{2\pi \times 15000 \times 3.3\,nF}$ = 3216 Hz (약 3.2KHz)이다. 따라서 전체적으로 볼 때에 고역필터-증폭기-저역필터를 통과하면서 대역필터의 역할을 수행하게 된다.

위에서 설명된 내용을 간단히 그림으로 나타내면 그림 8.14와 같다.

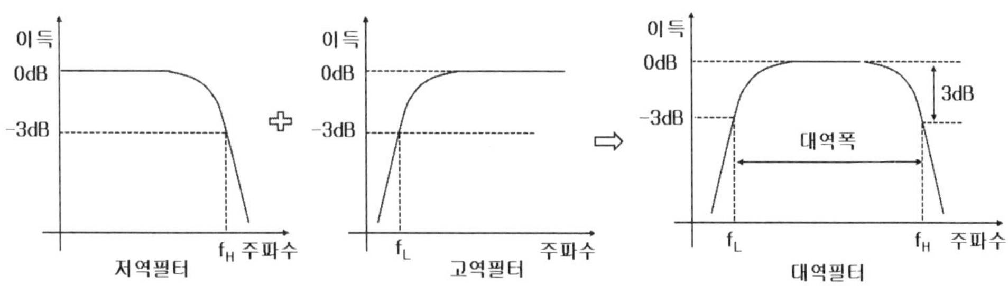

그림 8.14 대역필터의 구성 개념

4. 실험 방법

4-1. 저역 필터(low-pass filter) 회로

① 그림 8.15와 같은 회로를 구성하라. 연산증폭기를 바이어스 전원 $+15\,V$와 $-15\,V$에 정확히 연결하라. 그림 8.15회로에 대한 이득은 '10'이다.

② 사인파 발진기의 진동수를 $1k\,Hz$에서 $50k\,Hz$까지 변할 수 있게 한 후, $1k\,Hz$에 맞추어라.

③ 연산증폭기의 6번 단자에 오실로스코프를 연결하여 출력파형(V_{out})을 관찰하라.

④ $10\,k\Omega$에 연결된 입력전압을 조절하여 연산증폭기의 6번 단자에서의 사인파가

약 $4\,V_{p-p}$ 가 되도록 하라.

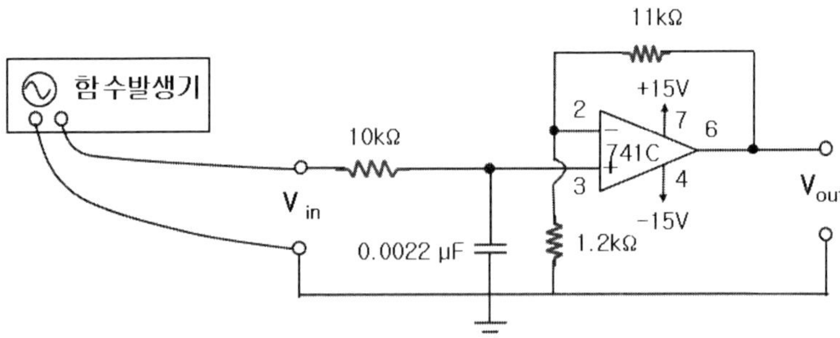

그림 8.15 1차 저역필터회로

⑤ 사인파 발진기의 주파수를 약 $1kHz$ 씩 변화시키면서 출력전압을 측정하여 그림 8.16에 나타내라. 이때, 주의할 점은 입력전압의 크기를 항상 일정하게 유지시켜야 한다.

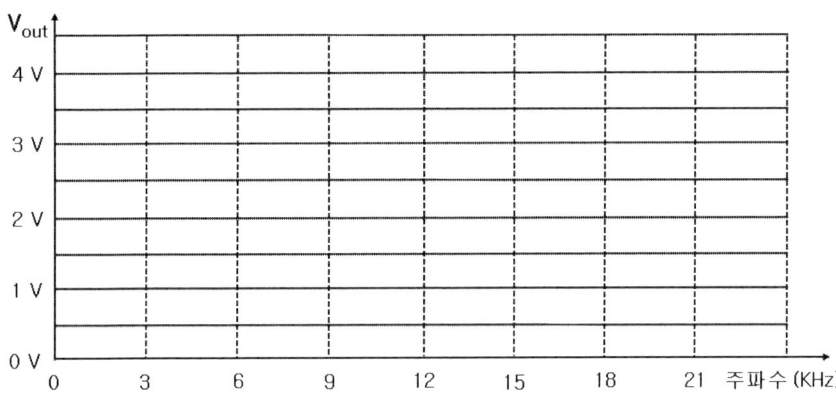

그림 8.16 저역 필터회로의 주파수 특성

⑥ 실험결과인 그림 8.16으로부터 얻은 차단주파수(f_c)가 이론으로 구한 차단주파수 $f_c = 7.234\ kHz$ 와 잘 일치하는 지를 비교하여 보아라.

⑦ 그림 8.15에서 제시된 1차 저역필터에 대한 실험을 마친 후, 그림 8.10으로 주어지는 2차 저역필터를 구성하여 위와 같은 실험을 반복하여 1차 저역필터와 2차 저역필터에 대한 주파수 특성을 비교하여 보아라.

4-2. 고역 필터(high-pass filter) 회로

① 그림 8.17과 같은 회로를 구성하라. 전원 $+15\,V$와 $-15\,V$를 정확히 연결하라. 참고로 그림 8.17회로에 대한 이득은 “1.5”이다.

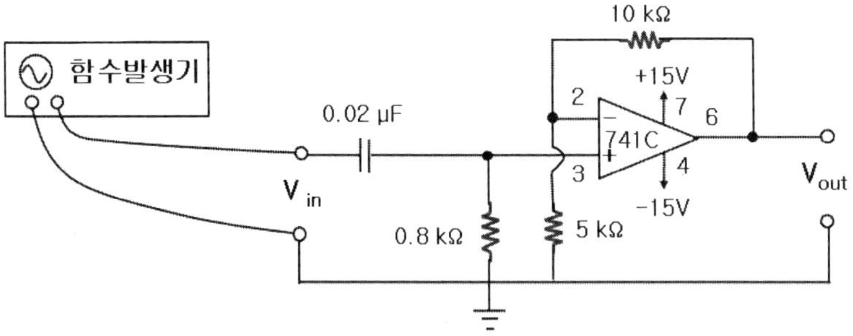

그림 8.17 고역필터 회로

② (1) 저역 필터회로에 대한 실험과정 ②~⑤까지를 반복하여 그림 8.18을 완성하라.

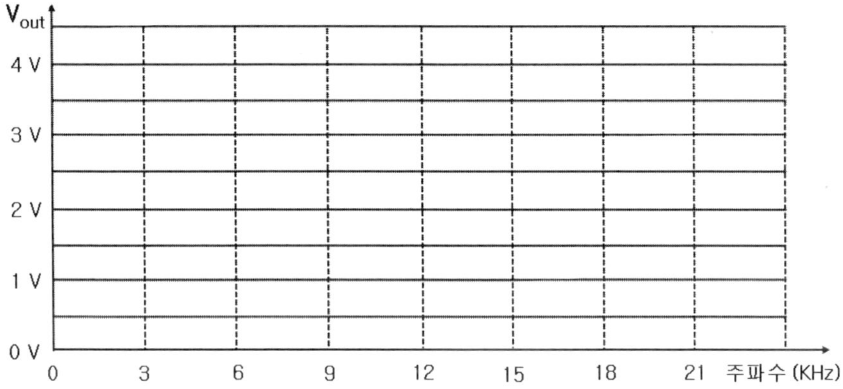

그림 8.18 고역필터회로의 주파수 특성

③ 실험결과인 그림 8.18로부터 얻은 차단주파수(f_c)가 이론으로 구한 차단주파수 $f_c = 10\ kHz$ 와 잘 일치하는 지를 비교하여 보아라.

4-3. 대역 필터(bandpass filter) 회로

① 그림 8.19와 같은 회로를 구성하라. 전원 $+15\,V$와 $-15\,V$를 정확히 연결하라.

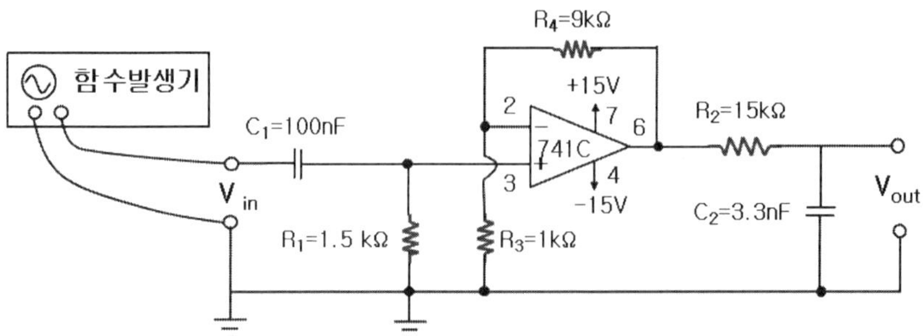

그림 8.19 비반전 대역필터회로

② 함수발생기의 저항 조정 손잡이를 중간 정도에 두어라.

③ 함수발생기의 주파수를 약 $2\,kHz$ 로 조정하라.

④ 오실로스코프로 V_{out} 을 관찰하면서 함수발생기의 출력을 조절하여 V_{out} 이 찌그러짐 없는 사인파가 나타나도록 하라.

⑤ V_{out} 이 최대의 진폭을 가질 때까지 함수 발생기에서 출력되는 사인파의 주파수를 $2\,kHz$ 전·후로 조절하라.

⑥ V_{out} 의 최대진폭(V_P)이 약 $5\,V_p$ 가 되도록 함수발생기의 출력을 조절하라.

⑦ V_{out} 이 $5\,V_p \times 0.707 = 3.535\,V$ 또는 약 $3.5\,V$ 가 될 때까지 주파수 조절기를 반시계방향으로 천천히 돌려라. 이때의 주파수는 얼마인가? f= (   )Hz.

⑧ 주파수 조절기를 시계방향으로 천천히 돌려 진폭이 최대인 점을 지나 다시 V_{out} 이 약 $3.5\,V$가 될 때까지 돌려라. 이때의 주파수는 얼마인가? f= (   )Hz.

⑨ 주파수 조절기를 시계방향 또는 반시계 반대방향으로 돌려가며 그림 8.20을 완성하라. 이때 $1\,kHz$ 이하와 $3.2\,kHz$ 이상에서의 V_{out} 도 측정하여 그림 8.20을

완성한다.

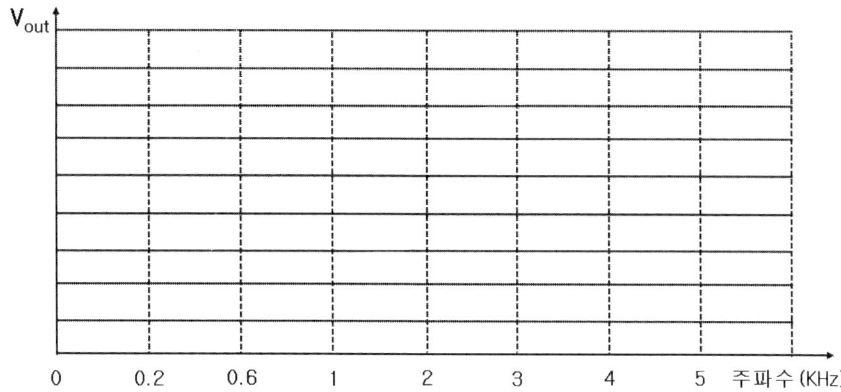

그림 8.20 대역필터회로의 주파수 특성

⑩ 실험결과인 그림 8.20으로부터 얻은 높은 차단주파수(f_H) 및 낮은 차단주파수(f_L)에 대한 결과들이 이론으로 구한 차단주파수 $f_L = 1\,kHz$ 및 $f_H = 3.2\,kHz$와 잘 일치하는 지를 비교하여 보아라.

5. 참고자료

[1] http://www.electronicshub.org/active-low-pass-filter/.

[2] http://www.electronicshub.org/active-high-pass-filter/.

[3] http://www.learningaboutelectronics.com/Articles/Active-op-amp-bandpass-filter-circuit.php.

실험 09 연산증폭기의 응용: 전류-전압 변환기, 미분 및 적분회로

1. 실험 목적

연산증폭기를 이용한 전류-전압 변환기(current-to-voltage converter), 덧셈기(adder), 적분기(integrator) 및 미분기(differentiator)를 구성하고 그 기능을 알아본다.

2. 실험 준비물

- 오실로스코프 : 1대
- 함수발생기 : 1대
- 직류 전원장치(±10 V, 100 mA : 2, ±1 V, 100 mA): 1대
- 삼각파형 발진기(준비 안 되면 실험방법의 미분기 부분 (4) 을 참조)
- 연산증폭기(IC 741) : 1개
- 저항(1/4 W 1.0 $k\Omega$ (1%): 1개, 10 $k\Omega$ (1%): 3개, 10 $M\Omega$ (1%): 2개, 가변저항 10 $k\Omega$: 1개
- 축전기(0.2 μF, 0.1 μF, 0.01 μF): 각 1개

3. 기초 이론

3-1. 전류-전압 변환기

그림 9.1의 전류-전압변환회로에서 i_{nd} 는 무시 가능하므로 $i_f \simeq i_{in}$ 이다. 또 V_s 도 무시할 수 있으므로 $V_o \simeq -i_f R_f$ 가 된다. 즉 출력전압은 i_f 에 비례한다. 즉 R_f 가 1 $M\Omega$ 이라면 출력전압은 입력전류(i_{in})가 1 μA 인 경우에 1 V 가 된다.

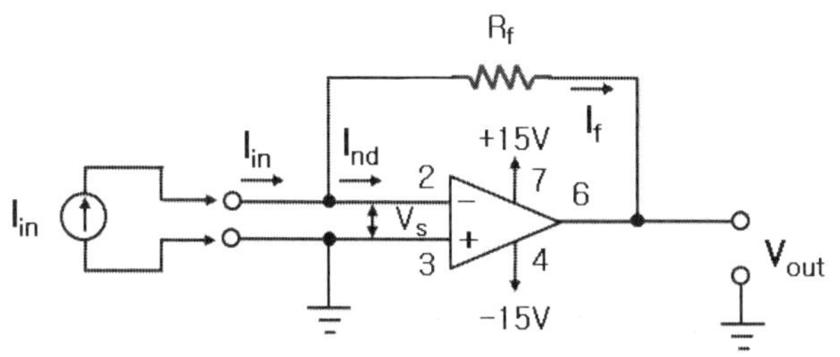

그림 9.1 전류-전압 변환 회로

3-2. 덧셈기

그림 9.2와 같은 회로는 대수적 합을 수행하는 회로이다. 만약 $R_f = R_1 + R_2$ 이면 출력전압은 $V_o = -(V_1 + V_2)$ 이다. 즉, 출력전압은 부호가 반전된 입력전압의 합이다. 만약 입력전압 중 반대부호를 가진 것이 있다면 입력전압이 빼진다. 예를 들어 $V_1 = +3V$, $V_2 = -2.5V$ 이면 $V_0 = -(+3 - 2.5) = -0.5V$ 가 된다.

출력전압은 R_f, R_1, R_2 값에 의존하는 입력전압 비의 합과 같다. 예를 들어 $R_f = 2R_1 = 3R_2$ 이면 $V_0 = -(\frac{R_f}{R_1}V_1 + \frac{R_f}{R_2}V_2)$ 이므로 $V_0 = -(2V_1 + 3V_2)$ 가 된다.

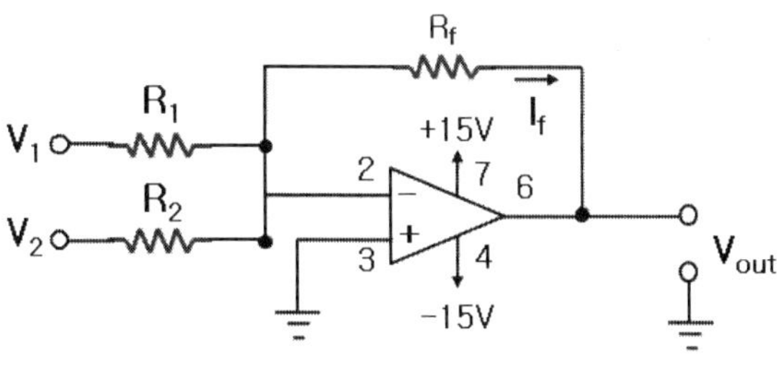

그림 9.2 덧셈회로

3-3. 적분기 및 미분기

축전기의 양단전압은 축전기에 대전된 전하량에 비례하기 때문에 ($V = Q/C$) 축전기는 전하를 전압으로 변환하는 회로에 사용되는 기본 회로소자이다. 전하와 전류는 서로 상관관계가 있는데 이는 전류가 전하의 이동률이기 때문이다. 연산증폭기의 기본적인 전하를 전압으로 바꾸는 변환기를 그림 9.3에 나타내었다.

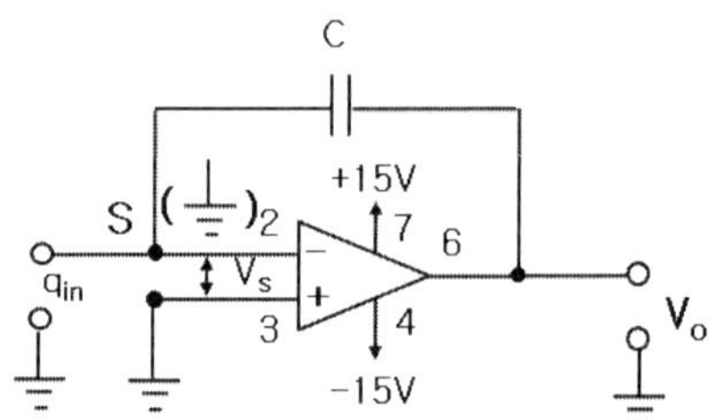

그림 9.3 전류-전압 변환회로

입력에 가해지는 양(+)전하는 이동할 다른 경로가 없기 때문에 축전기 C에 축적된다. 연산증폭기는 가상접지(점 S)를 유지하므로 점 S에서의 전위는 거의 "0"이므로 무시할 수 있다. 따라서 축전기 양단의 총 전압은 출력으로 나타난다. V_s를 무시하면 V_0는 $V_0 \simeq -q_{in}/C$가 된다. 그러므로 출력전압 V_0는 q_{in}에 비례한다. 주어진 시간 동안에 한 점을 지나는 총 전하량은 그 시간 동안에 흐르는 전류의 합 또는 적분으로 표현되기 때문에 전하를 전압으로 변환하는 회로는 수학적인 적분을 수행하는데 사용된다. 만약 q_{in}이 시간 t 시간 동안에 흐르는 입력전류 i_{in}으로 그림 9.4의 적분기에 가해지면 축전기에 저장되는 전하량은 다음과 같다.

$$q_{in} = \int_0^t i_{in}\, dt \tag{9.1}$$

식 (9.1)을 $V_0 \simeq -q_{in}/C$에 대입하면 출력전압은 식(9.2)와 같게 된다.

$$V_0 \simeq -\frac{1}{C}\int_0^t i_{in}\, dt \tag{9.2}$$

만약 그림 9.4의 적분회로에서 저항 R이 입력전압에 비례하는 전류로 변환하는데 사용된다면 입력전압은 적분되어진다. 왜냐하면 S점이 가상접지이므로 $i_{in} = V_{in}/R$

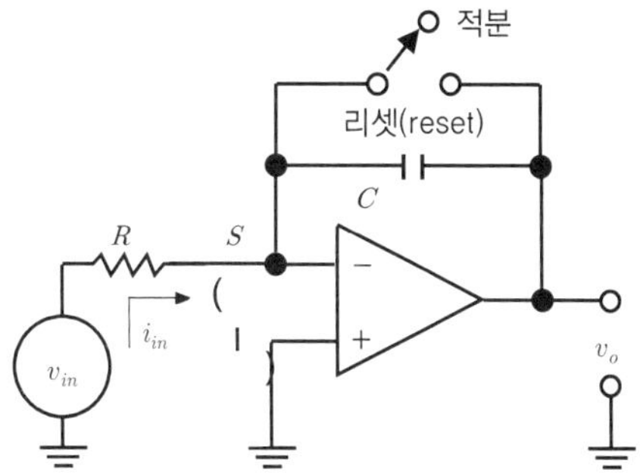

그림 9.4 적분회로

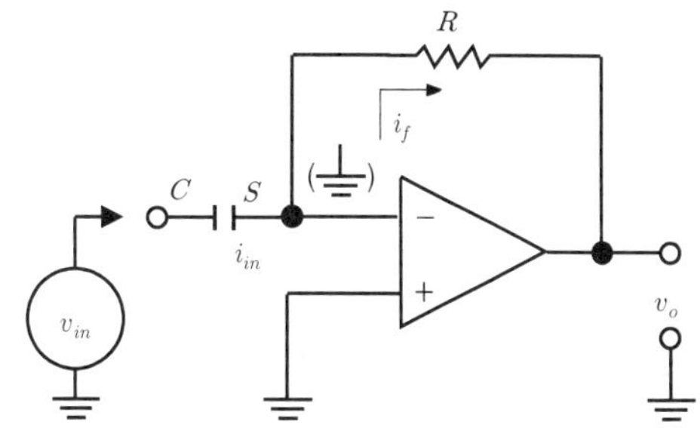

그림 9.5 미분회로

이기 때문이다. 따라서 $i_{in} = V_{in}/R$ 을 식 (9.2)에 대입하면 다음의 관계식이 얻어진다.

$$V_o = -\frac{1}{RC}\int_o^t V_{in}\,dt \tag{9.3}$$

그림 9.4에서 스위치는 축전기를 방전하는데 사용되거나 측정을 시작할 때 적분기를 리셋(reset)해 주는 기능을 한다. 한편, 시간에 따른 축전기의 전하변화율 $\frac{dq}{dt}$ 는 $q = CV$ 라는 기본 관계로부터 축전기의 양단전압의 변화율로 다음과 같이 표현된다.

$$\frac{dq}{dt} = C\frac{dV}{dt} \tag{9.4}$$

$\frac{dq}{dt}$는 전류 i와 같으므로 그림 9.5의 회로에서 $i_{in} = C(dV_{in}/dt)$가 되고 $V_0 \simeq -Ri_{in}$ 이므로 $V_0 \simeq -RC\frac{dV_{in}}{dt}$ 이 되어 그림 9.5와 같은 회로는 미분기능을 수행한다.

4. 실험 방법

4-1. 전류를 전압으로 바꾸는 변환기(current-to-voltage converter)

① 그림 9.6(a)과 같은 회로를 구성하라.

② 그림 9.6(b)와 같이 10 $k\Omega$, 1% 의 가변저항 및 직류전원을 이용하여 만든 직류전류원을 그림 9.6(a)의 $i_{입력}$ 대신 연결한다. 이때 입력전류 $i_{입력}$ 크기는 접지와 가변저항의 '2'사이의 전압을 10 $M\Omega$ 으로 나눈 값이 된다. 10^{-7} 에서 $10^{-6}A$ 범

위의 여러 입력전류가 입력되도록 가변저항을 조정하라. 그리고 오실로스코프(또는 멀티미터)를 이용하여 출력전압 V_{out} 을 측정하여 표 9.1에 기록하라.

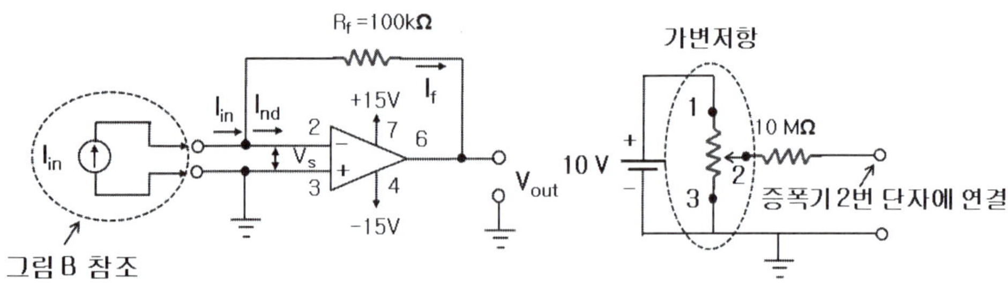

(a)(b)

그림 9.6 전류-전압 변환회로

표 9.1

$i_{입력}[A]$	측정된 $V_{출력}[V]$	계산된 $V_{출력}[V]$	% 오차
2.0×10^{-7}			
4.0×10^{-7}			
6.0×10^{-7}			
8.0×10^{-7}			
1.0×10^{-6}			

③ R_f 를 $1\,M\Omega$ 으로 바꾸고 과정 ②를 반복하되 $i_{입력}$ 도 표 9.1에서와 같이 변화시켜라.

표 9.2

$i_{입력}[A]$	측정된 $V_{출력}[V]$	계산된 $V_{출력}[V]$	% 오차
2×10^{-7}			
4×10^{-7}			
6×10^{-7}			
8×10^{-7}			
1×10^{-6}			

④ R_f 를 10 $M\Omega$ 으로 바꾸고 과정 ③을 반복하라.

표 9.3

$i_{입력}[A]$	측정된 $V_{출력}[V]$	계산된 $V_{출력}[V]$	% 오차
2.0×10^{-7}			
4.0×10^{-7}			
6.0×10^{-7}			
8.0×10^{-7}			
1.0×10^{-6}			

4-2. 덧셈기(adder)

① 그림 9.7과 같은 덧셈회로를 구성하라.

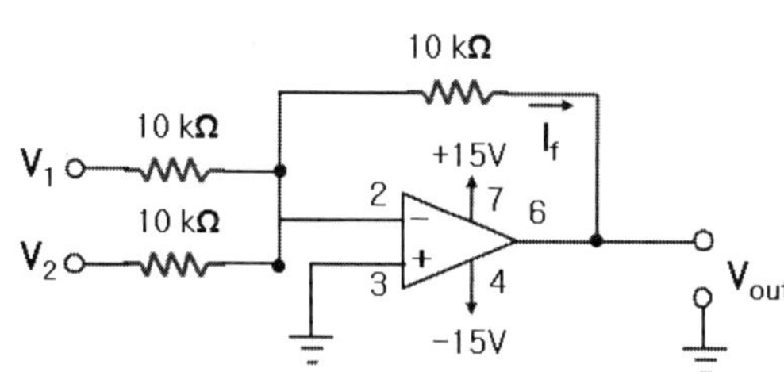

그림 9.7 덧셈회로

② V_1 과 V_2 의 전원으로는 $\pm 10V$ 가변직류전원(또는 교류전압도 사용가능)을 사용하라.

③ 오실로스코프(또는 멀티미터)를 이용하여 표 9.4에 주어진 각각의 입력에 대한 출력을 측정하여 기록하라. 이론값 $V_{출력}$을 구하기 위해서는 식 (9.5)를 이용한다.

$$V_{출력} = -10k\Omega\left(\frac{V_1}{10k\Omega}+\frac{V_2}{10k\Omega}\right) \tag{9.5}$$

표 9.4

$V_2(V)$	0	0	0	1	1	1	0	0	0	1	1	1	−1	−1	−1	−1	−1	−1
$V_1(V)$	1	2	3	1	2	3	−1	−2	−3	−1	−2	−3	1	2	3	−1	−2	−3
측정된 $V_{출력}$																		
이론값 $V_{출력}$																		

4-3. 연산증폭기를 이용한 적분기

① 그림 9.8과 같은 회로를 구성하라.

② 파형발생기에서 발생된 정방형파의 진동수는 $200Hz$, 출력은 약 $4V_{p-p}$가 되도록 출력 진폭 조절기를 조절한다.

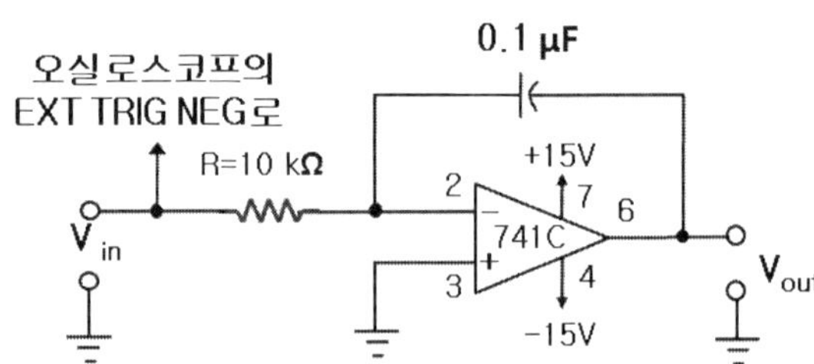

그림 9.8 연산 증폭기를 이용한 적분회로

③ 파형발생기의 출력(그림 9.8 회로에서의 ch 1 입력)이 그림 9.9와 같은 정방형파 모양이 되도록 오실로스코프의 수평 sweep rate(Time/Div)를 조절하여 입력파형을 관찰한다. 그림 9.8의 회로에서 출력을 오실로스코프의 ch 2에 연결한 후, 관찰된 파형을 그림 9.9에 그려라. 이 그래프의 수평축은 시간, 수직축은 V_{out}에 대한 전압 진폭이 되도록 설정한다.

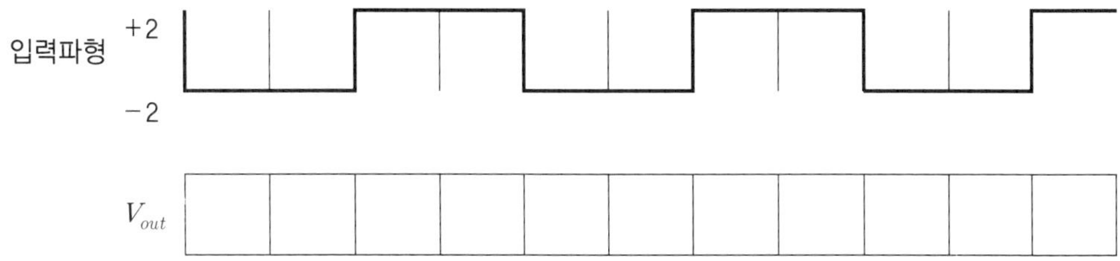

그림 9.9 **적**분회로에서의 입력과 출력파형

4-4. 연산증폭기를 이용한 미분기

① 그림 9.10과 같은 미분회로를 구성하라.

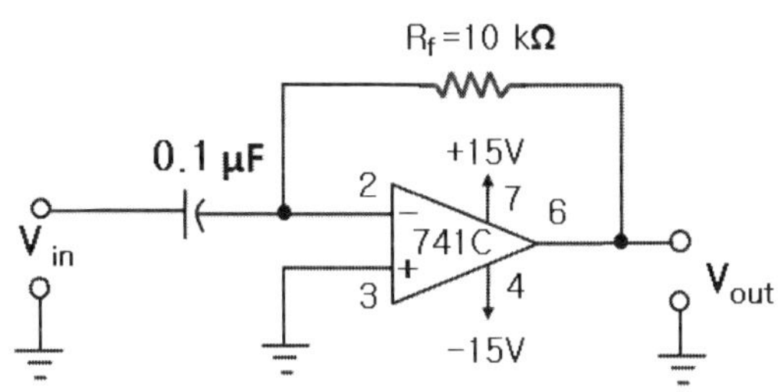

그림 9.10 미분회로

② 미분기 입력신호는 삼각파형을 입력시켜야 한다. 만약 삼각파형 발진기가 준비되지 않으면 3)의 적분기 출력을 사용하라. 즉 적분기 출력파형이 삼각파형이므로 그것을 미분기 입력신호로 사용하면 된다. 또는 사인파형을 입력시킨 다음, 입력파형과 출력파형의 위상관계를 비교하여 결과를 얻어도 된다.

③ 입력파형에 대한 출력파형을 오실로스코프로 측정하여 그림 9.11에 입력파형과 함께 그려라.

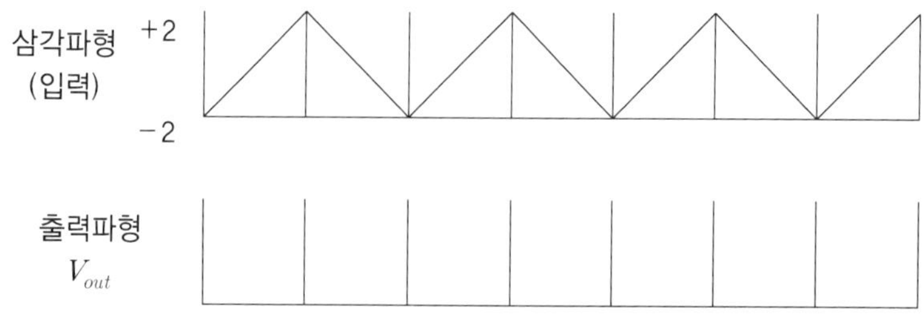

그림 9.11 미분회로에 대한 입력과 출력파형

실험 10 RLC직렬회로의 특성분석 및 공명진동수 측정

1. 실험 목적

축전지는 주파수에 반비례하는 저항특성을, 그리고 코일은 주파수에 비례하는 저항특성을 가지는데, 회로에 입력되는 교류전압의 주파수에 따라 저항, 축전기 및 코일이 직렬로 연결된 회로에서의 전기적 특성에 대해서 알아보고자 한다.

2. 실험 준비물

- 파형 발생기: 1대
- 교류전압계(또는 멀티미터): 1대
- 축전기 (10.0 nF): 1개
- 코일(100 mH): 1개
- 저항(1/4 W, 1 $k\Omega$): 1개

3. 실험 방법

① 진동수가 2~8 kHz 일 때 출력 전압이 3 V 정도가 유지되도록 함수 발생기의 출력전압을 조절하라.

② 그림 10.1과 같이 회로를 구성하라.

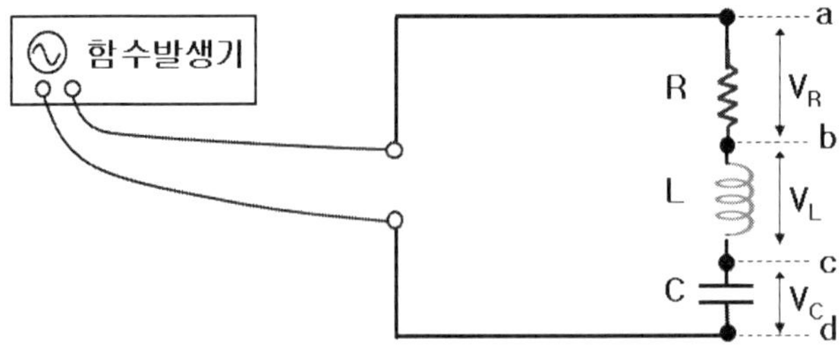

그림 10.1 RLC 직렬회로에서의 공명실험

③ 저항 양끝에 교류 전압계를 연결하라. 파형 발생기의 진동수를 2~8 kHz 사이에서 천천히 조정하면서 저항 양끝의 전압이 최대가 되는 진동수를 찾는다.

④ 그림 10.1에 주어진 축전기의 용량과 코일의 인덕턴스 값을 사용하여 회로의 공명 진동수를 계산하라.

⑤ ③에서 측정한 공명 진동수와 ④에서 계산한 공명 진동수를 비교하여 보고, 두 값이 잘 일치하는 지와 만일 잘 일치하지 않고 근사적으로 일치한다면 그 이유를 알아본다.

⑥ 파형 발생기의 진동수를 공명진동수에 고정시키고 코일 양끝에 교류 전압계를 연결하여 코일에 걸린 교류 전압의 크기를 측정하라.

⑦ 파형 발생기의 진동수를 공명진동수에 고정시키고 축전기 양끝에 교류 전압계를 연결하여 축전기에 걸린 교류 전압의 크기를 측정한다.

⑧ 과정 ⑥에서 측정한 코일 양단의 전압과 과정 ⑦에서 측정한 축전지 양단사이의 전압의 크기가 서로 같은지 아니면, 다르다면 그 이유를 알아본다.

⑨ 파형 발생기의 진동수를 공명진동수에 맞추고 코일과 축전기 양끝에 교류 전압계를 연결하여 전압을 측정한다. 이때 측정한 전압 값은 과정 ⑥에서 측정한 코일 양단의 전압과 과정 ⑦에서 측정한 축전지 양끝전압을 합한 값과 같은가 아니면 다르다면 그 원인을 알아본다.

⑩ 파형 발생기의 진동수를 변화시키면서 저항 양끝의 전압을 측정하여 가로축을 진동수, 세로축을 저항 양끝의 전압으로 하여 공명곡선을 그림 10.2에 그린다.

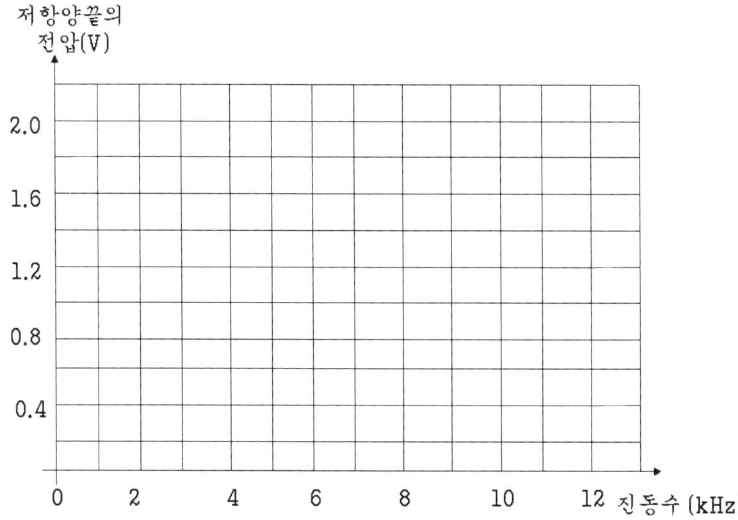

그림 10.2 RLC 직렬회로의 공명곡선

저항, 코일 및 축전기가 직렬로 연결된 회로에 대한 한 가지 예를 그림 10.3에 나타내었다. 그림 10.3에서 R=100 Ω, 코일의 인덕턴스 L=250 mH, 축전기의 정전용량 C=0.1 μF라고 하면 이 회로의 공명진동수(f_0)는

$$f_0 = \frac{1}{2\pi\sqrt{LC}} = \frac{1}{6.28\sqrt{250\times10^{-3}\times0.1\times10^{-6}}} = 1{,}000\ Hz$$

이다. 회로에 가해주는 교류전원의 전압이 10 V이고 진동수가 1,000 Hz 인 경우에, 회로에 흐르는 최대전류는

$$i = \frac{V}{Z} = \frac{V}{\sqrt{R^2 + (\omega L - \frac{1}{\omega C})^2}} = \frac{V}{R} = \frac{10}{100} = 0.1$$

이다. 공명진동수에서 저항양끝의 전압(V_R)은 $V_R = 0.1\times100 = 10\,[V]$, 코일양끝의 전압($V_L$)은 $V_L = i\omega_0 L = i2\pi f_0 L = 0.1\times2\pi\times1000\times250\times10^{-1} = 158\,[V]$, 축전기

양끝의 전압(V_C)은 $V_L = i\frac{1}{\omega_0 C} = i\frac{1}{2\pi f_0 C} = 0.1 \times \frac{1}{2\pi \times 1000 \times 0.1 \times 10^{-6}} = 158[V]$ 가 된다.

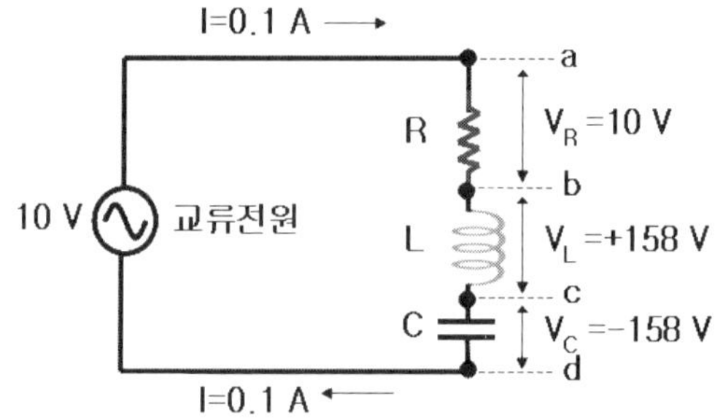

그림 10.3 저항, 코일, 축전기의 직렬회로

외부에서 가해준 교류전압의 크기가 10 V인데도 불구하고 코일과 축전기 양끝의 전압이 158[V]처럼 커지더라도 그림 10.4(b)에 나타낸 바와 같이 크기가 같고 방향이 반대이므로, 점 a와 d사이의 전체전압은 외부에서 가해준 전압 10 [V]와 같게 된다.

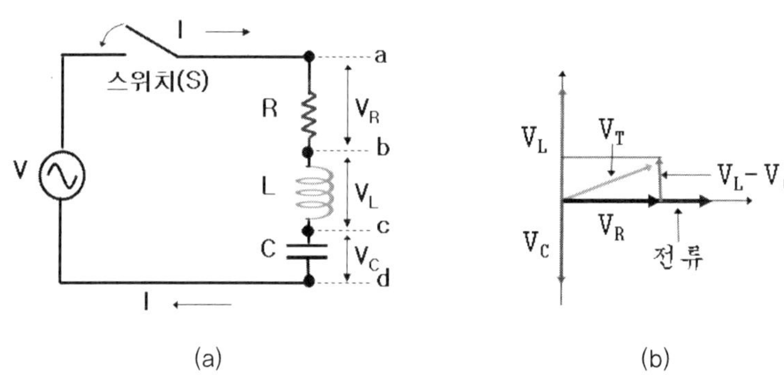

그림 10.4 (a) R,L,C 직렬회로와 (b) 전압의 위상관계

4. 보충설명

저항(R), 코일(L) 및 축전기(C)가 직렬로 연결된 회로의 전기적 특성을 이야기하면서 회로에 가해지는 교류 진동수가 $\omega_{공명} = 1/\sqrt{LC}$로 주어지는 경우에 회로에 가장 많은 전류가 흐른다고 설명하였다. 따라서 수평축을 주파수, 그리고 세로축을 전류로

하여 공명곡선을 나타내었으나, 저항의 크기가 공명곡선의 모양에 미치는 효과에 대해서는 설명하지 않았다. 이제부터는 RLC-직렬회로에서 저항의 크기와 L/C의 값이 공명곡선에 미치는 효과에 대해서 알아보기로 하자.

4-1. 저항의 크기가 공명곡선의 모양에 미치는 효과

RLC-직렬회로에서 가해지는 교류 주파수가 매우 작다면, 축전지의 저항($X_C = 1/\omega c$)이 매우 커지게 되어 회로에 전류가 흐르지 않게 된다. 또한 교류 주파수가 매우 크다면 코일에 의한 저항($X_L = \omega L$)이 매우 커지게 되어 회로에 전류가 흐르지 못한다. 하지만, 중간 정도의 주파수에서는 회로에 전류가 흐르게 되며, 특히 축전지의 저항과 코일의 저항이 같게 되는 공명진동수에서 회로에 가장 많은 전류가 흐르게 되며, 이때 회로에 흐르는 전류의 크기는 오직 저항 R에 의해서 결정된다.

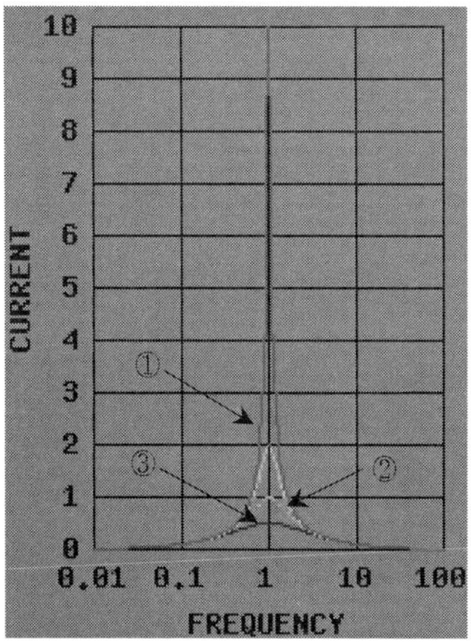

그림 10.5 저항이 공명곡선에 미치는 효과

설명을 간단히 하기 위하여 코일의 특성을 나타내는 L값이 "1 [*Henry*]", 축전기의 특성을 나타내는 C 값이 "1 [*Faraday*]"라고 하자. 이 경우에 공명 각진동수는 "1 [*Radian*/sec]"가 되는데 각 진동수 대신에 진동수를 사용하면 공명진동수는 "1 [*Hz*]"로 표현된다.

공명진동수를 "1"로 하였을 때에, 이보다 1/100 정도 낮은 진동수에서 100배 높은 진동수 범위에 대해서 저항 R의 값에 따른 전류의 크기를 비교하여 보자. 물론 이 범위를 벗어나는 진동수에 대해서도 생각하여 볼 수 있으나, 이 범위를 벗어나는 진동수에 대해서는 회로에 흐르는 전류는 매우 작다고 볼 수 있다. 따라서 이러한 범위 내에서의 전류는 주로 저항 R의 값에 의하여 변하게 된다.

회로에 1 V (rms)의 전압을 가해주면, R=1 Ω 인 경우에 회로에 흐르는 전류는 1 *A* 가 되며, 그림 10.5에 ②로 표시하였다. 여기서 제시하는 값들은 문제를 간단히 설명하기 위하여 제시한 값들이다. R=2 Ω 인 경우에 회로에 흐르는 전류는 0.5 *A* (③), R=0.5 Ω 인 경우에 회로에 흐르는 전류는 2 *A* , 그리고 R=0.1 Ω 인 경우에 회로에 흐르는 전류는 10 *A* (①)의 전류가 흐르게 됨을 알 수 있다.

그림 10.6을 통하여 알 수 있는 것은 저항이 작을수록 진동수가 공명진동수에서 조금만 벗어나도 전류가 급격히 감소함을 알 수 있다. 저항이 큰 경우에는 공명곡선은 보다 넓어지면서 최대전류는 훨씬 더 작아지게 됨을 알 수 있다. 여기서 말하는 공명곡선의 넓이는 최대 전류와 최소 전류의 중간 전류에 해당하는 두 진동수의 차이를 말한다.

4-2. L/C의 비가 공명곡선의 모양에 미치는 효과

L/C에 대한 비율을 변화시키면, 공명진동수는 변화지 않지만, 임의의 진동수에서서의 코일에 의한 저항과 축전지에 의한 저항 값들이 변하게 된다. RLC 직렬회로에서 공명진동수는 $\omega_{공명} = 1/\sqrt{LC}$이다. 이때에, L=1[$H$], C=1[$F$] 또는 L=2[$H$], C=0.5[$F$] 또는 L=0.5 [$H$], C=2[$F$]인 경우 모두 LC=1이 되어 공명진동수는 같다. 이처럼 L/C에 대한 비율을 변화시키는 경우에 공명곡선이 어떻게 변하는 가에 대해서 생각하여 보자.

이처럼 공명진동수는 변화지 않으면서 L과 C의 값을 변화시키면, 공명진동수 또는 공명진동수 근처에서의 코일저항(X_L) 또는 축전기의 저항 (X_C)의 값이 변하게 된다. 저항 R의 값이 1, 2, 0.5, 0.1 Ω인 경우에 공명진동수에서 회로에 흐르는 전류는 각각 1, 0,5, 2, 10[A]의 전류가 흐르지만, 공명진동수 근처에서의 코일과 축전지에 의한

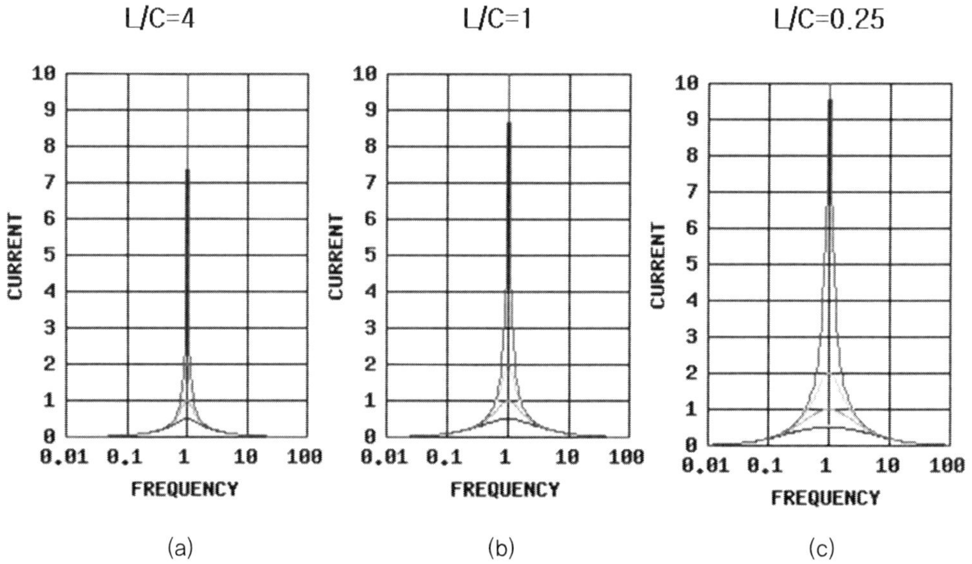

그림 10.6 L/C의 비가 (a) L/C=4; (b) L/C=1; (c) L/C=0.25인 경우의 공명 곡선

임피던스의 변화에 의하여 전류 값의 변화를 가져오게 된다. 따라서 진동수의 변화에 따라 회로에 흐르는 전류를 그래프로 나타내면 그림 10.6에서 보여주는 바와 같다. 그림 10.6에서와 같이 L/C에 대한 비율을 증가할수록 공명곡선은 날카로워지며, L/C에 대한 비율을 감소할수록 공명곡선의 밴드 폭은 매우 넓어지게 된다. 이러한 효과는 전자회로에 특정영역의 진동수를 가지는 교류를 통과시키거나 아니면 배제시키는 필터 회로라던가 아니면 특정 주파수에서만 잘 작동하도록 주파수를 선택하는 회로에서는 매우 중요하다.

5. 생각하기

① 공명 곡선을 통하여 회로에 흐르는 전류는 주파수와 어떤 관계가 있음을 알 수 있는가?

② 공명 곡선의 모양이 여러분이 구한 것보다 날카로워지려면 어떤 조건을 만족해야 되는가? 라디오에서는 어떤 모양의 공명 곡선이 바람직한가?

③ 코일 양끝의 전압을 잴 때에 코일 양끝에 연결된 테스터기 단자의 방향을 서로 바꿔 코일 양끝의 전압을 측정하여 보아라. 두 값은 서로 일치하는가?

④ 코일 양끝의 전압과 축전기 양끝의 전압을 측정하여 공명진동수에서 크기가 서로 같고 방향이 서로 반대인지를 확인하여 보아라.

6. RLC 직렬회로에 대한 보충자료

6-1. 저항의 전기적 특성

그림 10.7에서와 같이 저항만으로 구성된 회로의 경우에 회로에 가해준 전압(V)은 저항 R1 및 R2 양끝사이의 전압을 합한 것과 같으며, 이러한 결과는 직류와 교류에 관계없이 같다. 이를 수식으로 표현하면, 다음과 같다.

$$V = V_1 + V_2 = IR_1 + IR_2 = I(R_1 + R_2) \tag{10.1}$$

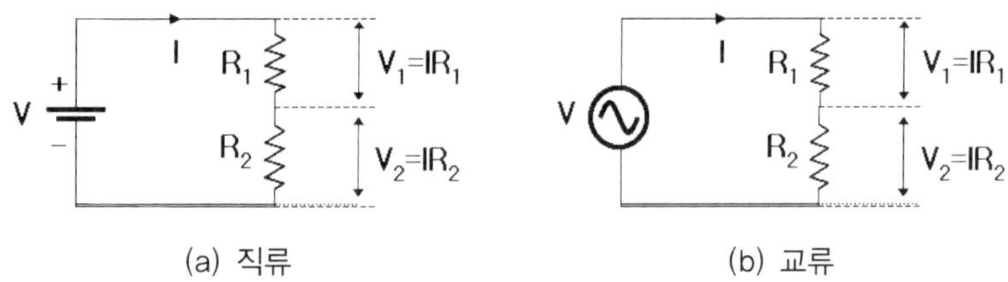

그림 10.7 직류 및 교류 전원에 연결된 저항

식(1)을 저항만으로 구성된 회로에 적용하면 그림 10.8과 같다. 그림 10.8에서 회로에 가해준 전압은 12 V이고 4 Ω의 저항 양끝의 전압은 4.8 V, 6 Ω의 저항 양끝의 전압은 7.2 V로서 이 둘을 합하면 총 12 V로서 가해준 전압의 크기와 같게 되며, 이러한 전기적 특성은 직류와 교류에 대해서 똑같이 성립한다.

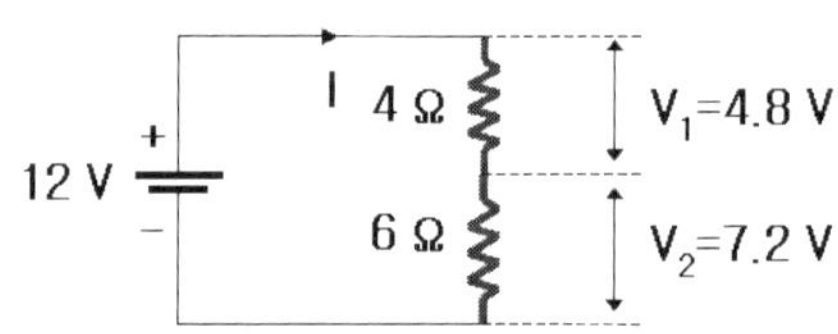

그림 10.8 저항만으로 연결된 직류회로

이러한 저항에 대한 전기적 특성을 전압과 전류에 대해서 그래프로 표시하여 보면 다음과 같다. 그림 10.9를 보면 전압과 전류를 같은 수직축 위에 나타내다보니 상대적인 크기는 차이가 있지만, 전압이 시간에 따라서 변하는 모양과 전류가 시간에 따라서 변하는 모양이 같다는 것을 알 수 있다. 이를 보다 전문적인 용어로 표현하면 위상이 같다고 한다.

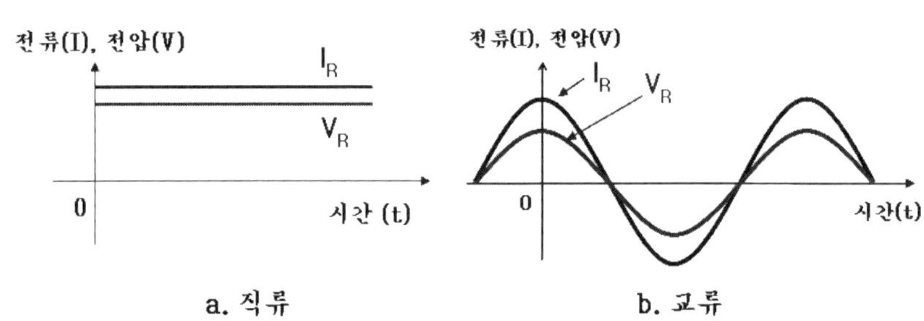

그림 10.9 저항양끝의 전압(V_R)과 저항에 흐르는 전류(I_R)사이의 관계

6-2. 축전기의 전기적 특성

축전기에 전압을 가해 주는 경우는 ⓐ 직류전압을 가해주는 경우, ⓑ 교류전압을 가해주는 경우가 있는 데 직류전압을 가해주는 경우에 대해서는 축전기의 충전과 방전을 참조하기 바라며, 여기서는 교류전압을 가했을 경우에 축전기의 양끝에 걸리는 전압과 축전기에 흐르는 전류에 대해서 생각하여 보기로 하자.

그림 10.10에서 전압과 전류를 같은 수직축 위에 나타내면 상대적인 크기에서의 차이가 있을 수 있다. 하지만, 전압과 전류가 시간에 따라서 변하는 모양은 같지만 시간적으로 한 주기의 1/4만큼 차이가 나는 것을 알 수 있는데 전문적인 용어로는 위상이 90°만큼 차이가 난다고 한다. 즉, 전류와 전압에 대한 파형을 비교하여 볼 때에 IC의 최대값(그림 10.10에서 점 a로 표시)이 시간적으로 볼 때에 VC에 대한 최대값(그림 10.10에서 점 b로 표시)보다 1/4-주기만큼 앞서 있다고 한다.

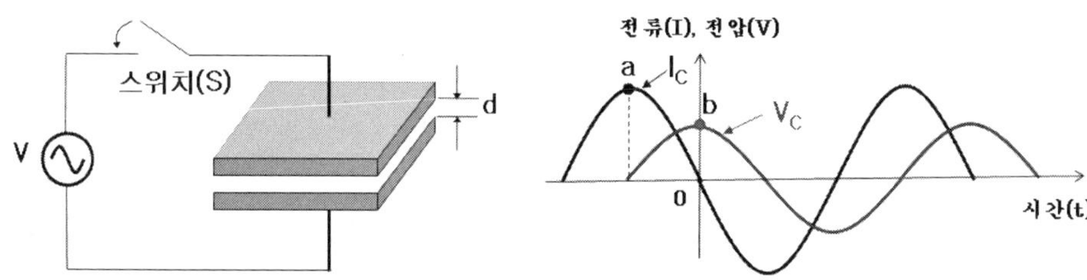

그림 10.10 축전기 양끝의 전압(V_C)과 회로에 흐르는 전류(I_C)사이의 관계

한 주기를 라디안으로 표시하면 2π이므로, 1/4-주기는 $\pi/2$로서 이를 각으로 표시하면 90°이다. 따라서 "전류는 전압보다 위상이 90° 앞선다"고 이야기한다. 축전기에 전류가 흐른다고 하여 위쪽의 금속판에서 두 금속판 사이의 간격이 d인 공간을 뛰어넘어 아래쪽의 금속판으로 전하가 이동하는 것이 아니고 두 금속판에 전하의 충전과 방전을 반복하는 것으로 아래 쪽의 금속판과 위쪽의 금속판을 연결하는 도선을 통하여 흐르는 것이다.

그림 10.10에서는 전원과 축전기만 연결된 회로를 나타내었는데 회로에 흐르는 전류에 대한 위상은 전원과 축전기 사이에 저항을 두고 저항 양단의 전압을 오실로스코프로 관찰하여 측정하면 그것이 회로에 흐르는 전류의 위상이 된다.

6-3. 코일의 전기적 특성

코일에 갑자기 전류를 흘려주면 코일내부에 자기장이 생긴다. 하지만, 전류가 흐르기 전에는 코일내부에 자기장이 존재하지 않았으나, 전류가 흐르게 됨으로서 자기장이 생기게 되는데, 이때 갑작스런 전류의 흐름을 방해하는 방향으로 코일양끝에 역기전력이 생기게 된다. 그림 10.11에서는 전원과 코일만 연결된 회로를 나타내었는데 회로에 흐르는 전류에 대한 위상은 전원과 코일 사이에 저항을 두고 저항 양단의 전압을 오실로스코프를 사용하여 측정하면 그것이 회로에 흐르는 전류의 위상이 된다. 물론 코일 양끝에 생기는 전압은 코일 양끝에 오실로스코프를 연결하여 측정하면 된다. 이러한 측정을 통하여 그림 10.11에서와 같은 전류와 전압사이의 위상관계를 결정하게 되는 것이다.

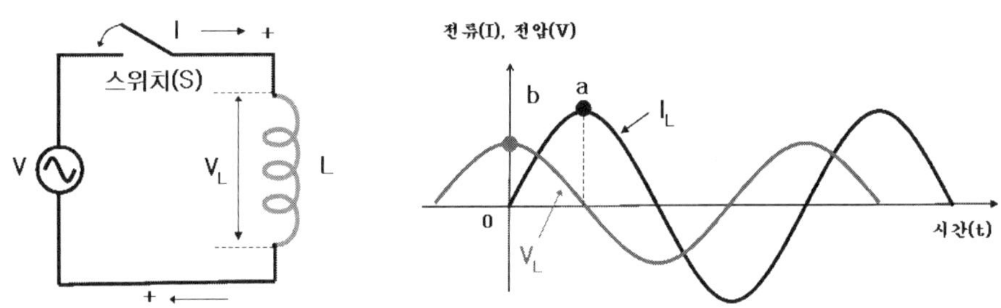

그림 10.11 교류를 연결한 경우, 코일양끝의 전압(VL)과 회로에 흐르는 전류(IL)사이의 관계

지금까지 저항, 축전기 및 코일에 대한 전압과 전류특성에 대해서 알아보았는데, 전압과 전류가 저항인 경우는 위상이 같으나 축전기와 코일에서는 서로 90°만큼씩 차이가 난다는 것을 알았다. 이들을 그래프로 표시하기 위하여 전압을 수평축에 표시하고,

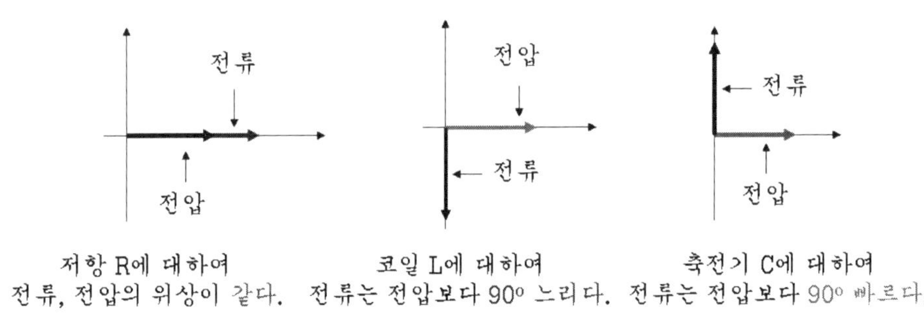

그림 10.12 저항, 코일 및 축전기에서의 전압과 전류의 위상 관계

회로에 흐르는 전류를 수직축에 표시함으로서 그림 10.12와 같이 표현이 가능하다. 이러한 전기적 특성을 가지는 저항, 코일 및 축전기를 그림 10.13과 같이 직렬로 연결하였을 경우에 나타나는 전체적인 전기적 특성에 대해서 알아보자.

그림 10.13은 저항, 축전기 및 코일이 교류전원에 직렬로 연결된 회로이므로 저항, 축전기 및 코일에는 같은 양의 전류가 흐른다. 따라서 전류에 대한 위상을 기준(편리상 "0"으로 설정)으로 하여 저항, 축전기 및 코일 양 끝에 걸리는 전압을 하나의 그래프로 표시하여 보자.

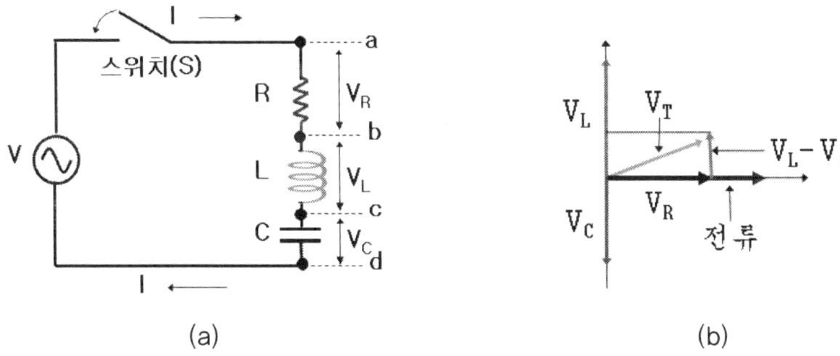

그림 10.13 (a) R,L,C 직렬회로와 (b)전압의 위상관계

저항양끝의 전압은 전류와 같은 모양으로 변하므로 그림 10.13(b)에서와 같이 전류와 같은 수평축 위에 표시하였으며, 코일 양끝사이의 전압은 전류보다 위상이 90°앞서므로 수직축 위에 화살표 V_L, 축전기 양끝사이의 전압은 전류보다 90°늦어지므로 수직축 위에 화살표 V_C로 표시하였다. 이러한 것을 고려하여 볼 때, 그림 10.13(a)에서 점 b와 점 d사이의 전압은 코일 양끝사이의 전압의 크기 V_L에서 축전기 양끝사이의 전압 V_C를 뺀 값이 되어 그림 10.13(b)에서 화살표 $V_L - V_C$로 표현된다. 한편, R,L,C 직렬회로에서 점 a와 점 d사이에 걸린 총 전압의 크기는 그림 10.13(b)에 화살표 V_T로 표현되며, 크기는 $V_T = \sqrt{V_R^2 + (V_L - V_C)^2}$ 와 같다.

전원에서 가해준 전압의 크기(V)는 저항양끝 사이의 전압(V_R), 코일양끝 사이의 전압(V_L)과 축전기 양끝 사이의 전압(V_C)을 합한 값과 같지 않다. 즉, $V \neq V_R + V_L + V_C$이다. 이러한 결과는 저항만으로 연결된 회로에 대해서 얻은 결과와 전혀 다른 것이다(식(1) 참조). 이제, V_R, V_L, 및 V_C에 대한 표현식을 생각하여보자. 회로에 흐르는 전류를 i, 그리고 교류전원의 각진동수를 ω 라고 할 때에, $V_R = iR$, $V_L = j\omega L$

$= jX_L\,(X_L = \omega L)$, $V_C = j\dfrac{1}{\omega C} = jX_C\,(X_C = \dfrac{1}{\omega C})$로 표현된다. 여기서, j는 복소수, X_L은 코일에 대한 교류저항, X_C는 축전기에 대한 교류저항을 의미한다. 그림 10.13(a)에서 점 a와 d사이에 걸린 총 전압(V_T)은 $V_T = \sqrt{V_R^2 + (V_L - V_C)^2}$ 와 같이 주어지며, 이를 코일과 축전기에 대한 저항으로 표현하면,

$$V_T = i\sqrt{R^2 + (\omega L - \frac{1}{\omega C})^2} = iZ \quad (Z = \sqrt{R^2 + (\omega L - \frac{1}{\omega C})^2}) \tag{10.2}$$

와 같이 되는 데 Z는 교류저항으로서 "임피던스"라고 한다. 즉, 임피던스란 교류저항을 의미한다. 점 a와 d사이에 걸린 총 전압(V_T)은 교류전원의 전압과 같고, 교류에 대한 표현식은 일반적으로 $V = V_0\cos(\omega t + \theta_0)$와 같이 표현되므로 교류전원의 각진동수가 ω 라고 하면 그림 10.13(a)에서의 교류전원은

$$V = V_0\cos(\omega t + \theta_0) \tag{10.3}$$

와 같이 표현이 가능하다. 따라서 (2), (3)식을 사용하여 RLC 직렬회로에 흐르는 전류를 구하면,

$$i = \frac{V}{Z} = \frac{V}{\sqrt{R^2 + (\omega L - \frac{1}{\omega C})^2}} = \frac{V_0\cos(\omega t + \theta_0)}{\sqrt{R^2 + (\omega L - \frac{1}{\omega C})^2}} \tag{10.4}$$

와 같이 되고, 식(4)에서 $i = V/Z$을 교류회로에 대한 옴의 법칙이라고 한다. 식(4)로부터 알 수 있는 것은 교류저항(Z)의 크기가 각진동수 ω에 의존하므로 $\omega L = \dfrac{1}{\omega C}$을 만족하는 조건에서 교류저항이 가장 작아진다. 따라서 같은 교류전원에 대하여 가장 많은 전류가 회로에 흐르게 되며, 이를 전문용어로 "공명"이라고 하고 이러한 조건을 만족하는 각진동수를 공명 각진동수라고 한다. 따라서 저항, 코일 및 축전기가 직렬로 연결된 회로에서의 공명 각 진동수를 $\omega_{공명}$ 로 나타내면 $\omega_{공명} = \dfrac{1}{\sqrt{LC}}$ 와 같이 주어진다. 공명진동수에서는 코일과 축전기에 의한 알짜저항이 "0"이 되므로 회로에 흐르는 전류는 저항 R의 크기에 의해서만 결정된다.

회로에 가해주는 교류전원의 각진동수가 $\omega_{공명}$ 이 되는 경우에 회로에 가장 많은 전류가 흐르게 되므로 그림 10.13(a)의 회로에서 점 a와 b사이의 전압, 즉, V_R의 값이

가장 커진다. 하지만, 점 b와 c 사이의 전압의 크기(V_L)와 점 c와 d사이의 전압(V_C)의 크기가 서로 같고 그림 10.13(b)에서와 같이 방향이 반대이므로 점 b와 d 사이의 전압은 가장 작아진다. 이론적으로 볼 때에, 공명진동수에서 점 b와 d사이의 전압은 "0"이 되어야 하지만, 코일이란 가르다란 전선을 많은 감아놓은 것으로 코일이 저항이 아주 작은 금속전선으로 만들어졌다고 하더라도 가늘고 긴 경우에는 어느 정도의 저항을 가지게 된다. 따라서 이러한 저항효과가 동반되므로 공명진동수에서 점 b와 d사이의 전압은 "0"이 되지는 않는다.

교류전원의 각진동수(ω)가 아주 작으면 축전기에 대한 저항, $X_C = \frac{1}{\omega C}$의 값이 매우 커지게 되므로 회로에는 전류가 잘 흐르지 못하게 된다. 또한, 교류전원의 각진동수(ω)가 아주 커지면 코일의 저항, $X_L = \omega L$의 값이 매우 커지게 되어 역시 회로에 전류가 흐르지 못하게 된다. 따라서 공명각진동수 부근에서 많은 전류가 흐르게 되며, 공명 각진동수보다 아주 크거나 작은 각진동수에서는 회로에 전류가 거의 흐르지 못하게 되는 것이다.

저항, 코일 및 축전기가 직렬로 연결된 회로에 대한 한 가지 예를 그림 10.14에 나타내었다. 그림 10.14에서 R=100 Ω, 코일의 인덕턴스 L=250 mH, 축전기의 정전용량을 C=0.1 μF라고 하자. 이러한 회로의 공명진동수($f_0 = \frac{1}{2\pi\sqrt{LC}}$)는

$$f_0 = \frac{1}{2\pi\sqrt{LC}} = \frac{1}{6.28\sqrt{250\times10^{-3}\times0.1\times10^{-6}}} = 1{,}000\ Hz$$

이다. 회로에 가해주는 교류전원의 전압이 10 V이고 진동수가 공명진동수인 1,000 Hz인 경우에, 회로에 흐르는 최대전류는 다음과 같다.

$$i = \frac{V}{Z} = \frac{V}{\sqrt{R^2 + (\omega L - \frac{1}{\omega C})^2}} = \frac{V}{R} = \frac{10}{100} = 0.1\ \ [A]$$

공명진동수에서 저항양끝의 전압(V_R)은 $V_R = 0.1\times100 = 10\,[V]$, 코일양끝의 전압($V_L$)은 $V_L = i\,\omega_0 L = i\,2\pi f_0 L = 0.1\times2\pi\times1000\times250\times10^{-1} = +158\,[V]$, 축전기 양끝의 전압($V_C$)은 $V_C = i\frac{1}{\omega_0 C} = i\frac{1}{2\pi f_0 C} = 0.1\times\frac{1}{2\pi\times1000\times0.1\times10^{-6}}$ $= -158\,[V]$가 된다.

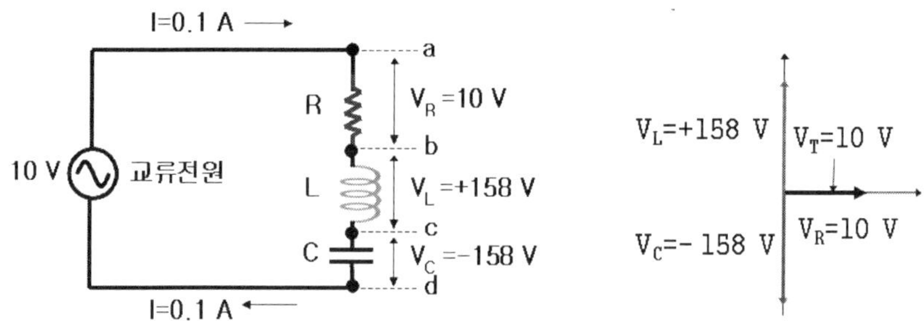

(a) RLC-직렬회로 (b) 전압들의 위상관계

그림 10.14 저항, 코일, 축전기의 직렬회로

외부에서 가해준 교류전원의 전압이 10 V인데도 불구하고 코일과 축전기 양끝의 전압이 158[V]처럼 커질 수 있다. 하지만, 그림 10.14(b)에 나타낸 바와 같이 크기가 같고 방향이 반대이므로, 점 a와 d사이의 전체전압은 외부에서 가해준 전원전압 10[V]와 같게 된다.

실험 11 다이오드를 이용한 리미터와 클램프 회로

1. 실험 목적

직렬 및 병렬로 연결된 다이오드 리미터의 입력파형과 출력파형 사이의 관계를 알아본다. 부(-) 및 정(+)의 다이오드 클램프의 출력파형을 관찰하고 이의 동작원리를 이해한다.

2. 실험 준비물

- 가변 직류 전원장치 : 1대
- 10 V_{p-p}의 출력이 가능한 정현파 발생기 : 1대
- 오실로스코프 : 1대
- 저항(1/4 W , 120$k\Omega$) : 1개
- 반도체(1N5625) : 2개
- SPST 스위치 : 2개
- 가변저항(1/2 W, 5 $k\Omega$) : 1개

3. 기초 이론

교류신호의 진폭을 제한하거나 교류전압을 미리 정한 레벨로 제한하기 위한 목적으

로 사용되는 전자소자를 리미터라고 한다. 리미터는 정현파를 구형파로 바꾸거나 교류 전압에서(+), (−) 주기의 어느 한쪽 또는 양쪽의 진폭을 제한할 수 있다.

3-1. 직렬 다이오드 리미터

한쪽 방향으로만 전류가 흐르는 다이오드의 특성을 이용하여 그림 11.1(a, b)와 같이 직렬 다이오드 리미터 회로를 구성할 수 있으며, 부하저항 R 로부터 얻어진 출력이 다이오드와 직렬로 되었기 때문에 이를 "직렬 다이오드 리미터"라 한다.

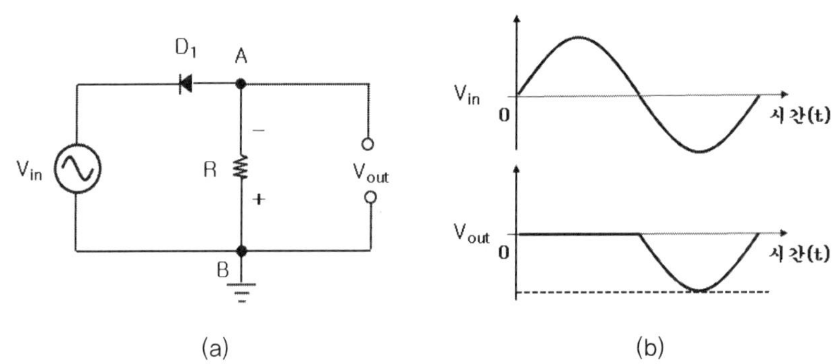

그림 11.1 교류신호에서 정(+) 영역을 제어하기 위한 다이오드 연결(a) 및 출력파형(b)

그림 11.1(a) 회로와 같이 저항 R 에 직렬로 연결된 다이오드에 정현파 전압 V_{in} 을 가해주는 경우에는 입력전압 V_{in} 과 출력전압 V_{out} 의 위상은 그림 11.1(b)와 같으며 작동원리는 다음과 같다.

입력전압이 (+)의 상태로 있는 동안에는 다이오드의 음극은 양극에 비해 높은 전위인 (+)에 있게 되어 다이오드는 역방향 바이어스 상태로 놓이게 된다. 따라서 회로에 전류가 흐르지 않으므로 저항양단의 출력전압 V_{out} 은 $0\,V$ 가 된다. 반면에, (−)의 상태로 있는 동안에는 다이오드가 순방향 바이어스 되어 R 에 전류가 흐르게 되므로 저항 R 양단의 출력전압은 입력전압의 (−)의 변화가 나타난다. 하지만, 다이오드에서 약간의 순방향 전압강하가 생기게 되어 출력전압은 입력전압보다 약간 작다.

그림 11.1(a)에서 다이오드의 방향을 바꾸면, 위와 반대의 결과를 얻게 된다. 즉, 입력 전압이 (+)의 상태로 있는 동안에는 저항 R 양단에 출력전압이 생기며, (−)의 상태로 있는 동안에는 다이오드가 역방향으로 바이어스 되어 출력은 $0\,V$ 가 된다.

3-2. 병렬 다이오드 리미터

그림 11.2(a)의 회로는 병렬 연결된 다이오드 리미터의 예로서 출력이 다이오드와 병렬이기 때문에 병렬 리미터라고 부른다. 입력전압이 (+)의 주기 동안에 다이오드 D_1은 역방향 바이어스이고 높은 역방향 저항 R_D 을 나타낸다. 이 때 R 과 R_D 은 하나의 전압 분할기를 이룬다. 만약, R 이 R_D 보다 매우 작으면 실질적으로 입력전압의 전체 (+)의 주기동안의 전압의 변화가 다이오드 양단의 출력전압 V_{out} 로 나타난다. (그림 11.2(b) 참조.)

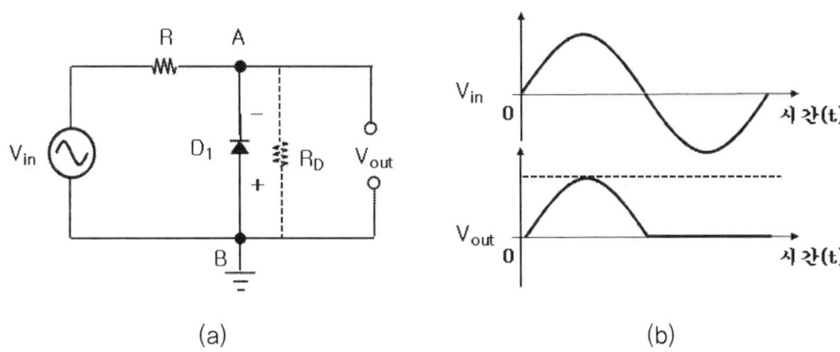

그림 11.2 교류신호의 (-)영역을 제어하기 위한 다이오드 연결(a) 및 출력파형(b)

입력전압이 (-)의 상태로 있는 동안 D_1은 순방향으로 바이어스되어 단락된 스위치처럼 동작하므로 다이오드 양단의 출력전압은 거의 $0\,V$ 된다. 따라서 그림 11.2(b)에서와 같이 입력전압의 (-)영역을 제거하는 결과를 가져온다. 물론, 다이오드의 극성을 반대로 하면 입력전압의 (+)영역을 제거하는데 사용된다.

3-3. 바이어스된 병렬 리미터-부분 리미팅

그림 11.3 회로는 교류 입력신호의 (+)와 (-)의 변화를 각각 부분 제한하는 회로로서 다오드 D_1, 전지 V_{AA} 에 의해 역방향으로 바이어스 되며 양극 전압 $V_{AA}(V)$ 는 음극에 대하여 (-)의 관계를 유지한다. 입력전압인 V_{in} 가 (+)로 변하는 동안 D_1 의 음극은 (+)전위를 유지하게 되어 다이오드는 개방 스위치처럼 작동하여 (+)의 변화가 출력에 나타난다. 하지만, V_{in} 의 값이 (-)로 변하는 동안에 음극은 (-)로 작동되지만, V_{in} 이 바이어스 전압 V_{AA} 보다도 더 낮은 (-)전위가 되기까지 다이오드에는 전류가

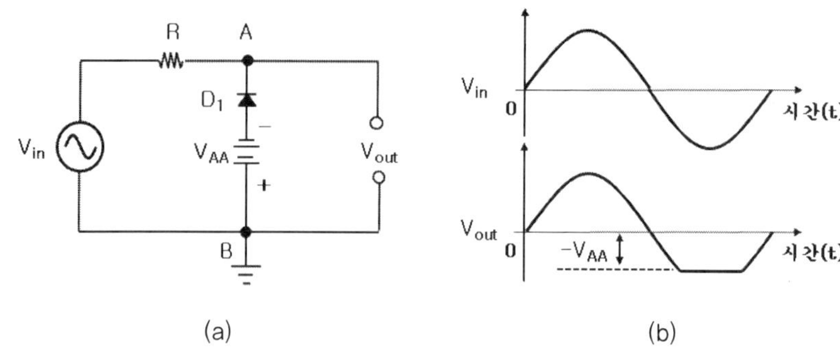

그림 11.3 교류입력신호의 (−)부분을 제한하도록 바이어스된 병렬 다이오드

흐르지 못한다.

이는 양극을 $V_{AA}(V)$ 만큼 (−)전위로 유지하기 때문이다. 따라서 V_{AA} 보다 더 낮은 (−)의 변화 부분이 출력에 나타난다. V_{in} 의 (−)의 변화가 V_{AA} 보다 더 낮은 (−)전위 수준에 도달할 때 음극은 양극보다 더 낮은 (−)의 전위가 되고 다이오드는 전류가 흐르게 된다. 이때 $-V_{AA}$ 와 입력전압의 (−) 최솟값 사이에 있는 부분이 제거되어 그림 11.3(b)와 같은 파형이 된다.

3-4. 바이어스된 2중 다이오드 리미터

그림 11.4(a)는 입력전압의 (+)와 (−)의 변화 양쪽을 모두 부분적으로 제한하는 이중 다이오드 리미터 회로이다.

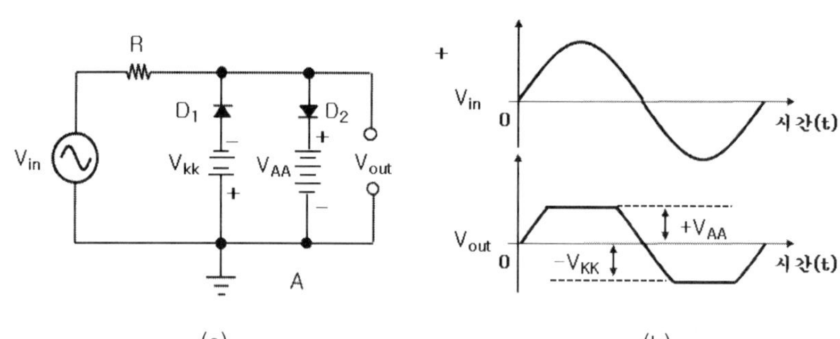

그림 11.4 2개의 다이오드로 2중 바이어스된 리미터

다이오드 D_1 은 전압 V_{in} 이 V_{KK} 보다 더 높은 (−)의 값에 도달할 때 전류가 흐르게

되어 (−)의 반주기를 V_{KK} 으로 제한한다. 반면에, 다이오드 D_2 는 V_{in} 이 V_{AA} 보다 더 높은 (+)의 값에 도달할 때 전류가 흐르므로 (+)의 변화에 대한 출력은 V_{AA} 로 제한한다. 이와 같이 2중 바이어스된 회로의 출력 파형은 그림 11.4(b)에서와 같이 구형파에 가까워진다.

3-5. 다이오드 클램프

다이오드 클램프 회로는 입력신호의 모양을 바꾸지 않고 입력파형에 직류레벨을 더해주는 회로로 정(+) 클램프, 부(−) 클램프, 바이어스된 클램프 회로가 있다. 그림 11.5는 (+) 클램프 회로로 +5 V 에서 −5 V 로 변하는 10 V_{p-p} 입력파형에 +5 V 를 더해준 결과 +5 V 를 기본으로 하여 0에서 +10 V 사이에서 변하는 출력신호를 주며, 그 작동원리는 다음과 같다. 10 V_{p-p} 입력교류신호의 (−)주기 동안에 다이오드 D 는 순방향 바이어스되어 전류가 흐르므로 순방향 바이어스된 다이오드의 낮은 저항을 통해서 축전지 C 는 충전된다.

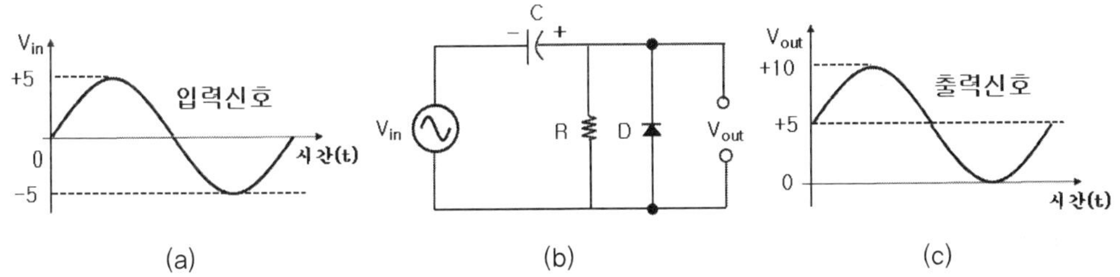

그림 11.5 입력신호(a), (+)클램프 회로(b) 및 출력파형(c)

축전지 C 는 그림 11.5에 나타낸 극성과 같이 5 V 의 (−)주기 끝까지 충전되나, D 가 입력신호의 (+)주기 동안에는 다이오드를 통해 전류가 흐르지 못한다. 하지만, 이때 축전지 C 는 저항 R 을 통하여 방전할 수 있으나, 시정수 RC 가 정현파 형태의 입력신호 주기보다 약 10배 이상 크면 축전지 C 는 효율적으로 방전하지 못하므로 축전지 양끝의 전압은 실질적으로 5 V 를 유지하게 된다. 그 결과 두 번째 주기의 (−)주기 동안에는 축전지 양끝의 전압은 (−) 입력전압과 상쇄되고 다이오드 D 에는 전류가 흐르지 않는다. 한편, 그림 10.5에서 다이오드의 방향을 바꾸면, 위와 반대의 결과를 가져와 출력전압은 입력신호에 (−)의 직류 성분을 더한 것과 같은 결과를 가져오므로 0부터 −10 V 사이에서 변하는 출력신호를 가져온다.

4. 실험 방법

4-1. 직렬 리미터

① 오실로스코프의 수직 이득 조절기를 2 V/ ÷ 에 놓는다.

② 그림 11.1(a)과 같은 회로를 구성한다. 여기서 D_1 은 1N5625 다이오드이고, $R=$ 120 $k\Omega$ 이다. 파형 발생기의 출력 전압이 10 V_{p-p}, 1000 Hz 가 되도록 조절한다. 오실로스코프의 수직입력 1(Ch1)에 기준 신호 입력 V_{in} 을, 수직 채널 2(Ch2)에 출력 신호전압 V_{out} 를 연결하고 오실로스코프 화면에 두 세 개의 주기가 나타나도록 $Time/Div$ 손잡이를 조절한다. 이때 외부 트리거로는 V_{in} 을 사용한다. 관찰결과를 표 11.1의 과정 ②에 기록한다.

③ R 양단에 오실로스코프의 수직입력을 연결하여 파형을 관찰하고 측정한다. 표 11.1에 입력 전압 파형에 대하여 적절한 시간위상으로 출력파형 V_{out} 를 표 11.1의 과정 ③에 기록한다.

④ 다이오드를 반대극성으로 연결한 후 출력파형의 변화를 관찰하고 측정하여 출력파형을 표 10-1의 과정 ④에 기록한다.

표 11.1 직렬 리미터의 파형 관찰

과 정	V_{p-p}	파 형					
②		+ 5 V 0 − 5 V					
③		+ 5 0 − 5					
④		+ 5 0 − 5					

4-2. 병렬 리미터

① 그림 11.2(a)와 같은 회로를 구성하라. 이 때 직렬 리미터 실험과정에서와 같은 D_1 과 R, V_{in} 의 값을 사용한다. 출력파형 V_{out}을 관찰하고 측정하여 표 11.2의 과정 4-2-①에 기록한다.

② D_1 의 방향을 반대로 연결한 후 출력파형 V_{out}을 관찰하고 측정하여 표 11.2의 과정 4-2-②에 기록하라.

4-3. 바이어스된 이중 다이오드 리미터

① 그림 11.6과 같이 회로를 구성하고 스위치 S_1과 S_2는 개방한다. 직류전원장치의 출력 V_{AA} 를 $3V$ 로 하고, 가변저항의 가변 단자 점B 를 전체 범위의 중심에 둔다. 이는 F와 B 사이에서 측정된 직류 전압(V_{FB})이, B와 G 사이에서 측정된 직류전압(V_{BG})과 같음을 의미한다. 이때에 직류전원장치는 접지시키지 않으며, 오실로스코프를 출력단자 AB 양단에 연결한다.

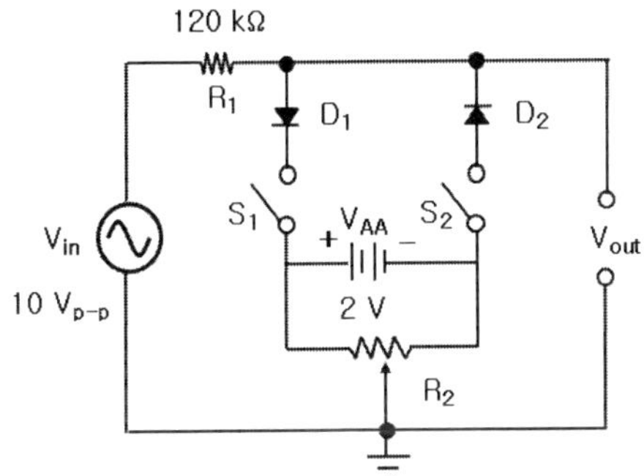

그림 11.6 바이어스된 2중 다이오드 리미터

② 스위치 S_1 을 연결한 후 출력파형 V_{out}을 관찰하고 측정하여 표 11.2의 과정 4-3-①에 기록한다.

③ S_1 은 열고 S_2 을 연결한 후 출력파형 V_{out}을 관찰하고 측정하여 표 11.2의 과정 4-3-②에 기록한다.

④ S_1 과 S_2 를 모두 연결한 후 출력파형 V_{out} 을 관찰하고 측정하여 표 11.2의 과정 4-3-③기록한다.

⑤ 전압 V_{AA} 를 $3V$ 가 될 때까지 서서히 증가시키고 V_{out} 을 측정하여 표 11.2의 과정 4-3-④에 기록한다.

⑥ R_2 를 조절하여 D_1 은 $+1V$, D_2 는 $-2V$ 로 바이어스한 후 V_{out}t을 측정하여 표 11-2의 과정 4-3-⑤에 기록한다.

⑦ R_2 를 조절하여 D_1 은 $+2V$ 로, D_2 는 $-1V$ 로 바이어스한 후 V_{out} 을 측정하여 표 11.2의 과정 4-3-⑥에 기록한다.

표 11.2 병렬 리미터

과정	V_{p-p}	파 형	과정	V_{p-p}	파 형
4-2-①		+ 5V V_{in} 0 − 5	4-3-③		+ 5 0 − 5
		+ 5 0 − 5	4-3-④		+ 5V V_{AA} 0 − 5
4-2-②		+ 5 0 − 5			+ 5 0 − 5
4-3-①		+ 5 0 − 5	4-3-⑤		+ 5 0 − 5
4-3-②		+ 5 0 − 5	4-3-⑥		+ 5 0 − 5

실 험 12 광전소자의 특성 및 응용

1. 실험 목적

대표적인 광전소자 중의 하나인 발광다이오드와 광다이오드에 대한 기본이론 및 이를 이용한 광 결합기에 의한 신호전달을 이해한다.

2. 실험 준비물

- 직류 전원장치(0~±15 V, 가변, 100mA : 2)
- 디지털 멀티미터
- 저항(1/4 W, 270 Ω) : 2 개
- 다이오드(1N914(1N 4148) 또는 등가 작은 신호 다이오드)
- 적색 LED(TIL221 또는 50 mA까지 취급할 수 있는 적색 LED)
- 녹색 LED(TIL222 또는 50 mA까지 취급할 수 있는 녹색 LED)
- 7-세그먼트 표시기(SND 617SR 또는 대체품)
- 광 결합기(4N26 또는 같은 종류의 소자)

3. 기초 이론

3-1. 발광 다이오드

발광 다이오드는 매우 작은 소비전력, 긴 수명, 빠른 on-off 전환(ns) 및 저렴한 가격으로 많이 사용되는 광전소자 중의 하나이다. 순 방향으로 바이어스된 다이오드에서 전도대(conduction band)에 있는 자유전자와 가전자대(valence band)에 있는 정공이 접합부분에서 재결합할 때 전자는 높은 에너지 준위에서 낮은 에너지 준위로 떨어지게 되며, 이러한 전자의 결합은 열과 빛의 형태로서 에너지를 방출한다. 보통의 실리콘 반도체인 경우에는, 방출된 빛의 파장이 길고(적외선 영역) 방출된 빛이 주위의 반도체 물질에 의해 흡수될 뿐만 아니라 실리콘이 불투명하기 때문에 빛이 주위로 새나가지 않는다.

발광 다이오드에 사용되는 반도체는 높은 에너지 갭을 가지므로 접합부분으로부터 나오는 빛이 외부로 방출할 수 있도록 제조되고, 이때 방출되는 빛의 색은 사용된 반도체의 에너지 갭에 의하여 결정된다. 갈륨(Ga), 비소(As), 인(P)과 같은 원소를 사용하여 적색, 녹색, 노란색 또는 눈에 보이지 않는 적외선을 방출하는 LED를 만들 수 있으며, 적색, 녹색과 같은 가시영역의 빛을 방출하는 다이오드는 계기 표시기와 같은 곳에 사용되며, 적외선 영역의 눈에 보이지 않은 빛을 방출하는 다이오드는 도난 경보기 등에 사용된다.

LED는 반도체 다이오드이므로 일반 $p-n$ 접합 다이오드와 비슷한 전기적 특징을 가지며, $10 \sim 50\,mA$ 의 전류가 흐를 경우에 일반적으로 약 $1.5 \sim 2.5\,V$ 의 전압강하를 일으킨다. 또한 본 실험에서 사용되는 적색 LED의 경우에 약 $3\ V$의 역방향 전압값을 가지므로 이 보다 큰 역방향 전압이 가해지면 LED가 파괴되거나 특성이 저하되

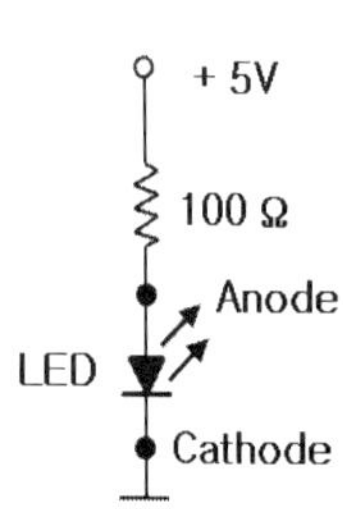

그림 12.1 순방향 바이어스된 LED

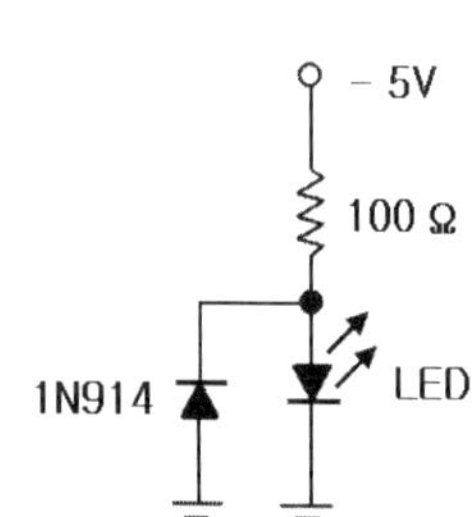

그림 12.2 역방향 바이어스에 대한 LED 보호회로

는 결과를 가져온다. 그림 12.1에 순방향 전압이 가해진 경우의 LED를 나타내었으며, 여기서 저항은 다이오드에 흐르는 전류를 제한하는 역할을 하며, 그림 12.2에는 정류용 다이오드가 병렬로 연결되어 있는데 이는 다이오드에 큰 역방향 전압이 가해지는 것을 방지하는 역할을 한다.

3-2. 광다이오드

역방향으로 바이어스된 다이오드는 소수 캐리어 때문에 작은 전류가 흐르며, 이들 소수 캐리어의 수는 온도에 의존하고 또한 접합부분에 입사하는 빛에도 의존한다. 따라서 외부로부터의 빛이 다이오드의 접합부분에 도달할 수 있도록 설계된 광다이오드는 접합부에 도달하는 빛의 양이 역방향으로 흐르는 전류의 양을 변화시킨다. 즉, 외부로부터 접합부에 도달하는 빛은 소수 캐리어의 수를 증가시키며 도달하는 빛이 강하면 강할수록 더 많은 소수 캐리어를 만든다.

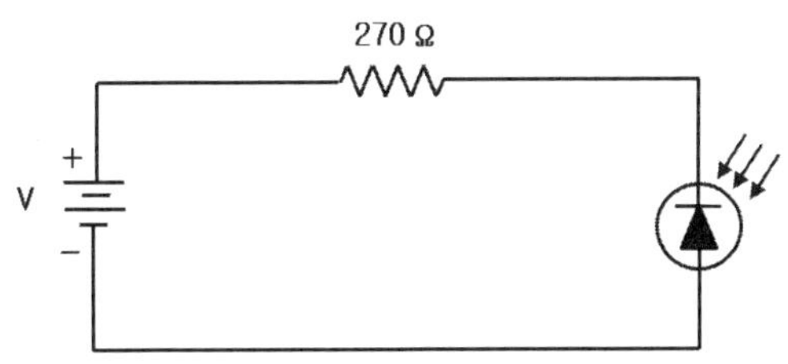

그림 12.3 광다이오드 역방향 바이어스

그림 12.3은 역 방향으로 바이어스된 광 다이오드를 나타낸 것으로 화살표는 입사하는 빛을 나타내며 광다이오드는 항상 역방향으로 바이어스된다. 입사하는 빛의 세기에 따라 역 방향 전류가 변화하는데 보통 수십 μA 정도이다. 이러한 광다이오드는 입사하는 빛을 전기적인 신호로 변환시키는 장치인 광 검출기의 한 예로서 전류가 흐르면 빛을 발생하는 발광다이오드(LED)가 아닌 빛을 받아 반응하는 일종의 수광소자이다.

3-3. 광 결합기

광 결합기는 LED와 광다이오드를 단일 포장으로 결합시킨 것이며 LED로부터 나오는 빛의 변화는 광 다이오드의 역 방향 전류를 조절하게 되고 입력과 출력 회로는 전기적으로 서로 분리된다. 그림 12.4는 LED와 광다이오드의 결합기로서 왼쪽에 있는 것이 LED이고 오른쪽에 있는 것이 광다이오드이다. 전원(V_s)은 전류가 LED를 통하여 흐르도록 하며, LED로부터 나온 빛이 광다이오드를 비추므로 저항 R_2 를 통하여 역방향 전류가 흐르게 된다. 광 다이오드 양단의 전압은

$$V_{out} = V_{ss} - i R_2 \tag{12.1}$$

와 같이 주어지며, 이는 역방향 전류의 크기에 좌우된다. 만약 LED의 전원이 변하면 LED에서 방출하는 빛의 양이 변화되어 광다이오드의 역전류를 변화시키므로 V_{out} 도 변한다. 따라서 LED에 흐르는 전류가 교류전류와 같이 변하면 V_{out} 도 교류전압처럼 변한다.

광 결합기는 입력과 출력사이의 연결이 단지 빛의 흐름으로 이루어지므로, LED 회로와 광다이오드 회로는 전기적으로 분리된다. 즉 입력과 출력회로 사이의 저항이 $10^{10}\,\Omega$ 보다도 더 크다.

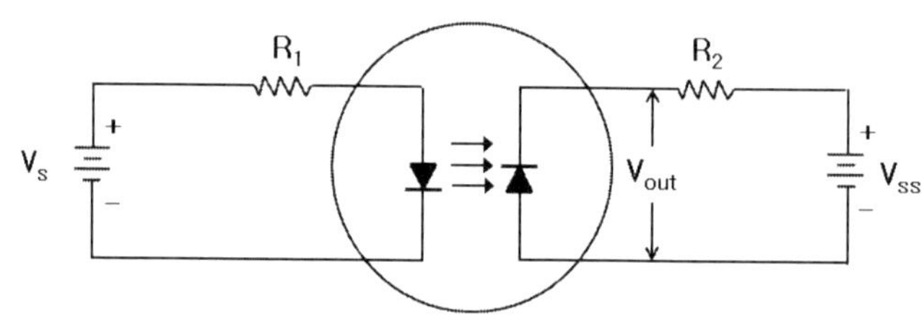

그림 12.4 광 결합기 회로

4. 실험 방법

적색 및 녹색 LED에 대한 기본실험을 수행한 후 이를 이용한 7-세그먼트 표시기의 원리를 이해하고 광다이오드 및 광 결합기에 대해서도 알아볼 것이다.

4-1. 적색 및 녹색 LED의 전기-광학적 특성

① LED의 두 단자 중 길이가 짧은 단자가 음극이다. 적색 LED를 사용하여 그림 12.5와 같은 회로를 구성하라. 전류계(A)를 이용하여 LED에 흐르는 전류를 측정하고, 전압계로 LED 양단의 전압을 측정하라.

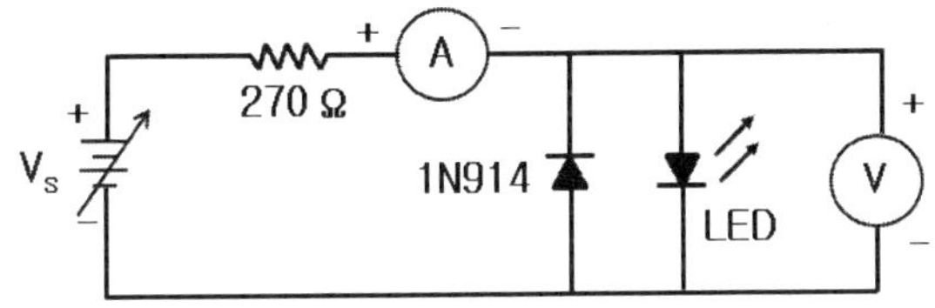

그림 12.5 LED 보호회로

그림 12.5의 회로에서 다이오드 IN914는 LED에 큰 역 방향 바이어스가 걸리는 것을 방지하기 위한 것이다.

② 전원의 전압 V_s 를 조절하여 LED에 10 mA 의 전류가 흐르도록 하고 전압계로 LED 전압을 측정하여 표 12.1에 기록한다.

표 12.1 적색 및 녹색 LED 특성

$i(mA)$	V적색 (V)	V초록(V)
10		
20		
30		
40		
50		

③ 표 12.1에 제시된 전류가 LED에 흐르도록 전원전압을 조절하고 각각의 경우에 대한 LED 전압을 측정하여 기록한다.

④ LED를 녹색 발광 다이오드로 바꾸고 위의 고정 ②, ③을 반복한다.

⑤ LED에 흐르는 전류의 세기에 따라 빛의 밝기는 어떻게 변하는가? 그 이유는?

⑥ 30 mA 의 전류가 흐르는 경우에 적색 및 녹색 다이오드 양단의 전압 강하에 차이가 있는가? 있다면 그 물리적인 이유는 무엇인가?

4-2. 발광 다이오드를 이용한 문자 표시기

7-세그먼트 표시기는 발광 다이오드를 이용한 일종의 문자 표시기이다. 이 표시기

는 7개의 LED로 결합되어 있으며(a에서 g까지), 각각의 LED는 표시될 문자의 한 부분을 형성하기 때문에 세그먼트라고 한다. 회로도는 그림 12.6(b)와 같으며, 공통단자(Vcc)에 (+)전압을 걸어준다.

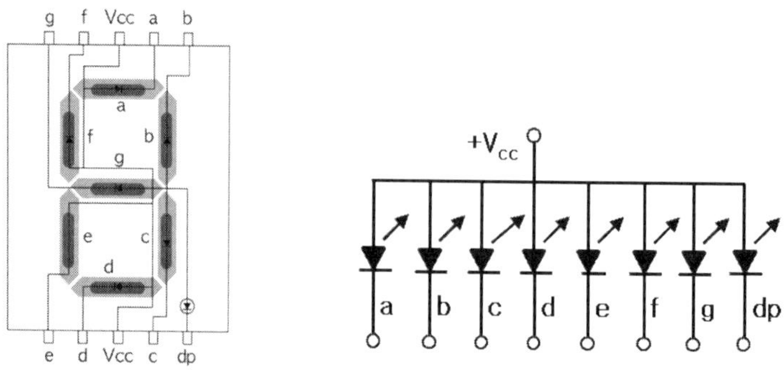

그림 12.6 (a) 7-세그먼트 표시기, (b) 회로도

양(+)의 전압이 모든 세그먼트의 양극에 가해지며, 하나 또는 여러 개의 음극이 전류 제한 저항을 통하여 접지되어 대부분의 알파벳 문자나 숫자를 표시할 수 있다. 예를 들어, a, b와 c의 음극을 접지하면 그림 12.6(a)의 표시기는 7을 나타내며, a, b, c, d와 g의 음극을 접지하면 표시기는 3이 된다.

주의 7-세그먼트 표시기는 공통단자(아래와 위쪽의 가운데 핀)에 (+)전압을 걸어줘야 작동하는 공통 양극형(common-anode type)과 공통 음극형(common-cathode type)의 2 종류가 있다. 따라서 바이어스 전압을 가해줘도 작동이 안되는 경우에는 바이어스 전압의 극을 바꾸어 가해주면 작동된다.

① 그림 12.6(a)는 오른쪽에 십진 점(RDP)이 들어있는 7-세그먼트 표시기(SND 617SR)를 나타낸 것으로 그림 12.7과 같이 연결한다.

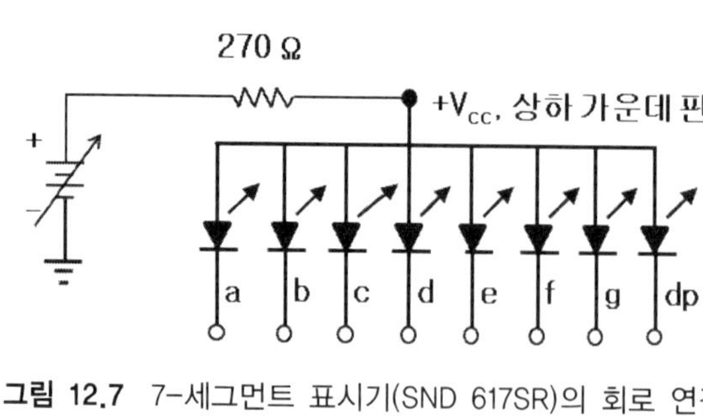

그림 12.7 7-세그먼트 표시기(SND 617SR)의 회로 연결

② 그림 12.6(a)는 SND 617SR의 회로도이며, 만약 다른 소자를 사용할 경우에는 실험 시에 제공된 핀 번호 도면을 참조한다. a, b, c의 핀을 접지시키고 회로가 정상적으로 작동하면 '7'이라는 숫자가 나타나게 된다.

③ a, b, c의 핀을 접지에서 떼어낸 후에, 표 12.2에 주어진 숫자들을 나타내기 위하여 접지시켜야 할 핀들의 번호를 표 12.2에 기록한다.

표 12.2 7-세그먼트 표시기

표시 값	접지시켜야 할 핀 들(그림 12-6(a)의 핀 번호
0	
1	
2	
3	
4	
5	
6	
7	
8	
9	
RDP(오른쪽 점)	

④ 숫자 8이 나타났다고 가정하고 +Vcc(상하 가운데 핀)핀과 접지사이의 전압강하가 1.6V라면 얼마나 많은 전류가 270Ω 저항을 통해 흐르겠는가?

⑤ 7-세그먼트 표시기가 숫자 8보다 1이 더 밝게 나타내는 이유를 설명하라.

⑥ 문자 1과 8이 같은 밝기를 가지려면 어떻게 회로를 설계해야 하는가?

4-3. 광 결합기에 의한 신호의 전달

① 서로 다른 2대의 전원장치(1대의 직류전원장치에서 2군데 바이어스의 전압을 연결하지 말 것)를 사용하여 그림 12.8(a)와 같은 회로를 구성하고, 2V로 전원

전압(V_s)을 조정한 후, 4번과 5번 양단의 출력전압을 측정하여 표 12.3에 기록한다.

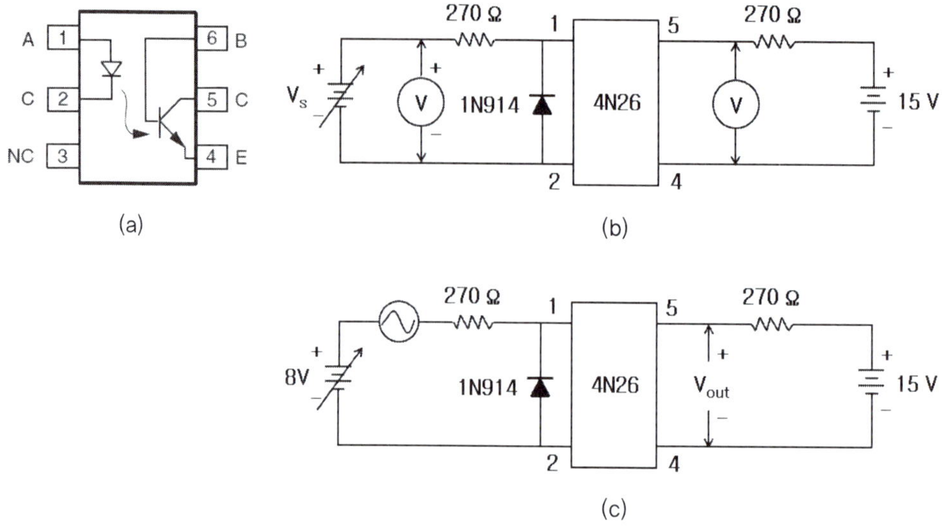

그림 12.8 (a) 4N26 내부구조, (b) 광결합기 회로 및 (c) 정현파 전원이 인가된 회로

② 표 12.3에 주어진 전원전압에 대한 위의 과정을 반복한다.

③ 표 12.3에서 얻은 데이터를 사용하여 전원전압을 세로축으로, 출력전압을 가로축으로 하는 그래프를 그리고 이들의 물리적 의미를 논의한다.

④ 전원전압을 교류전압(또는 직사각형모양의 전압)으로 바꾼 후에 출력전압의 모양을 관측한다. 이때에 전원전압과 출력전압을 오실로스코프로 측정하여 서로간의 위상차를 관찰한다. 또한 전원전압의 주파수를 변화시키면서 출력전압의 모양을 관찰한다.

⑤ 그림 12.8에서 1N914 다이오드는 왜 사용하였는가?

⑥ 그림 12.8(b)에서 V_{p-p}가 4V인 정현파 전원이라면, 출력전압(V_{out})은 어떤 형태인지를 기술하라.

⑦ 표 12.3에서 주어진 결과를 그래프 12.1에 그린다.

표 12.3 광 결합기

전원 전압(Vs)	출력 전압 (Vout)
2	
4	
6	
8	
10	
12	
14	

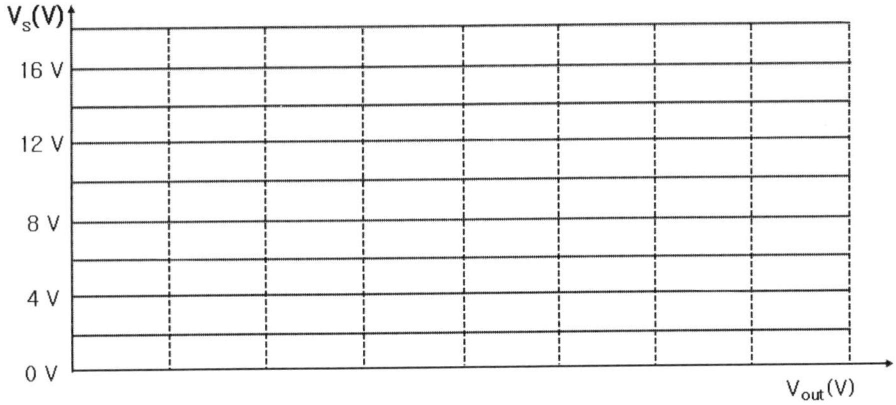

그래프 12.1 광결합기 특성

⑧ 그림 12.9는 직사각형 펄스 형태의 입력전압(V_{in})에 따른 출력파형(V_{out})을 나타낸 것으로 입력과 출력신호를 동시에 측정하면 광 결합기의 시간에 따른 반응특성을 알 수 있다. 따라서 실험에서 사용된 광결합기의 시간에 따른 반응곡선을 측정하여 그래프로 표현하라.

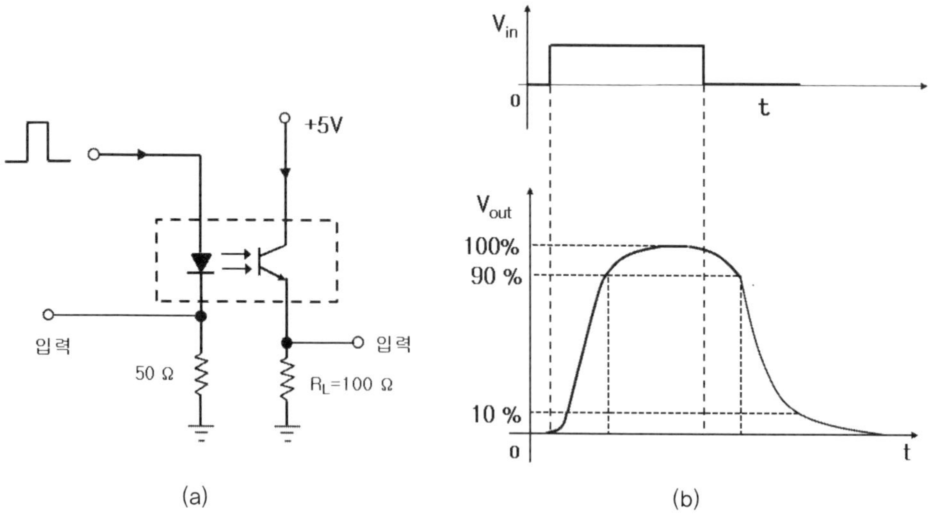

그림 12.9 (a) 광 결합기 (b) 광결합기의 반응특성

5. 참고자료

[1] 기초 전자회로 실험, 제 7판, Zbar, Malvino, Miller, 역자 어갑용 외, 대영사, 1997.

[2] https://www.vishay.com/docs/83725/4n25.pdf.

[3] http://www.vishay.com/docs/81864/4n25x000.pdf.

실험 13 온도에 따른 물체의 저항 측정

1. 실험 목적

물체의 저항이 온도에 따라서 변한다는 사실을 실험을 통하여 측정하고 이해한다.

2. 실험 준비물

- 에나멜선(약 30 m)
- 나무막대
- 액체질소
- 저항측정기 또는 멀티미터
- 장갑
- 보호안경

3. 기초 이론

물질을 구성하고 있는 원자 또는 분자들은 항상 진동운동을 하는데 얼마나 많이 진동하고 움직이는 가는 온도에 의존한다. 높은 온도에서 원자들은 실온에 있을 때보다도 더 격렬하게 진동을 하게 된다. 반면에 온도가 낮아지면 진동운동을 덜하게 된다. 구리와 같은 도체의 경우에, 이러한 진동은 전류가 물질 내에서 흐를 때 전자들의 흐름을 방해하는 저항을 불러 일으키게 된다. 이러한 진동이 심해질수록 전자들이 물질 속을 통과하기는 더 힘들어진다. 구리선을 나무막대에 코일형태로 감은 후에, 액체질소 속에 넣으면, 코일의 저항이 감소하게 된다. 즉, 구리를 구성하고 있는 원자들은 낮은 온도에서 훨씬 덜 진동을 하게 되므로, 구리 금속내부를 통하여 흐르는 전자들에 대한 저항은 감소하게 된다.

4. 실험 방법

① 에나멜선의 양끝을 디지털멀티미터에 연결하기에 충분하도록 남겨놓고 나무막대의 한쪽 끝 부분에 집중하여 감는다.

② 디지털 멀티미터를 전선의 양 끝에 연결하고, 실온에서 저항을 측정한다. 이때에 디지털 멀티미터에 연결되는 부분의 에나멜선 피복을 라이터 또는 칼을 사용하여 벗겨준다.

③ 막대의 한쪽 끝에 감은 코일을 액체질소에 넣으면서 저항의 변화를 관찰한다.

④ 액체질소에 넣었던 코일을 공기 중으로 꺼내면서 저항의 증가를 관찰한다.

⑤ 위에서 관찰한 과정 ② ~④에서 값들을 Labview 프로그램을 이용하여 측정, 저장한 다음에 분석한다.

주의 1. 액체질소가 피부에 직접 닿지 않도록 주의하고, 안전을 위하여 보호안경과 극저온에서 사용이 가능한 장갑을 사용한다.
2. 실험과 관련된 동영상은 참고자료 1을 참조하기 바란다.

5. 참고자료

[1] http://www.ap.smu.ca/demos/index.php?option=com_content&view=article&id=178&Itemid=78.

실험 14

랩뷰를 이용한 RC-직렬회로에서의 충전 및 방전

1. 실험 목적

저항과 축전기를 포함하는 회로에서 회로에 흐르는 전류는 일정하지 않고 시간에 따라 변하게 되는 데, 카메라 플래쉬의 경우에 축전지에 저장된 에너지를 짧은 시간에 전구를 통해서 방전시킴으로서 짧은 시간 동안만 빛을 발생하게 된다. RC회로에 DC전압을 가하여 축전기에서의 충전과 방전을 관찰하면서, 이를 통하여 축전기의 용량과 저항의 크기가 충전시간과 방전시간에 어떠한 영향을 미치는지 알아본다.

2. 실험 준비물

- 탄소저항 1/4 W 0.3kΩ, 3kΩ, 10kΩ : 각 1개
- 축전기 100μF, 1000μF : 각 1개
- DC 5V 전원 공급 장치
- 컴퓨터, USB-6009 및 연결 케이블
- 축전기, 저항, 스위치를 연결할 회로기판 1개

3. 기초 이론

3-1. 축전기

전기에너지를 저장하는 기능을 하며, 직류를 차단하고 교류를 통과시키려는 목적에도 사용된다. 1볼트의 전압이 걸렸을 때 1C에 해당하는 전하량이 충전되면 그때의 용량을 $1F$이라고 하며 1C의 전하량은 1A의 전류가 1초 동안 운반하는 전기량이다. 일반적으로 $1F$라는 단위는 매우 크고, 일반적으로 축전기에 저장되는 전기용량은 매우 작기 때문에 $pF(10-12F)$ 또는 $1\mu F(10-6F)$의 단위를 사용한다.

(1) 축전기의 구조

① 2장의 금속판이 일정한 간격으로 분리되어 있는 구조로 되어 있다.

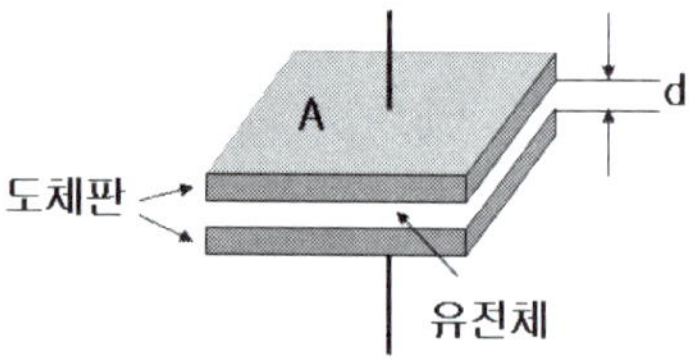

그림 14.1 축전기의 구조

② 두개의 금속판이 서로 닿지 않도록 평행하게 놓았을 때 외부에서 전원을 연결하여 회로를 구성하면, 2개의 극판에는 전자들의 이동에 의해 음(-)과 양(+)의 전극으로 대전상태(전하들이 모여 있는 상태)가 된다. 극판이 대전되면 전원의 회로를 끊어도 대전된 상태로 남아 있게 되는데 이러한 현상은 전하들이 저장되었음을 의미하며 이러한 상태를 충전상태라고 한다.

(2) 축전지의 종류

슈퍼 커패시터, 알루미늄 전해콘덴서, 탄탈 전해콘덴서, 세라믹 콘덴서, 적층 세라믹 콘덴서, 스티롤 콘덴서, 폴리에스테르 필름 콘덴서, 폴리프로필렌 콘덴서, 마이카 콘덴서, 폴리에스테르 필름 콘덴서, 가변용량 콘덴서 등이 있다.

(3) 저항과 축전지로 구성된 회로에서 충·방전 전류 및 전압의 시간적 변화

축전기와 저항이 직렬로 연결되어 있는 회로에 흐르는 전류 또는 축전기 양단사이의 전압특성에 대하여 알아보자. 저항과 축전기는 선형소자이며 전류와 전압사이의 관계는 선형미분을 포함하므로, 이들이 포함된 회로에 키르히호프(Kirchhoff) 법칙을 적용하면 선형 미분 방정식을 얻게 된다.

(4) 축전지의 충전

그림 14.2와 같은 회로에 대하여 키르히호프 제 1법칙을 적용하면, 식 (14.1)이 얻어진다.

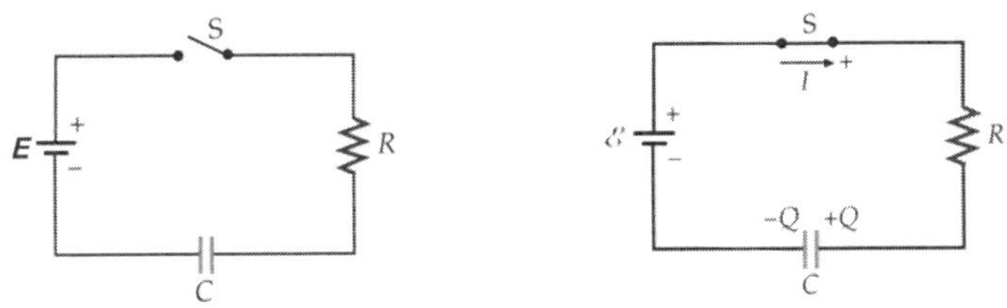

그림 14.2 축전기의 충전

$$E = iR + \frac{q}{C} \tag{14.1}$$

식 (14.1)의 양변을 시간 t로 미분하면,

$$0 = R\frac{di}{dt} + \frac{1}{C}\frac{dq}{dt}$$

$$\Rightarrow \frac{di}{dt} + \frac{1}{RC}i = 0$$

$$\Rightarrow \frac{di}{i} = -\frac{1}{RC}dt \tag{14.2}$$

식 (14.2)의 양변을 적분하면,

$$i = Ae^{-\frac{t}{RC}} \tag{14.3}$$

와 같이 된다. $t \to 0$일 때 회로에 흐르는 전류(i)는 $i = E/R$이므로 스위치가 연결된 후, 임의의 시각 t인 순간에 회로에 흐르는 전류 $i(t)$

$$i(t) = \frac{E}{R}e^{-\frac{t}{RC}} \tag{14.4}$$

와 같이 표현된다. 식 (14.4)를 이용하여 축전지의 두 금속판에 저장되는 전하량에 대한 표현식을 구해보면 다음과 같다.

$$i(t) = \frac{dq}{dt} = \frac{E}{R}e^{-\frac{t}{RC}} \Rightarrow dq = \frac{E}{R}e^{-\frac{t}{RC}}dt \Rightarrow \int_0^q dq = \frac{E}{R}\int_0^t e^{-\frac{t}{RC}}dt$$

$$\Rightarrow q(t) = \frac{E}{R}(RC)(e^{-\frac{t}{RC}} - 1) = CE(e^{-\frac{t}{RC}} - 1) \qquad (14.5)$$

한편, 축전기 양단의 전압에 대한 표현식을 구해보면 다음과 같다.

$$V_C = E(1 - e^{-\frac{t}{RC}}) \quad \text{(RC는 시상수)} \qquad (14-6)$$

따라서 스위치를 연결한 다음에 t가 무한대로 증가하면 $V_c = E$가 되어 전지의 기전력과 같아진다는 것을 알 수 있다. 식(14.4, 5, 6)을 그래프로 나타내면 그림 14.3과 같다.

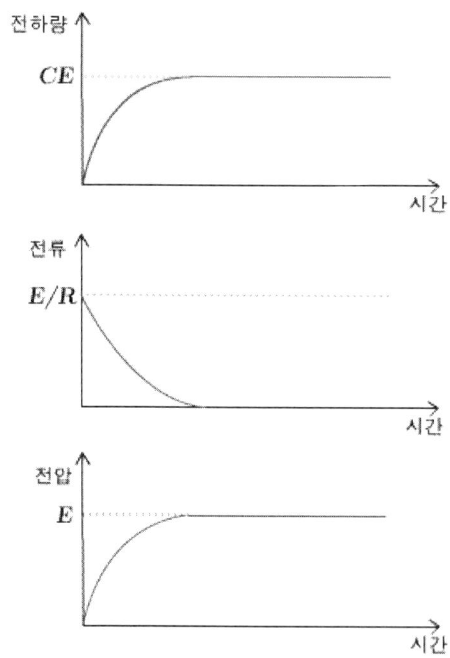

그림 14.3 시간에 따라 축전기에 저장된 전하량, 회로에 흐른 전류 및 축전기 양단에 걸리는 전압

(5) 축전기의 방전

그림 14.4와 같은 회로에 대해서 생각하여 보자.

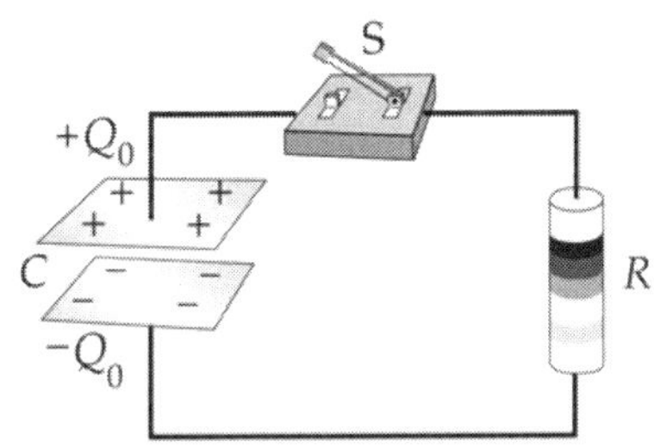

그림 14.4 축전지의 방전

그림 14.4에서 축전기 양단의 전위차(V_0)는 $V_0 = Q_0/C$로 주어진다. 스위치를 연결하는 $t=0$순간에 회로에 흐르는 초기전류(i_o)는 $i_0 = V_0/R = Q_0/RC$이 된다. 스위치를 연결한 후, t초인 순간에 회로에 흐르는 전류($i(t)$)는 $i(t) = -dQ(t)/dt$와 같다. 여기서 (-)부호를 붙인 이유는 시간에 따라서 전하가 감소하기 때문이다. 그림 14.4의 회로에 키르히호프 법칙을 적용하면,

$$\frac{Q}{C} - Ri = 0 \Rightarrow \frac{Q}{C} + R\frac{dQ}{dt} = 0 \Rightarrow \frac{dQ}{dt} = -\frac{1}{RC}Q$$

$$\Rightarrow \frac{dQ}{Q} = -\frac{1}{RC}dt \Rightarrow \int_{Q_0}^{Q}\frac{dQ}{Q} = -\int_0^t \frac{dt}{RC}$$

$$\Rightarrow \ln\frac{Q}{Q_0} = -\frac{t}{RC} \Rightarrow Q(t) = Q_0 e^{-\frac{t}{RC}} = Q_0 e^{-\frac{t}{\tau}} \tag{14.4}$$

와 같이 표현된다. 여기서 $\tau = RC$를 시상수라고 하며, 초기 값이 $1/e$로 감소하는데 걸린 시간을 의미한다. 회로에 흐르는 전류는 $i(t) = -\frac{dQ}{dt} = \frac{d}{dt}(Q_0 e^{-t/RC}) = \frac{Q_0}{RC}e^{-t/\tau} = I_0 e^{-t/\tau}$가 되어 전류의 세기는 점점 감소한다는 것을 알 수 있다.

4. 실험 방법

① 그림 14.5처럼 축전기, 저항, 스위치, DC-5V 전원장치를 연결한다.

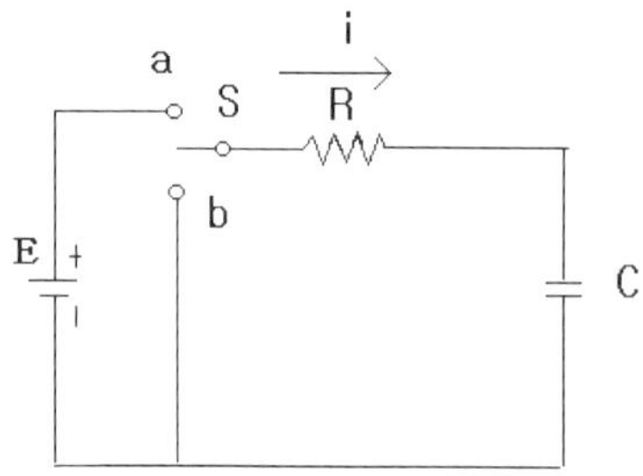

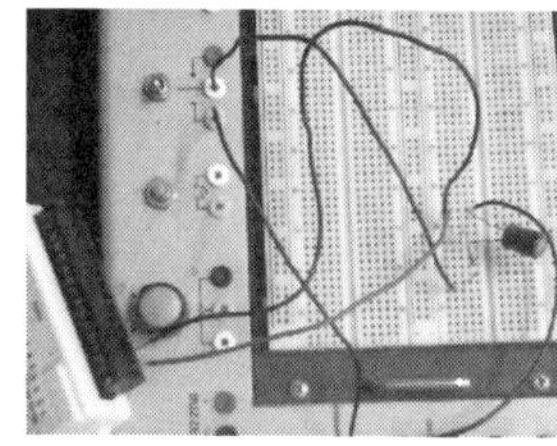

그림 14.5 RC로 구성된 회로

② 스위치 S를 a와 b의 어느 쪽에도 연결하지 않고 축전기의 양단에 전압을 측정하여 축전기에 저장된 전하가 없는지를 확인한다. (전압이 측정되면 저장된 전하가 있으므로 완전 방전시킨다.)

③ 축전기 양단을 USB-6009에 연결한 후, USB와 컴퓨터를 연결한다.

④ 컴퓨터에 설치된 LabView 프로그램을 실행시키고 전압측정을 준비한다.

⑤ 전원장치의 전원을 켜고 스위치를 a에 연결시킨다.

⑥ 스위치를 a에 연결시키는 순간부터 LabView 프로그램으로 축전기 양단의 전압을 측정하여서 충전과정을 관찰하고 데이터를 저장한다.

⑦ 완전충전이 되어서 전압의 변화가 없으면 스위치를 a에서 b로 연결하고 ⑥에서와 같이 전압의 변화를 관찰하고 데이터를 저장한다.

⑧ 위의 실험을 저항의 크기와 축전기의 용량을 변화시키면서 실험을 반복하여 데이터를 저장한다.

⑨ 저장된 데이터를 바탕으로 저항의 크기와 축전기 용량이 충전시간과 방전시간에 어떠한 영향을 주는지 비교한다.

⑩ 측정 데이터를 이용하여 그래프를 그리고 이론값과 어떠한 차이가 있는지 알아본다.

5. 실험 결과

5-1. 저항 값에 따른 축전기의 충전

시간	0.3kΩ	3kΩ	10kΩ	시간	0.3kΩ	3kΩ	10kΩ

5-2. 저항 값에 따른 축전기의 방전

시간	0.3kΩ	3kΩ	10kΩ	시간	0.3kΩ	3kΩ	10kΩ

5-3. 저항 값에 따른 축전기의 충방전에 대한 실험 결과와 이론값의 비교

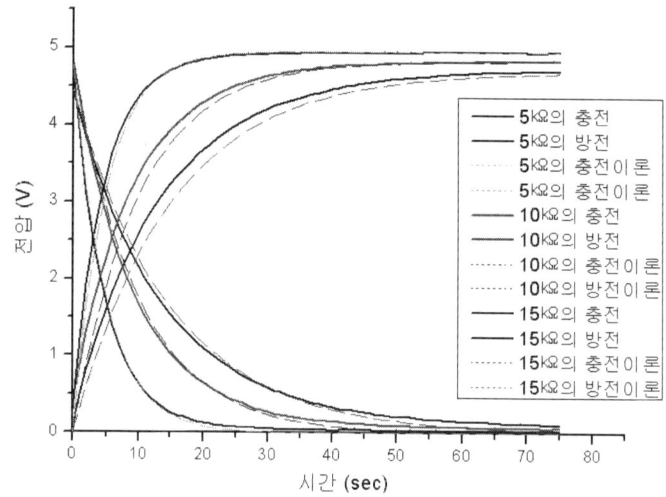

그림 14.6 실험값과 이론값의 비교 그래프

실험 데이터와 이론값을 비교한다. 여기서 이론값의 그래프는 $V_C = V_0(1-e^{-\frac{t}{RC}})$에 입력전압과 저항의 크기, 축전기의 용량 값을 입력하여 나타낸 그래프이다.

6. 참고자료

다음은 실험측정 때 이용한 랩뷰프로그램이다.

(1) 프로그램 1

① DAQ Assistant를 USB-6009에 맞게 설정한다.

② 메모장으로 읽어 저장된 데이터를 확인한다.

③ 오리진으로 읽으면 잘 읽어지며 저장된 데이터를 오리진 프로그램을 사용하여 정리 및 그래프로 나타낸다.

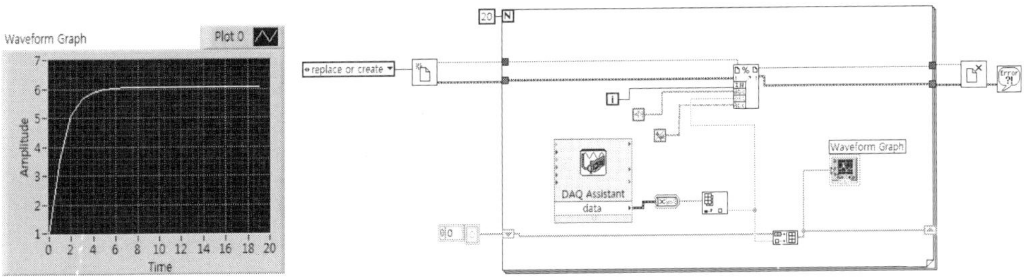

그림 14.7 1개의 저항이 연결된 축전기의 충전과 방전실험

(2) 프로그램 2 : 서로 다른 크기의 저항에 따른 축전기의 충전 및 방전

① DAQ Assistant를 USB-6009에 맞게 설정한다.

② 메모장으로 읽어 저장된 데이터를 확인한다.

③ 저장된 데이터를 오리진 등의 프로그램으로 불러내어 정리하고, 결과를 그래프로 나타낸다.

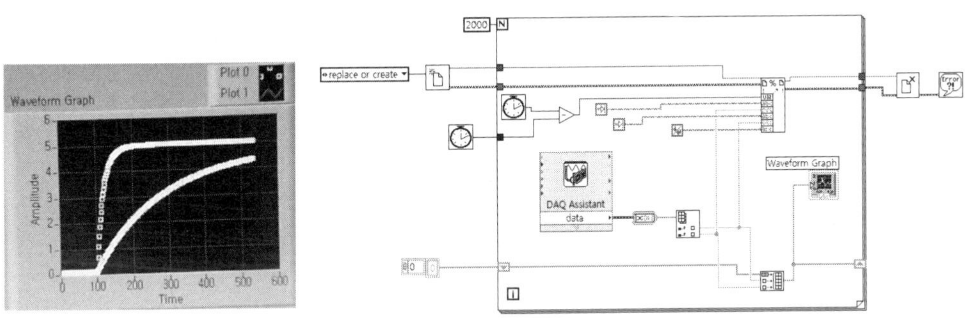

그림 14.8 2개의 저항이 연결된 축전기의 충전과 방전실험

실 험
15

랩뷰와 온도센서를 이용한 온도측정

1. 실험 목적

온도란 에너지 상태를 나타내는 하나의 지표로서 물체내부에서의 분자운동 에너지로 설명된다. 온도는 질량, 길이, 시간과 같이 매우 중요한 물리량이다. 온도에 따른 물질의 변화는 많으며 이러한 물질의 변화를 적절히 이용하면 온도를 측정할 수 있다.

본 실험에서는 열전대와 같은 온도센서의 특성과 작동원리를 이해하고, 다양한 온도센서를 이용하여 온도를 자동으로 측정하고 응용할 수 있는 능력을 기른다. 또한 온도에 따라 저항이 변하는 온도센서를 이용하여 온도를 측정하기 위한 회로에 대해 이해하는 동시에 컴퓨터를 이용하여 온도 측정실험을 하면서 자료의 저장과 표시 그리고 분석에 LabVIEW 프로그램을 사용하는 방법을 익힌다.

2. 실험 준비물

실험 1. 열전쌍(thermocouple)을 이용한 온도측정

열전쌍은 0K 근처와 2000K 이상의 온도범위까지의 온도를 측정하는 데 사용된다. 본 실험에서는 물이 어는점보다 훨씬 낮은 온도와 물이 끓는 온도보다 훨씬 높은 온도를 측정하는 회로를 구성하고 측정하는 방법을 알아보고자 한다. 열전쌍은 철-콘스탄탄, 크롬웰-알루멜 또는 기타 유형들이 사용하기에 편리하게 다양한 모양으로 제작되고 있으며, 실험자 스스로 만들어 사용할 수 있다. 따라서 사용되는 열전쌍을 실험 온도범위 내에서 보정하여 사용하면 정확한 온도를 측정할 수 있다.

- ± 15V 또는 ± 12V VDC 직류전원장치
- 디지털 멀티미터
- 열전쌍 (철-콘스탄탄 또는 임의의 열전쌍) : 2개
- IC 741연산증폭기 : 1개
- 100 $k\Omega$ 1/4 W ±5% 탄소저항 : 2개
- 10 $k\Omega$ 1/4 W ±5% 탄소저항 : 1개
- 1 $k\Omega$ 1/4 W ±5% 탄소저항 : 2개
- 50 $k\Omega$ 가변저항 : 1개
- 물과 얼음이 담긴 그릇
- 물을 데울 수 있는 알코올램프 또는 핫플레이트

실험 2. 오옴의 법칙을 이용한 온도측정

- DAQ USB-6009
- 1 $k\Omega$ 탄소저항
- 온도센서(서미스터)
- 핫플레이트
- 9 V 건전지, 비커, 온도계

3. 기초 이론

그림 15.1과 같이 서로 다른 두 종류의 금속을 결합하여 폐회로를 만들고 두 접촉점 간에 온도차를 주면 이 폐회로에 열기전력이 생겨 전류가 흐르게 되는데, 이러한 한 쌍의 금속을 열전대라 한다. 폐회로에 생기는 열기전력의 크기는 금속의 종류, 두 접촉점간의 온도차에 의존하며, 접촉면적과는 무관하다.

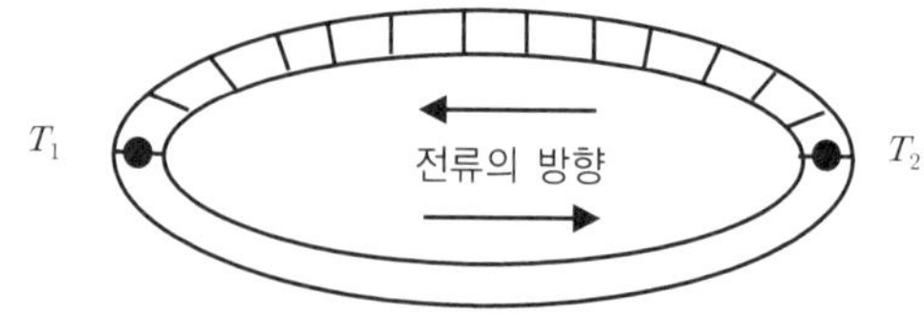

그림 15.1 $T_2 > T_1$ 인 경우에 구리-콘스탄탄 열전대에서의 전류의 흐름

그림 15.1에서 $T_2 > T_1$ 인 경우, 온도가 T_2 인 점을 기준으로 구리→철, 콘스탄탄→구리, 콘스탄탄→철, 콘스탄탄→니켈, 백금→백금 토륨, 콘스탄탄→망간의 방향으로 전류가 흐른다. 한편, 열기전력은 다음의 두 법칙에 따른다.

① 중간 온도의 법칙

두 접촉점의 온도가 각각 T_1, T_2 인 경우에 생기는 열기전력을 V_{12} 라 하고, T_2, T_3 인 경우에 생기는 열기전력을 V_{23} 라 하면

$$V_{12} + V_{23} = V_{13} \tag{15.1}$$

이 된다. 여기서 V_{13} 은 접촉점의 온도가 T_1, T_3 일 때의 열기전력이 되며, 이러한 관계를 중간 온도의 법칙이라 한다.

② 중간물질의 법칙

접촉점의 온도를 일정하게 유지한 경우, 기준 금속 B와 다른 금속 A와 C 사이의 열기전력을 각각 V_{AB}, V_{CB} 라 할 때

$$V_{AB} + V_{BC} = V_{AC} \tag{15.2}$$

의 관계가 성립하는데 이를 중간물질의 법칙이라 한다.

그림 15.1에서 두 접촉점의 온도차가 "0"인 경우에는 각 접촉점에서의 전위차가 같아져 폐회로에는 열기전력이 생기지 않는다. 그러나 온도 T_1 과 T_2 사이에 미소한 온도차 $\Delta T = T_2 - T_1$ 가 있고, 이로 인해서 폐회로에 열기전력 ΔV 가 형성되었다면, 이

들 사이에는 $\Delta V = Q\Delta T$의 관계가 성립한다. 여기서 Q는 열전능(thermo electric power)이라고 하며, 물질의 종류와 온도에 따라 결정되고 1℃에 대한 μV로 표시한다. 따라서 접촉점의 온도가 각각 T_1, T_2 일 때 열기전력 V는

$$V = \int_{T_1}^{T_2} Q dT \ [\mu V] \tag{15.3}$$

의 관계가 성립한다. 일반적으로 Q는 온도에 따라 선형적으로 변화하므로 위 식은

$$V = \int_{T_1}^{T_2} Q dT = a(T_2 - T_1) + \frac{1}{2} b(T_2^2 - T_1^2) \ [\mu V] \tag{15.4}$$

의 관계를 만족한다. 여기서 a, b는 열전대를 만드는 금속에 대한 열전 상수(thermo electric constant)로 금속의 종류에 따라 다르다. 이러한 열전대는 온도계로 사용이 가능하며, 구리-콘스탄탄(Copper-Constantan) 열전대는 -200 ~ 400℃, 철-콘스탄탄(Iron-Constantan) 열전대는 -190 ~ 760℃, 크로멜-알루멜(Chromel-Alumel)열전대는 -190 ~ 1,370℃, 백금-13% 로듐 백금(Platinum-13% Rhodium Platinum) 열전대는 0 ~ 1,700℃영역의 온도 측정이 가능하다. 또 $T_1 = 0$ ℃, $T_2 = t$ ℃인 경우, 온도에 따른 열기전력 및 물리적인 특성은 아래와 같다.

(1) 구리-콘스탄탄 (T-형)

t [℃]	20	60	100	140	180	200	300	390
V [mV]	0.790	2.468	4.279	6.206	8.237	9.288	14.862	20.255

(2) 크로멜-알루멜 (K-형)

t [℃]	100	200	300	400	500	700	900	1,100
V [mV]	4.096	8.138	12.209	16.397	20.644	29.129	37.326	45.119

(3) 백금-13% 로듐 백금(R-형)

t [℃]	100	200	300	400	500	700	900	1,100
V [mV]	0.647	1.469	2.401	3.408	4.471	6.743	7.950	11.850

(4) 대표적인 열전대의 물리적 특성

열전대	성분(%)	극성	비저항$\times 10^{-8}$ $[\Omega m]$	융점 [℃]
구리-콘스탄탄	Cu	+	1.69	1,081
	Cu 55, Ni : 45	−	49	1,190
크로멜-알루멜	Ni : 90, Cr : 10	+	69	1,430
	Ni:94, Al:3, Mn:2, Si:1	−	29	
백금-백금 로듐	Pt	+	10.6	1,756
	Pt : 87, Rh : 13	−	19.0	1,840

3-1. 측정방법에 따른 온도 센서의 분류

(1) 접촉 온도 센서

- 측정하고자 하는 물체 또는 환경에 직접 온도센서를 접촉시켜 측정한다.
- 측정물의 크기: 측정하고자 하는 물체의 온도가 센서에 의해 변할 수 있고 작은 물체의 측정이 어려움
- 응답속도: 고속으로 움직이는 물체에 부적합
- 측정상태: 접촉상태에서 측정가능
- 온도범위: 2000℃정도
- 수명: 일반적으로 짧다

(2) 비접촉 온도 센서

- 측정하고자 하는 물체에서 방사되는 적외선을 떨어진 장소에서 측정
- 측정물의 크기: 작은 물체도 측정가능
- 응답속도: 고속으로 움직이는 물체도 측정 가능
- 측정상태: 원거리 측정가능
- 측온점: 표면온도
- 온도범위: 고온측정가능
- 수명: 길다

(3) 온도 센서의 방식

온도센서에는 팽창, 압력, 저항, 열전기, 열반사를 이용한 방식의 여러 가지 센서들이 있다.

- 압력식 온도계: 온도 변화에 따라 압력이 변화하는 성질을 이용한 온도계로서 밀폐된 관내에 미리 압축된 액체나 기체를 채우고 한쪽 끝에 압력계를 설치하여 온도 변화에 따라 압력 변화가 발생하면 이를 압력계로 읽어 온도를 측정한다.

- 열전대식 온도계 : 보통 열전대는 이중 금속선을 연결시키고 한쪽 접점을 온도를 측정하고자 하는 곳에 위치하고 다른 쪽 접점 사이에 전위계를 설치하여 열접점과 냄접점 사이의 온도 차이에 의해 발생하는 전위차를 측정한다. 열전대에서 주의할 점은 열접점의 절대적인 온도를 측정하는 것이 아니라 냉접점과의 온도차이를 측정한다는 점이다. 따라서 냉접점의 온도를 알고 있어야 열접점의 온도를 알 수 있다.

- 열저항식 온도계: 온도가 변화함에 따라 전도체의 전기저항이 변한다. 이러한 저항의 변화를 이용하는 것이 열 저항식 온도계이다. 열저항식 온도계를 RTD (Resistance Temperature Detector)라는 총칭으로 부르며 구리, 백금, 은 등이 있다. 최근에는 온도가 상승함에 따라 저항이 감소하는 음의 저항 계수를 갖는 반도체 재료를 이용하여 온도센서를 만들어 사용하는데 코발트, 망간, 니켈 산화물의 결합체로서 더미스터(Thermister)라고 부른다.

① 저항 온도계

백금이나 니켈, 은으로 만든 가는 선을 이용하여 온도 변화에 따른 도선의 전기저항을 측정하여 온도를 측정한다.

② 더미스터(Thermister)

서미스터란 열에 민감한 저항체라는 의미로 온도변화에 따라 저항값이 극단적으로 크게 변하는 반도체이다. 사용 온도범위가 -100~350℃로 일상적인 온도조절을 필요로 하는 곳에 응용되며, 고유저항이 100 ~ 450,000 Ω/cm을 갖는 망간, 니켈, 코발트 산화물의 형태로 이루어져 있다. 더미스터는 세라믹스 재료로 저항온도계보다 민감하게 저항의 변화가 발생한다. 더미스터는 도선의 형태로 만들어질 필요가 없으며 형태가 매우 다양하다. 또한 소형으로 값이 저렴하고 고감도이므로 가전기기나 산업기기의 온도센서 및 온도보상용으로 사용되고 있다.

- 마이크로 비드형 더미스터: 동식물의 실험용으로 사용, 유리관에 봉입하여 피복 등의 응용을 통해 사용
- 디스크형 더미스터: 100도 이하의 비교적 정형 온도 보상 소자로 사용
- 칩 더미스터: 전자회로에 내장하여 온도 보상용 부품으로 사용
- 후막식 더미스터: 온도 검출용 소자 구성

온도 센서의 특성

유형	원리	특징	동작모드	종류
열형	적외선 흡수에 따른 소자의 온도 변화를 감지	감도의 파장 의존성이 없다 냉각이 불필요, 낮은 가격, 낮은 감도, 저속 응답 속도	도전형 기전형 초전형	서미스터 볼로메터 서모파일 TGS, ZT, $LiTaO_3$
양자형	반도체의 광전효과를 이용하여 온도를 측정	감도에 파장 의존성이 있다 고감도, 고속응답, 냉각이 필요, 가격이 비싸다.	도전형 기전형 전자형	PbS, PbSe HgCdTe, PbSnTe, GeAu InAs, InSb, PbSnTe, HgCdTe

(4) 온도 센서의 보정

온도 측정에 어떤 방법을 사용하더라도 오랜 시간 동안 변함없이 특성을 유지하는 온도센서나 제조사에서 공급된 센서의 균일도가 모두 같은 센서는 없다. 따라서 정확한 온도 측정을 위해서 어떤 온도 센서라도 반드시 보정작업을 거쳐야 된다. 더미스터의 경우에는 재질의 변화가 크지는 않지만 높은 온도에 장시간 노출되면 재료의 변화가 예상되므로 측정오류가 발생할 여지가 있다. 보정은 이미 알고 있는 온도를 이용하는데 가장 신뢰성 있는 온도는 물질에 따라 변하지 않는 고유온도이다. 정밀한 보정을 위해서 특정 물질을 넣어서 열을 가한 다음 해당 물질의 용융점을 측정하도록 되어 있는 보정기가 사용된다.

4. 실험 방법(열전쌍을 이용한 온도측정)

4-1. 구리-콘스탄탄 열전대의 용접

① 열전대 끝의 피복을 벗기고 (+)와 (-)를 꼬아서 플럭스를 바른다. 이때에 플럭스는 시판 중인 HA-FLUX를 물에 녹여 사용한다.

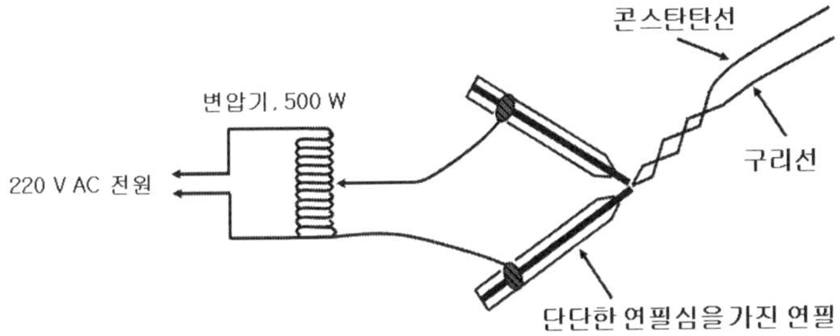

그림 15.2 열전대 제작을 위한 간이형 전기용접기

② 플럭스를 바른 후에 그림 15.2와 같은 전기 용접 장치를 이용하여 양 끝 부분을 용접한다. 이때에 변압기의 출력 단자와 연필심 사이의 접촉이 잘 되었는 지를 확인한다. 두 연필심의 끝을 가까이 가져가 전기 스파크가 잘 일어나도록 변압기의 출력을 알맞게 조절한다. 용접시에 발생하는 빛에 의한 피해를 줄이기 위해는 시력 보호안경을 착용하거나 눈을 용접 부분에서 멀리 한다.

③ 용접 부분이 공 모양으로 둥글고 깨끗하게 용접이 되었나를 확인한다.

4-2. 열전대의 열기전력과 온도 특성 측정

① 물을 넣은 비커, 얼음을 넣은 비커, 디지털 멀티미타를 그림 15.3과 같이 연결하되 변압기의 출력전압을 조절하여 실리콘 오일의 온도가 표 15.1에 표시된 T_2 가 되도록 한다.

② 물이 들어있는 비커를 잘 휘저어서 비커의 어느 위치에서나 온도가 일정하게 한다. 또한 얼음조각이 들어있는 비커 내의 물의 온도(T_1)도 온도계를 사용하여 측정한다.

③ 물의 온도가 $T_2 = 20$ ℃일 때, 직류 전압계로 전압을 측정하여 표 15.1에 기록한다.

④ $Q = \frac{\Delta V}{\Delta T}\,[V/^{o}C]$을 이용하여 구리-콘스탄탄 열전대의 열전능을 구한다.

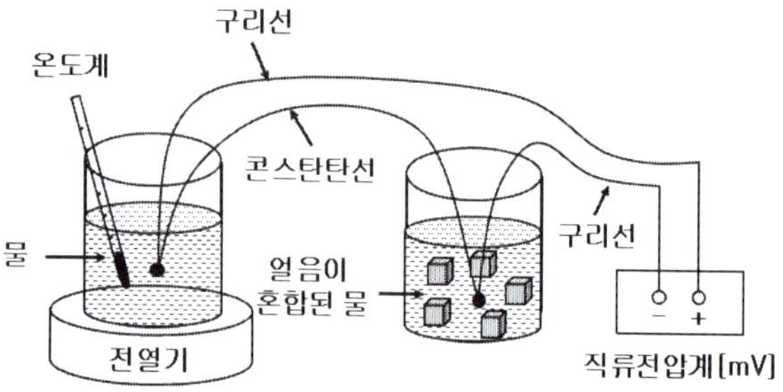

그림 15.3 열전대를 이용한 온도 특성 측정 회로

⑤ 물의 온도 T_2 가 표 15.1과 같을 때 실험 ①-④의 과정을 반복하여 표 15.1에 기록한다.

⑥ 표 15.1의 측정결과를 이용하여 x-축을 온도차 ΔT, y-축을 열기전력 mV로 하는 $\Delta T - V$ 그래프를 그린다.

⑦ 표 15.1의 측정결과를 이용하여 x-축을 온도차 ΔT, y-축을 열전능 $V/^{o}C$로 하는 $\Delta T - Q$ 그래프를 그린다.

표 15.1 구리-콘스탄탄 열전대의 열기전력 및 온도 특성 측정

온도 [℃]		온도차	열기전력	열전능 [Q]	비 고
T_1	T_2	$\Delta T = T_2 - T_1$	$[mV]$	$V/^{o}C$	
0 [℃]로 일정함	20				
	40				
	60				
	80				
	100				
	120				
	140				
	160				
	200				

4-3. 열전쌍을 이용한 온도측정

① 그림 15.4에서와 같이 회로를 구성하되, 사용하는 열전대는 철-콘스탄탄(iron-constantan) 유형이다. 접촉점 J1의 콘스탄탄 전선은 J2의 콘스탄탄 전선에 연결해야 한다. 모든 유형의 열전대를 사용할 수 있지만 같은 유형의 열전대를 사용해야 하고, 같은 종류의 금속을 서로 연결하여 사용해야 한다. 같은 종류의 두 전선을 연결 시에는 서로 꼬아서 연결한 후, 용접으로 연결을 확실하게 한다. 각 금속선의 길이는 실험 시에 발생할 수도 있는 각종 노이즈를 최소화하기 위해 가능한 짧게 유지해야 한다. 만약 전기적으로 노이즈가 많은 실험환경이라면, 용량이 5~10 ㎌인 축전지를 저항 R1의 왼쪽 끝과 접지를 연결하면 실험 시에 발생되는 노이즈를 제거할 수 있다. 노이즈가 발생되는 지를 알아보는 가장 좋은 방법은 전원을 가해준 후에, 오실로스코프를 사용하여 증폭기의 출력을 관찰하는 방법이다.

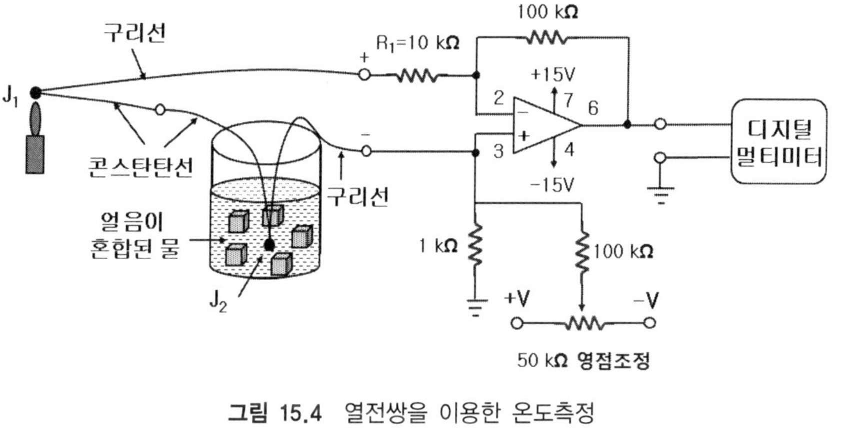

그림 15.4 열전쌍을 이용한 온도측정

② 물과 얼음을 함께 넣은 용기에 두 열전대를 넣고 회로에 전원을 공급한다. 이 경우에 두 열전대 사이에 온도차가 "0"이므로 열전대에 의해 생성된 전압은 "0"이 된다. 그림 15.4에서와 같이 증폭기의 출력단자에 전압계를 연결한 후, 영점조절(null control)을 반복하여 수차례 조정한다. 음(-)의 전압이 발생되면 이를 작은 양(+)의 전압이 나오도록 조정이 가능해야 한다. (입력신호 전압이 "0"일 때 연산증폭기의 출력 오프셋을 영점조절로 보상한다는 것을 이억하기 바란다.)
영점조절을 사용하여 출력전압이 정확히 "0"이 되도록 조정한다.

출력전압 V_o을 기록한다.

$V_o =$

참고 출력을 "0"으로 할 수없는 경우, 회로의 배선을 확인한 후에, 영점조절이 되면 다음단계로 넘어간다.

③ 기준온도인 물과 얼음이 함께 들어있는 물속에 접점 J2를 넣어 둔 상태에서 얼음과 물이 혼합된 용기 속에 들어 있는 접점 J1을 꺼내어 끓는 물속에 넣는다(물의 끓는점은 100 ℃이다).

④ 몇 분 후에 V_o의 값이 정확히 직류 1.00 V가 되도록 증폭기의 이득조절을 조정하면, 온도를 섭씨로 읽을 수 있도록 실험세팅이 완료된 것이다. 즉, 0 ℃의 온도는 0 V를 가리키고, 100℃의 온도는 1.00 V의 출력전압을 준다. 따라서 온도가 50 ℃인 경우에는 0.50 V를 가리킴을 알 수 있다.

⑤ 뜨거운 물에 들어있는 열전대 J_1를 꺼내어 실온으로 냉각되도록 한다. 실온으로 냉각되도록 충분히 기다린 다음에 전압계를 이용하여 출력전압을 측정하고, 실내온도를 기록한다.

$T =$

⑥ 가능하면, 다양한 물체 또는 소자들의 온도를 측정하고 기록한다. 예를 들어 냉장고의 내부 온도, 전원 공급 장치에서 전력트랜지스터의 표면온도, 납땜인두 끝의 온도 등을 측정한다. 열전대가 정확한 온도를 나타내도록 측정한 온도를 기록하기 전에, 열전대를 측정하고자 하는 물체에 부착한 후 몇 분을 기다려야 한다.

참고 위의 실험을 진행하기 전에 손으로 온도를 올리는 실험을 해본다. 작은 온도변화에도 전압이 변하는 것을 확인할 수 있다. 이 실험을 통해 양쪽 연결부분 중 어느 쪽이 양극이고 어느 쪽이 음극인지 방향을 확인한다.

4-4. 오옴의 법칙을 이용한 온도측정

① 그림과 15.5와 같이 온도센서(서미스터), 탄소저항 및 건전지를 이용해 온도측정

회로를 구성한다. 이때 탄소저항(R)의 값은 실온에서의 온도센서의 저항과 비슷한 크기를 사용한다.

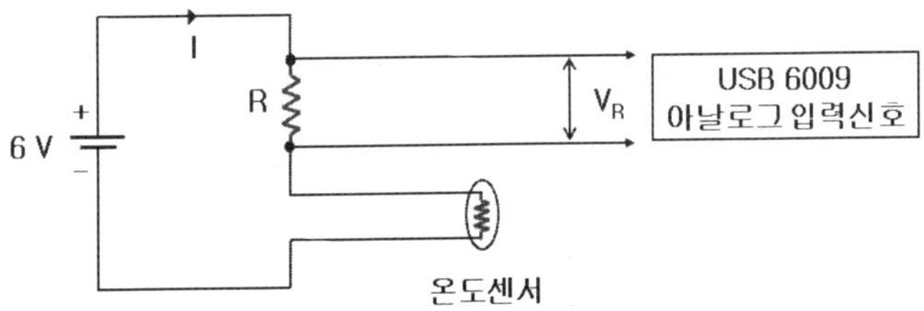

그림 15.5 오옴의 법칙을 이용한 온도측정 회로

② 그림 15.5에서 저항 양끝의 전압(V_R)을 USB6009의 아날로그 입력단자에 연결하고, USB6009를 컴퓨터의 USB 단자에 연결한다.

③ 비커에 적당량의 물을 담고 얼음을 넣어 온도계를 이용 온도를 "0"도로 맞추고 최초 측정값을 측정한다.

④ 비커를 핫플레이트 위에 올리고 가열하여 온도가 2도씩 변할 때마다 온도센서를 이용하여 각 온도에서의 전위차를 구한다(전압계를 이용하여 측정한다.).

참고 변하는 온도차를 2도로 설정한 이유는 온도계의 최소눈금이 2도이기 때문이다.

⑤ "0"도부터 "80"도 정도에 이르기까지 변하는 전압(V_R)을 측정한 후, 이들을 표 15.2에 나타내고, 이를 그림 15.8에 그래프로 나타낸다. 그림 15.8에 나타낸 그래프의 분석 정보를 이용하여 15.6(b)에서 점선 사각형 부분의 랩뷰 프로그램을 수정한다. 데이터의 저장이 필요하지 않고 단순히 온도측정만을 위한다면 while 루프안에 DAQ 어시스턴트와 현재온도를 나타내는 숫자형 인디게이터와 온도계 모양의 인디게이터를 연결하여 프로그램을 작성해도 된다.

⑥ 작성한 프로그램과 온도센서를 이용하여 특정물체의 온도를 측정해본다.

⑦ 본인이 작성한 프로그램과 온도센서를 이용하여 측정한 온도와 알코올 온도계로 측정한 온도를 비교하여 보고 차이점이 발생했다면 그 원인을 찾아내어 프로그램을 수정한 후, 다시 비교하여 본다.

5. 실험 결과

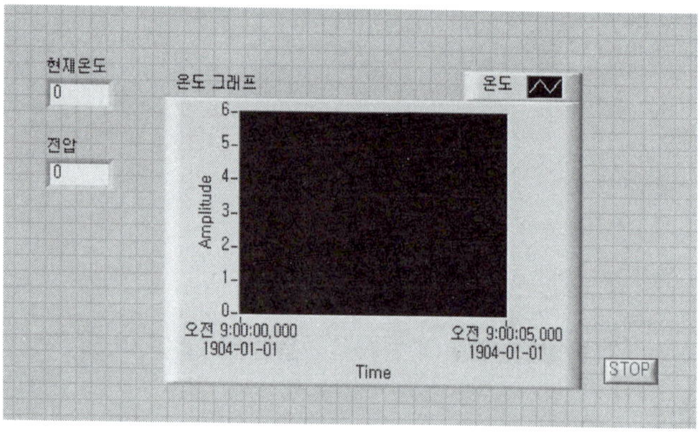

(a)

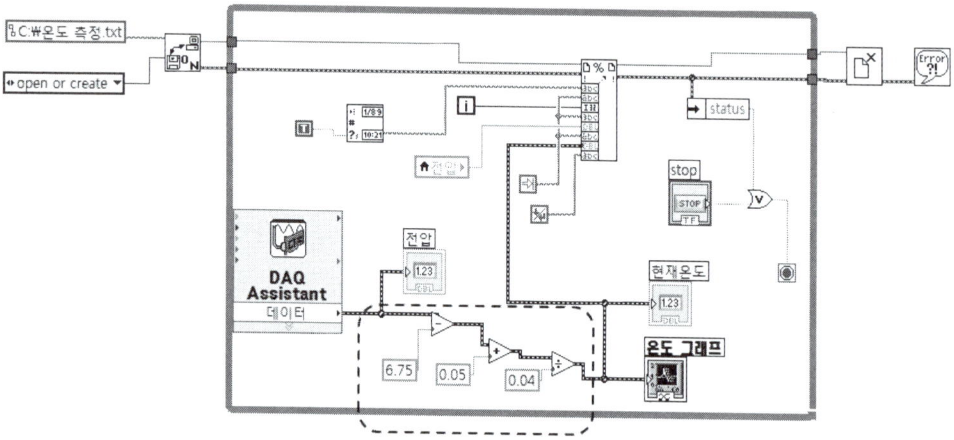

(b)

그림 15.6 온도 측정 및 저장을 위한 랩뷰 프로그램의 프런트 패널(a)과 프로그램(b)

참고 그림 15.6(b)에서 점선사각형 상자 내의 숫자들은 측정된 전압을 온도로 바꾸는데 필요한 값들을 넣어준 것으로, 이러한 값들은 온도와 전압의 관계 데이터를 분석하여 얻어진 것이다.

표 15.2 온도와 측정전압의 관계

온도(℃)	전압(V)	온도(℃)	전압(V)
0		36	
2		38	
4		40	
6		42	
8		44	
10		46	
12		48	
14		50	
16		52	
18		54	
20		56	
22		58	
24		60	
26		62	
28		64	
30		66	
32		68	
34		70	

주의 USB-6009에서 읽을 수 있는 최대전압은 10V이다.

6. 실험 사진

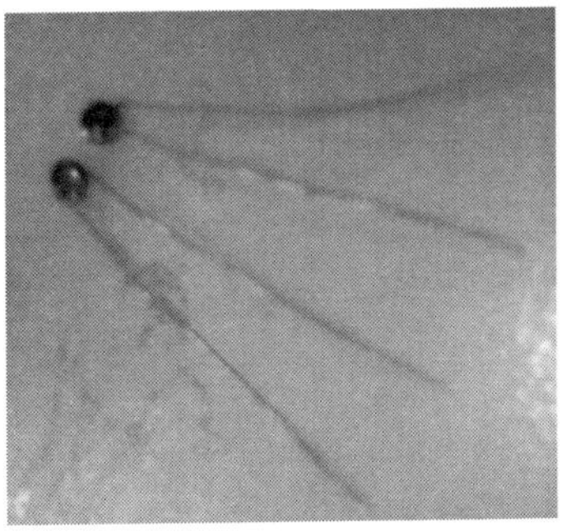

실험에 사용한 온도센서

실험을 위해서 제작한 회로도

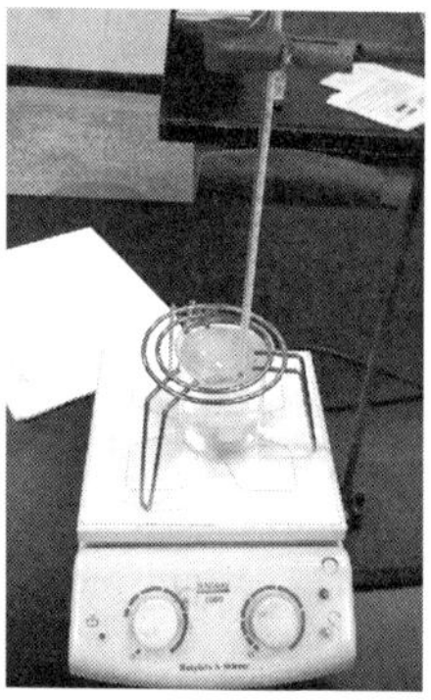

그림 15.7 온도계와 센서를 매달고 온도를 측정 중인 사진

7. 실험 결과 그래프

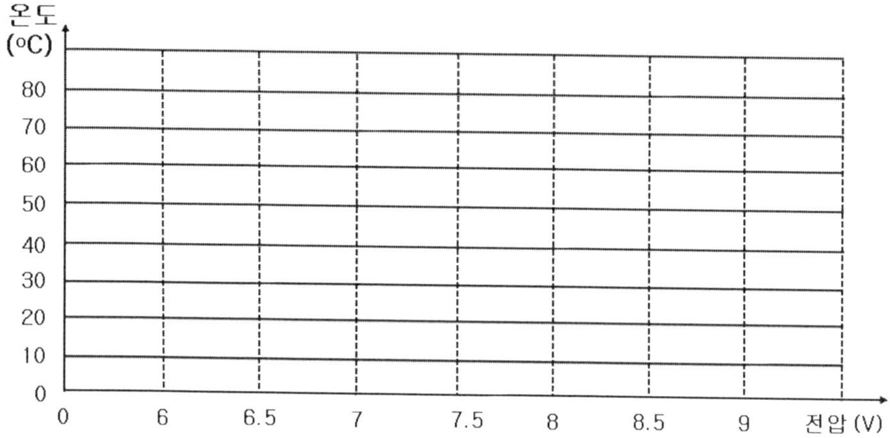

그림 15.8 온도(℃)와 측정전압(v)사이의 관계

8. 추가 실험

① 온도 센서를 실온에서 갑자기 뜨거운 물속에 넣어 온도 센서의 시간에 따른 의존성을 측정한다. 이때 가로축은 시간, 그리고 세로축은 전압으로 그래프를 그려, 센서의 시간 의존성을 측정하고 주어진 센서에 대한 시간 특성과 일치하는 지를 비교한다.

② 프런트패널에 온도계를 두고, 미리 설정한 온도보다 높은 온도가 감지되면 경보가 울리는 프로그램을 작성하여 본다.

③ 그림 15.9와 같이 전압을 온도로 바꾸는 프로그램을 수식노드를 사용하여 작성하여 실행한다. 오리진이나 기타 프로그램을 이용하여 온도 센서의 온도에 대한 전압특성을 분석한 정보(그림 15.8의 분석결과)를 이용하여 수식노드에 사용되는 함수를 결정한다.

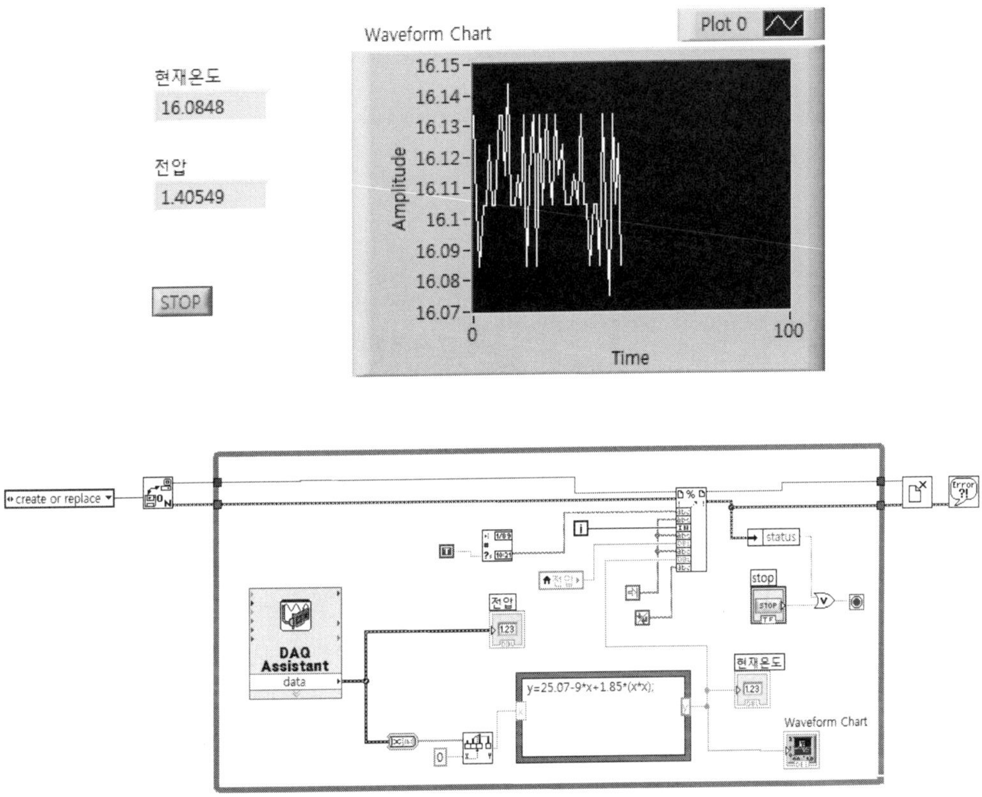

그림 15.9 수식노드를 이용한 온도측정프로그램

④ 그림 15.9에서 사용된 웨이브폼 차트 대신에 그림 15.9에서와 같이 웨이브폼 그래프를 이용하여 표현하는 방법도 있다.

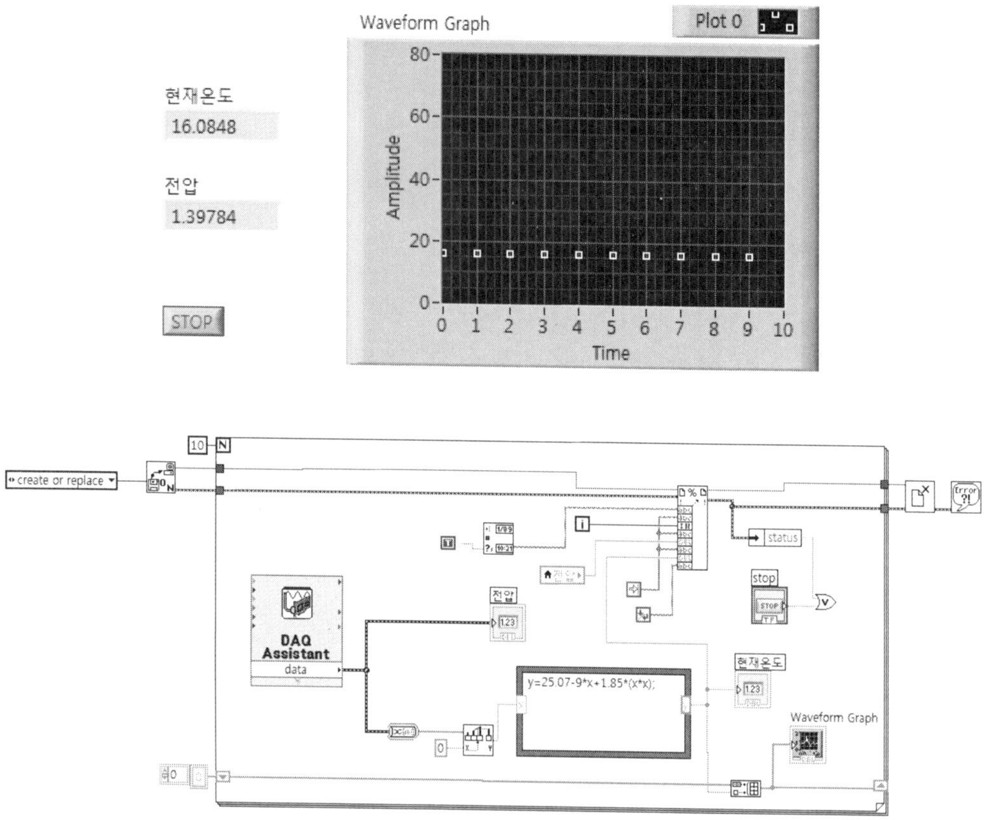

그림 15.10 수식노드와 웨이브폼그래프를 이용한 온도측정프로그램

9. 참고자료

[1] http://www.omega.com/temperature/z/pdf/z207.pdf.

[2] http://www.pyromation.com/Downloads/Data/emfk_c.pdf.

[3] http://www.thermometricscorp.com/PDFs/type_r_tc_in_C.PDF.

실험 16 랩뷰를 이용한 패러데이 법칙 실험

1. 실험 목적

코일이 감긴 플라스틱 관 내부를 통과하는 네오디움 자석의 운동상태에 따라, 코일에 유도된 전압을 측정, 분석하여 패러데이 및 렌츠의 법칙에 대한 기본개념을 이해하고 이들의 응용 분야에 대하여 생각하여 본다.

2 실험 준비물

- 플라스틱 튜브(직경: 4 cm, 감긴 코일길이: 50 cm, 관의 전체길이: 약 80 cm) : 1개
- 에나멜이 입혀진 구리코일
- 네오디움 자석(직경이 2.5 cm, 길이 5 cm) : 1개
- 랩뷰 프로그램
- USB 6009

3. 기초 이론

1831년에 패러데이는 변화하는 자기장이 코일에 기전력을 일으킨다는 것을 보였다. 그림 16.1(a)에서와 같이 폐회로의 중심축 위에 막대자석이 정지하여 있는 경우를 생

각하여 보자. 이처럼 막대자석이 정지하여 있는 경우에는 막대자석이 코일 안쪽에 위치하더라도 코일에 흐르는 유도전류는 없다. 하지만, 그림 16.1(b, c)에서와 같이 막대자석이 코일 쪽으로 움직이던지 코일로부터 멀어지면, 코일에 흐르는 유도전류가 발생하며, 이는 코일에 연결된 전류계의 바늘이 움직인다는 것을 통하여 알 수 있다. 이러한 관찰을 통하여 패러데이는 변화하는 자기장과 유도전류(기전력)사이의 관계식을 찾아내었으며, 실험결과는 패러데이 법칙으로 알려져 있다. 이러한 유도기전력은 코일을 뚫고 지나가는 자속의 변화율에 기인하며, 이를 수식으로 나타내면 다음과 같다.

$$\varepsilon = -\frac{d\phi_B}{dt} \tag{16.1}$$

여기서 ϕ_B는 단위면적당 폐회를 통과하는 자기력선의 수, t는 시간을 의미한다. 폐회로를 통과하는 자기력선의 수를 단위면적당 자기력선의 수인 B를 사용하면, $\phi_B = \int \vec{B} \cdot d\vec{A}$ 와 같이 표현된다. 단면적이 A인 폐회로를 통과하는 자기력선의 수는 $BA\cos\theta$ 이며, θ는 자기장과 폐회로가 이루는 각이다. 따라서 폐회로에 유도된 유도기전력은 식(16.2)와 같이 표현된다.

$$\varepsilon = -\frac{d\phi_B}{dt} = -\frac{d}{dt}(BA\cos\theta) \tag{16.2}$$

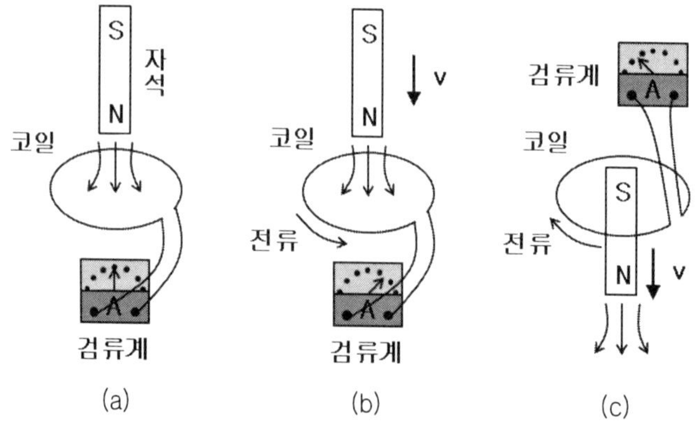

그림 16.1 (a) 막대자석이 코일근처에 정지하여있는 경우 코일에 전류가 흐르지 않는다. (b) 막대자석이 코일 쪽으로 이동하면, 코일에 유도전류가 흐르면서 전류계가 움직이는 것을 볼 수 있다. (c) 막대자석이 코일로부터 멀어지는 경우에 코일에 흐르는 유도전류의 방향이 (b)와 반대이다.

식 (16.2)에서 (-)부호는 유도기전력은 자속밀도의 변화를 방해하는 방법으로 발생된다는 것을 의미하며, 이는 렌츠의 법칙으로 알려져 있다. 즉, 물리적으로 코일에 발생된 유도전류는 자속의 변화를 방해하려는 방향으로 생긴다는 것을 의미한다. 그림 16.1(b)에서와 같이 자석이 폐회로에 접근하는 경우에 자석이 만드는 자기력선의 방향은 아래로 향하므로 코일에 생긴 유도전류가 만드는 자기장은 위쪽으로 향하게 됨을 알 수 있다.

실험 1. 패러데이 법칙과 렌츠의 법칙

멀티미터(전류계)를 코일의 양끝에 연결하고 자석이 코일 속을 통과하는 동안에 전류의 크기와 방향을 측정하여 패러데이 법칙과 렌츠의 법칙을 이해한다. 코일이 감긴 원통의 기울기 각도를 증가시켜가면서 자석이 코일 속을 통과하는 속도에 따라 발생되는 전압의 크기를 비교하여 본다.

① 코일에 생긴 기전력의 방향은 언제 변하는가? 자석의 극과 어떤 상관관계가 있는지를 알아본다.

② 자석이 코일을 통과하는 동안에 유도된 기전력이 어떻게 변하는 지에 대해서 설명하여 보아라.

③ 코일이 감긴 원통의 기울기 각도를 증가시켜가면서 자석이 코일 속을 통과하는 속도와 발생되는 전압의 크기는 서로 어떤 관계인가?

④ 코일 속을 통과하는 자석의 극을 반대로 한 경우에 코일에 유도된 기전력사이의 상관관계를 알아보고 실험결과를 설명하여 보아라. 렌츠의 법칙을 설명하여 보아라.

실험 2. 패러데이 법칙과 유도 기전력

① 코일 속을 통과하는 자석의 속력이 일정한 경우에, 감긴 코일의 수와 유도기전력 사이의 관계를 밝혀본다.

3. 생각하여 보기

① 얻어진 데이터를 보면 2개의 피크가 생기는데, 이들 2개 피크의 방향이 서로 반대인 이유는 무엇인가?

② 자석이 플라스틱 튜브에 감긴 코일의 중심을 통과하는 동안에, 코일에 유도된 전압이 "0"인 이유는 무엇인가?

③ 식 (16.1)을 이용하여 얻은 유도기전력과 그래프로부터 얻은 기전력을 서로 비교하여 보아라.

4. 참고자료

[1] http://science.iit.edu/sites/science/files/elements/phy/pdfs/13f_lab_11_faradays_law.pdf.

[2] http://www.fceia.unr.edu.ar/~fisica3/AJP00595.pdf.

[3] http://physics.bu.edu/~duffy/PY106/InducedEMF.html.

[4] http://www.phy.duke.edu/~schol/phy152/howtos/faraday_howto.pdf.

5. 개선 및 제안

① 플라스틱 튜브에 코일을 감은 솔레노이드내부에 네오디움 자석을 떨어뜨려 코일에 생기는 기전력을 Labview로 측정한다. 속도가 너무 빨라 측정이 어려우면 관을 옆으로 기울여 속력을 낮춰 실험한다.

실험 17 랩뷰와 초음파센서를 이용한 거리측정

1. 실험 목적

초음파 송수신부품인 SRF05를 이용하여 트리거(trigger) 신호에 따라 발생된 초음파가 진행하다가 반사체로부터 반사된 에코(echo)신호가 초음파 수신기까지 도달하는 시간을 측정함으로서 초음파발생장치로부터 반사체까지의 거리를 측정한다. 1차적으로 초음파신호와 에코신호를 오실로스코프를 이용하여 관측하여 기본원리를 이해하고, 랩뷰프로그램을 이용하여 초음파 발생장치와 반사체까지의 거리를 측정한다. 또한 실생활에서의 응용부분에 대해 생각하고, 간단한 응용프로그램을 개발한다.

2. 실험 준비물

- SRF05 거리측정 센서 : 1개
- DAQ USB 6009 : 1개
- 회로기판 : 1개
- 함수발생기 : 1대
- 오실로스코프 : 1대
- 거리 측정용 줄자 및 초음파 반사판 : 1개

3. 기초 이론

(1) SRF05를 이용한 거리측정

① 모드 1: 트리거와 에코신호 단자가 별개인 SRF05 초음파 실험부품

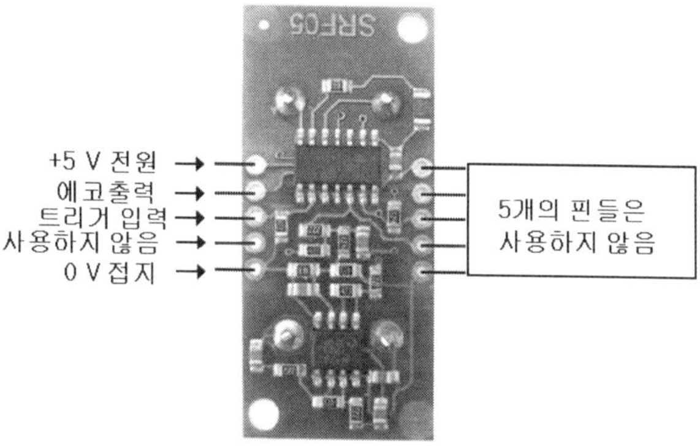

그림 17.1 2핀 트리거/에코 모드용 연결(SRF05호환)

그림 17.2 모드 1 SRF05 초음파 부품

② 모드 1에 대한 SRF05 시간다이어그램

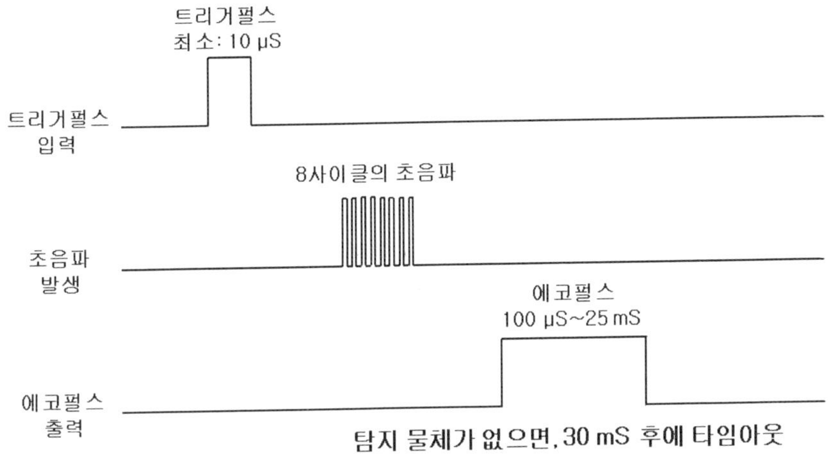

그림 17.3 SRF05의 모드 1에 대한 시간 다이어그램

③ 모드 2: 트리거와 에코신호 단자가 같은 SRF05 초음파 실험부품

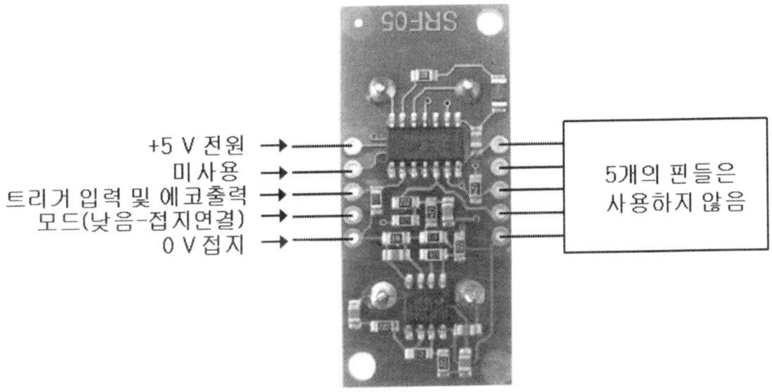

그림 17.4 1핀 트리거/에코 모드용 연결

④ 모드 2에 대한 SRF05 시간다이어그램

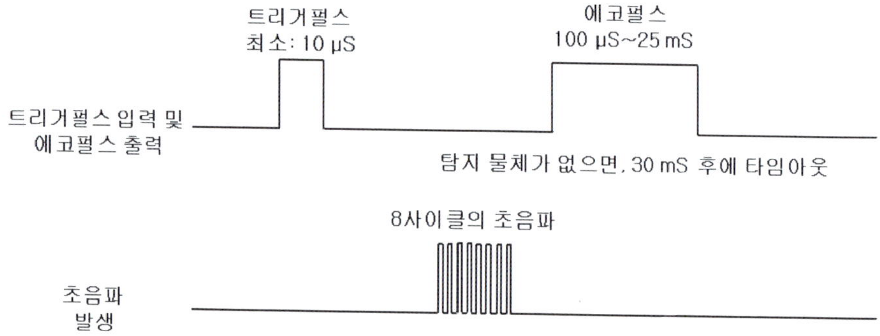

그림 17.5 SRF05의 모드 2에 대한 시간 다이어그램

⑤ 초음파 빔의 패턴과 넓이

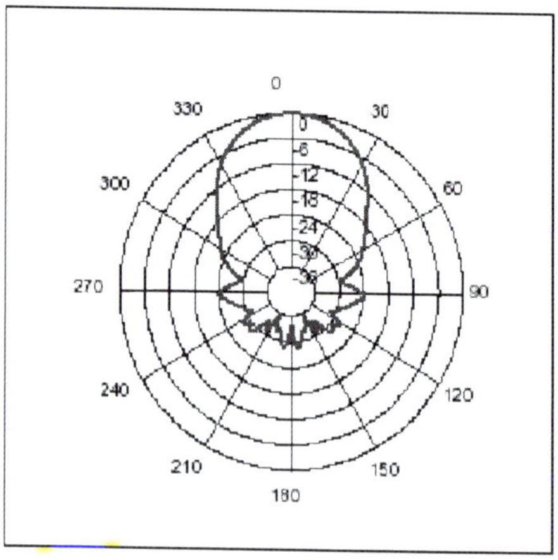

그림 17.6 초음파 빔의 패턴

4. 실험 방법

① +5 V 전원과 접지는 전압을 걸어주는 핀으로 +5 V 전원 핀에는 +5 V, 접지에는 0 V를 걸어준다.

② 트리거 입력은 "거리를 측정하라"는 신호를 보내기 위해 필요하며 위의 그림 17.3

의 시간다이어그램에서 보여주듯이 최소 10 μs 동안 High로 걸어주고 다시 Low로 떨어뜨리면 초음파 발생이 시작된다.

③ 트리거 입력 후 에코출력부분의 상승에지(Rising Edge)까지의 시간이 초음파와 물체까지의 왕복시간이 아니라, 에코 출력의 상승에지부터 하강에지까지의 시간이 SRF05와 물체까지의 초음파 왕복시간이다. 따라서 공기 중에서의 음속에 시간을 곱하고 이를 2로 나누면 물체까지의 거리가 된다.

④ 에코출력시간을 USB6009로 측정하고 이를 본인이 작성한 프로그램(초음파센서 거리측정)의 시뮬레이션 Square 출력대신에 USB6009에서 측정하는 입력전압을 입력하여 거리를 측정한다.

⑤ 트리거 신호의 주파수를 220 Hz 정도로 두고, 에코펄스를 측정하면 된다. 이때에 반사판을 SRF04 발생기의 앞에 두고 예비실험을 해보면 에코신호가 잘 잡히며, 반사판이 없으면 에러가 발생함을 알 수 있다.

⑥ DAQ Assistant의 세팅에서 Rate를 5K, samples to read 수를 약 200 정도로 두고 실험한다. 파형을 관찰하면서 rate와 samples to read를 결정한다.

⑦ 트리거 펄스의 주파수는 약 100 Hz, 진폭은 2 [V]로 하였다.

⑧ SRF04에서 트리거 신호의 진폭이 2 V가 안되면 뒷면에 부착된 LED 램프가 켜지지 않는다. 이를 먼저 반드시 확인하고 실험을 수행한다.

⑨ polarity가 High로 제대로 선택되었는지를 체크하고, DAQ Assistant 설정에서, RSE를 선택한다. 측정은 400, 7 kHz를 선택하고 주파수는 100 Hz 정도가 좋다.

● SRF05를 이용한 거리측정의 예시프로그램

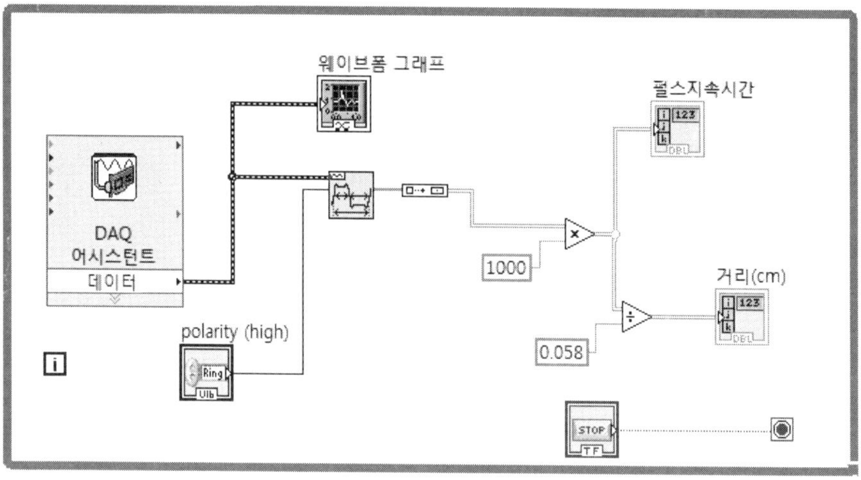

그림 17.7 SRF05를 이용한 거리측정의 예시프로그램

* 펄스 지속시간과 거리는 2차원 어레이로 프런트 패널에서 설정하여야 한다.

5. 실험측정 및 결과

① 그림 17.8과 같이 SRF05와 기판사이의 회로를 구성하고, 줄자를 이용하여 초음파 발생장치와 반사판까지의 거리에 따른 echo 출력을 관찰한다.

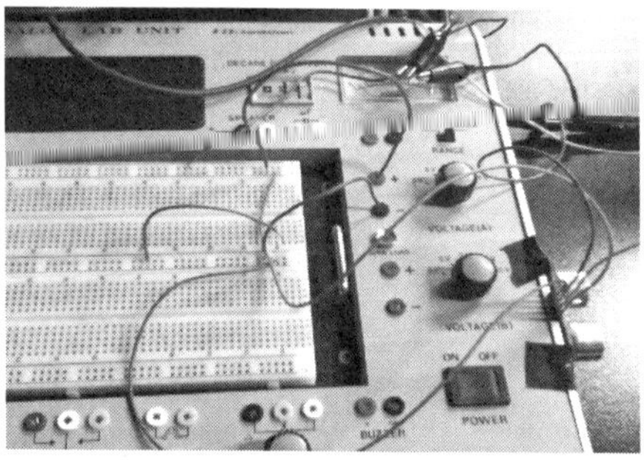
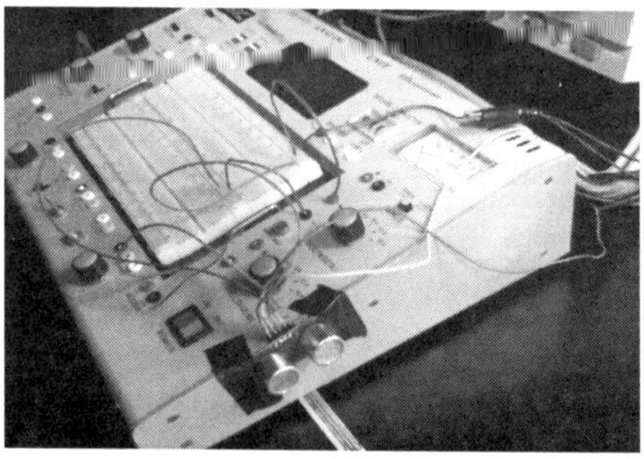

그림 17.8 거리측정을 위한 초음파 센서 고정

② 그림 17.7과 같이 랩뷰 프로그램를 구성하여 실행하면 정확하지는 않으나 근사치

의 값들이 얻어짐을 알 수 있다.

③ 그림 17.9와 같이 오실로스코프에 표시되는 x-time 축을 간격 당 0.2 ms로 설정하고 오실로스코프에 표시되는 에코출력의 상승에지부터 하강에지까지 간격을 이용하여 에코 출력과 거리와의 관계를 비교해 본다.

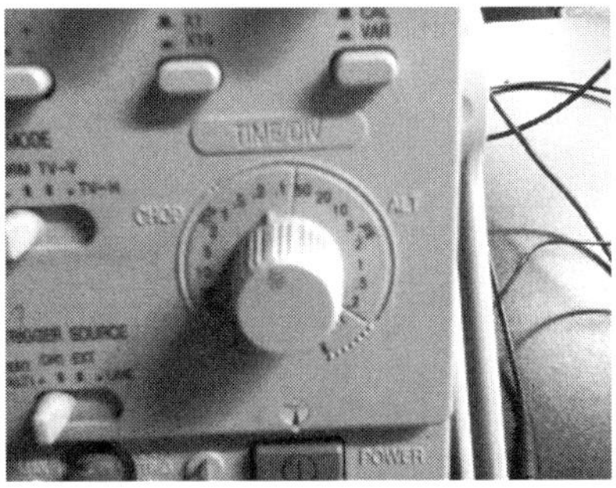

그림 17.9 오실로스코프를 이용한 거리 측정

5-1. 거리: 5cm

에코출력의 상승에지부터 하강에지까지 간격: 1.5 (간격 0.2ms)

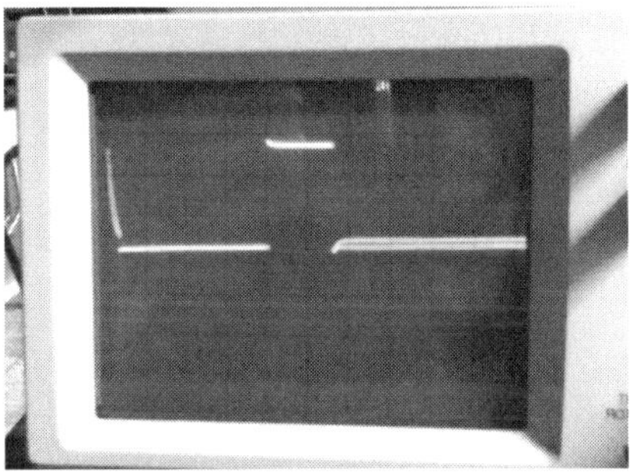 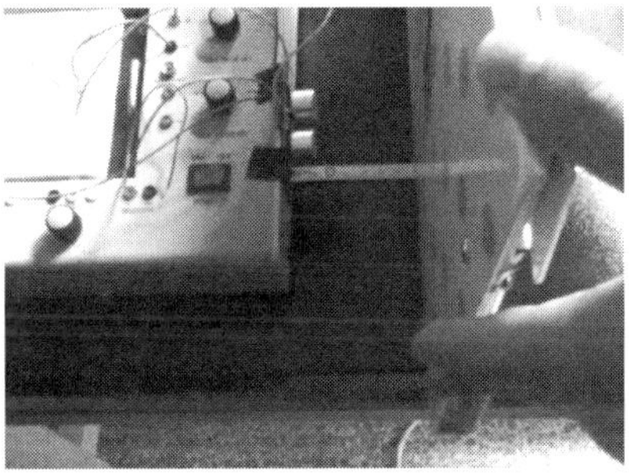

계산결과: $1.5\times\frac{0.2}{1000}(\sec)\times\frac{1}{2}\times 335(m/\sec)\times\frac{100cm}{1m}=5.025\,cm$

5-2. 거리: 10 cm

에코출력의 상승에지부터 하강에지까지 간격: 3.0 (간격 0.2ms)

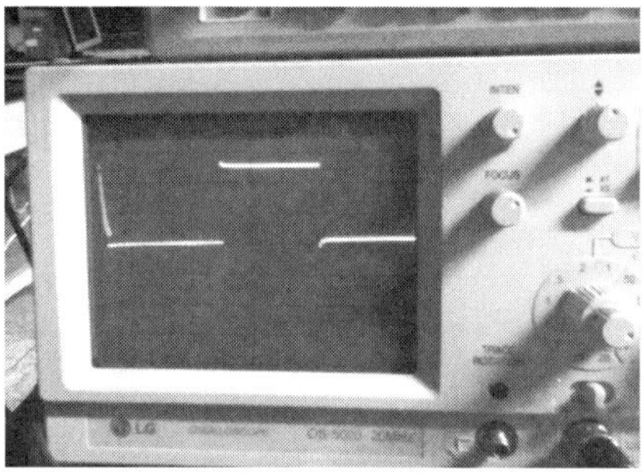 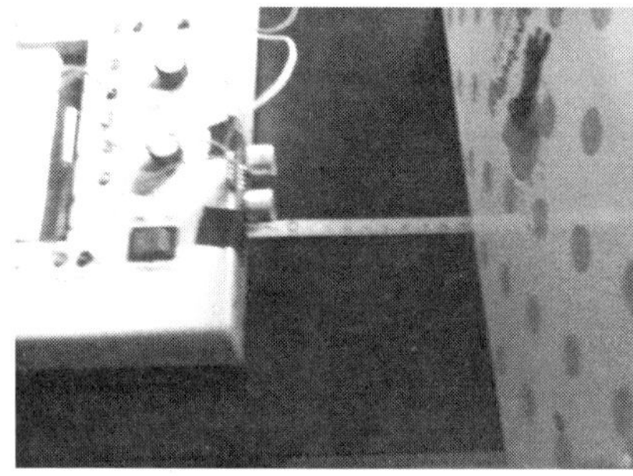

계산결과: $3.0 \times \frac{0.2}{1000}(\sec) \times \frac{1}{2} \times 335(m/\sec) \times \frac{100cm}{1m} = 10.050\,cm$

5-3. 거리: 15 cm

에코출력의 상승에지부터 하강에지까지 간격: 4.5 (간격 $0.2\,ms$)

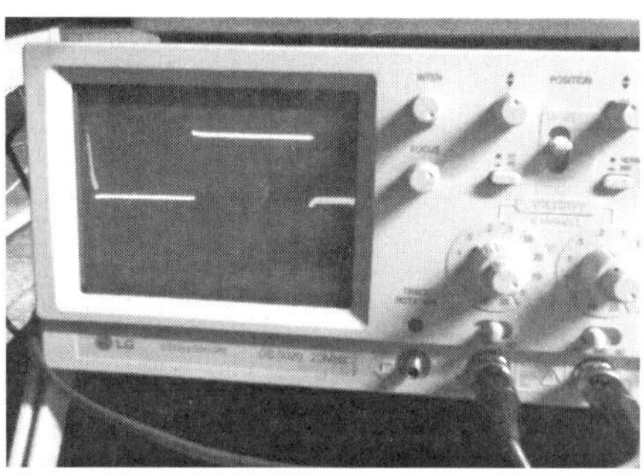 

계산결과: $4.5 \times \frac{0.2}{1000}(\sec) \times \frac{1}{2} \times 335(m/\sec) \times \frac{100cm}{1m} = 15.075\,cm$

5-4. 거리: 20 cm

초음파 센서로부터 반사체까지의 거리가 20 cm 인 경우에도 실험해 보면 에코출력의 상승에지부터 하강에지까지 간격이 6.0칸으로 이를 바탕으로 계산하여 보면 약 20.1 cm 의 값이 얻어진다.

6. 생각하여 보기

① 거리측정에 초음파를 사용하였는데 파장이 초음파보다 긴 가청영역의 음파를 사용하지 않는 이유는 무엇인가?

☞ 파장이 길면 정확한 거리 측정이 어렵기 때문이다.

실험 18 랩뷰와 가속도센서를 이용한 감쇄조화진동 실험 및 분석

1. 실험 목적

외부에서 진동계에 힘을 가한 후, 외부에서 가해주는 힘이 없고 마찰력만 존재하는 진동인 감쇄진동계의 운동을 가속도 센서를 이용하여 탐지하고 얻어진 결과를 랩뷰 프로그램을 이용한 분석을 통하여 감쇄 조화진동하는 진동계의 운동을 이해하고 응용에 대하여 생각하여 본다.

2. 실험 준비물

- DAQ USB 6009 : 1개
- 감쇄조화진동자 실험장치 : 1대
- 랩뷰 프로그램
- 컴퓨터

3. 기초 이론

그림 18.1과 같이 질량 m 에 탄성계수가 k 인 스프링과 감쇄계수가 b 인 물체가 연결된 진동계에서 질량 m 인 물체를 평형위치로부터 x 만큼 이동시켰다가 놓았을 때에 이를 만족하는 운동방정식은 다음과 같다.

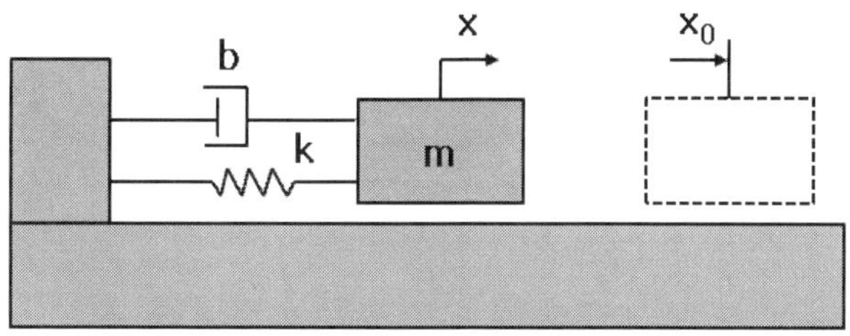

그림 18.1 감쇄조화진동자

$$m\frac{d^2x}{dt^2}+b\frac{dx}{dt}+kx=0 \tag{18.1}$$

감쇠효과(예를 들면 마찰에 의한 효과)가 비교적 작은 미급감쇠에 대한 해는 다음과 같다.

$$x = Ae^{-bt/2m}\cos(w_d t+\phi) \tag{18.2}$$

식 (18.2)로부터 물체의 진동하는 폭이 시간에 따라 지수 함수적으로 감쇠한다는 것을 알 수 있으며, 진동수는 감쇄가 없을 때의 진동수($\omega = \sqrt{k/m}$)보다 작아진다. 이러한 감쇄조화진동계에서의 역학적 에너지(E)는 시간이 경과함에 따라 "0"으로 접근하며, 감쇄된 에너지는 감쇄기구와 관련되어 내부 열에너지로 전환되어 가는 것이다.

식 (18.1)에 대한 해는 다음과 같다.

$$x = C_1 e^{s_1 t} + C_2 e^{s_2 t} \tag{18.3}$$

$$S_{1,2} = -\frac{b}{2m} \pm \sqrt{(\frac{b}{2m})^2 - \frac{k}{m}} \tag{18.4}$$

식 (18.3)과 식 (18.4)에 나타낸 상수들을 고유 각진동수 $\omega_n = \sqrt{k/m}$, 감쇠율 $\zeta = b/2m\omega_n$ 및 감쇠진동수 $\omega_d = \omega_n\sqrt{1-\zeta^2}$ 으로 치환하면 보다 간결하게 표현할 수 있다. 여기서 감쇠율(ζ)이 1보다 작을 경우를 미급감쇠진동이라 하며, 이 경우에 대한 해는 식(18.5)와 같이 표현된다.

$$x = e^{-\zeta w_n t}[A_1\cos(w_d t) + A_2\sin(w_d t)] \tag{18.5}$$

$$= e^{-\frac{b}{2m}t}[A_1\cos(w_d t) + A_2\sin(w_d t)]$$

그림 18.1에서 질량을 일정거리만큼 움직인 후 $t=0$인 순간에 놓아 진동을 시키는 경우에 초기조건은 다음과 같다.

ⓐ $x|_{t=0} = A_1 = x_0$

ⓑ $x'|_{t=0} = -\zeta\omega_n A_1 + \zeta\omega_n A_2 = 0 \Rightarrow A_2 = \dfrac{\zeta\,\omega_n}{\omega_d}A_1 = \dfrac{\zeta\,\omega_n}{\omega_d}x_0$

이러한 초기조건 ⓐ와 ⓑ를 대입하여 식 (18.5)를 다시 쓰면 다음과 같다.

$$x = x_0 A_0 e^{-\zeta w_n t}\cos(w_d t - \alpha_d) = x_0 A_0 e^{-\frac{b}{2m}t}\cos(w_d t - \alpha_d) \tag{18.6}$$

여기서 $A_0 = \sqrt{1+(\dfrac{\zeta w_n}{w_d})^2}$, $\alpha_d = \tan^{-1}(\dfrac{\zeta w_n}{w_d})$이다. 식(18.6)에 임의의 수치를 대입하여 그래프로 그려보면 그림 18.2와 같다.

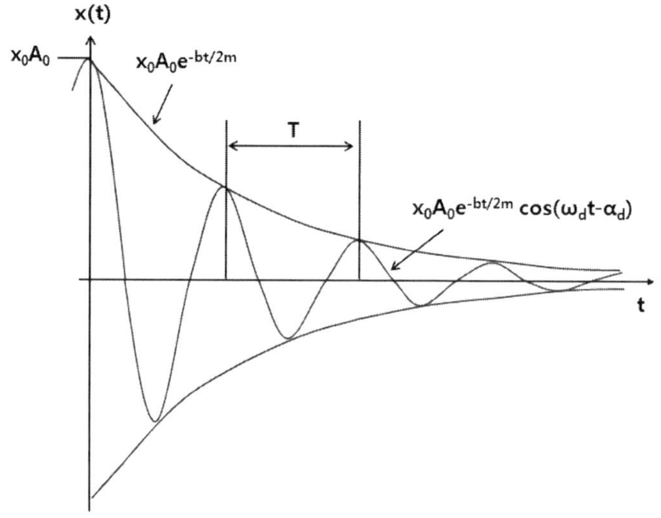

그림 18.2 감쇠조화운동에 대한 x(t)의 그래프

식 (18.6)은 실험을 통하여 측정되는 위치 값이다. 본 실험에서 측정되는 것은 위치가 아니라 가속도이므로, 식(18.6)을 시간에 대해 2번 미분하면 다음과 같다.

$$x'' = -x_0 w_d^2 A_0^3 e^{-\zeta w_n t}\cos(w_d + \alpha_d) = -x_0 w_d^2 A_0^3 e^{-\frac{b}{2m}t}\cos(w_d + \alpha_d) \tag{18.7}$$

물체의 가속도를 나타내는 식 (18.7)을 그래프로 그리면 그림 18.3과 같다.

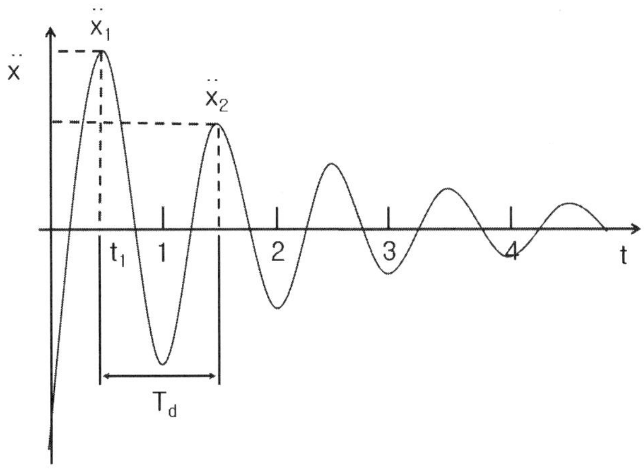

그림 18.3 시간에 따른 가속도의 변화

실험을 통하여 얻어지는 것은 그림 18.3과 같은 시간에 따른 가속도이며, 그림 18.3을 통하여 가속도의 주기가 일정함을 알 수 있다. 주기(T_d)는 $T_d = \dfrac{2\pi}{\omega_d} = t_2 - t_1 = \dfrac{2\pi}{\omega_n\sqrt{1-\zeta^2}}$을 이용하여 구할 수 있다. 또한 진폭이 1 주기 동안 감쇠된 감쇠비(δ)는 다음과 같은 관계식을 이용하여 구한다. 즉,

$$\delta = \frac{x_1''}{x_2''} = \frac{-x_0\omega_d^2 A_0^3 e^{-\zeta\omega_n t}}{-x_0\omega_d^2 A_0^3 e^{-\zeta\omega_n(t_1+T_d)}} = e^{\zeta\omega_n T_d}$$

$$\Rightarrow \delta = \ln\left(\frac{x_1''}{x_2''}\right) = \zeta\omega_n T_d = \zeta\omega_n \frac{2\pi}{\omega_n\sqrt{1-\zeta^2}} \quad \Rightarrow \delta = \frac{2\pi\zeta}{\sqrt{1-\zeta^2}} \qquad (18.8)$$

실제로 ζ는 1보다 매우 작으므로, 근사적으로 $\zeta = \dfrac{\delta}{2\pi}$와 같다. 따라서 다음과 같은 관계식이 얻어진다.

$$\zeta = \frac{b}{2\pi\omega_n} \quad \Rightarrow \quad b = 2m\omega_n \frac{\delta}{2\pi} \qquad (18.9)$$

또한 주기에 대한 표현식을 이용하면 각진동수는 다음과 같이 표현된다.

$$T_d = \frac{2\pi}{\omega_n \sqrt{1-\zeta^2}} \quad \Rightarrow \quad \omega_n = \frac{2\pi}{T_d \sqrt{1-\zeta^2}} \tag{18.10}$$

진동자의 고유 각진동수는 $\omega_n = \sqrt{k/m}$ 으로 주어지므로, 탄성상수는 $k = m\omega_n^2$ 와 같다. 동일한 스프링을 사용하면서 부가질량(Δm)을 더해주면, 진동체의 질량은 다음과 같다.

$$m_2 = m_1 + \Delta m \tag{18.11}$$

진동자의 고유 각진동수를 ω_{n1}, 부가질량을 더하여 얻어지는 새로운 진동자의 고유 각진동수를 ω_{n2} 라고 하자. 실험에 사용된 스프링은 동일하므로 다음의 관계식이 얻어진다.

$$k = m_1\omega_{n1}^2 = m_2\omega_{n2}^2 = (m_1 + \Delta m)\omega_{n2}^2 = m_1\omega_{n1}^2 + \Delta m\omega_{n2}^2$$

$$\Rightarrow m_1 = \frac{\Delta m\omega_{n2}^2}{\omega_{n1}^2 - \omega_{n2}^2}, \quad k = \frac{\Delta m\omega_{n2}^2\omega_{n1}^2}{\omega_{n1}^2 - \omega_{n2}^2} \tag{18.12}$$

4. 실험 장치

물체의 진동은 가속도의 크기와 방향이 지속적으로 변하는 대표적인 가속운동 중의 하나이다. 가속도의 크기와 방향이 용수철에 매달인 물체의 변위에 의존하므로 가속도 센서를 이용하여 가속도를 측정함으로서 물체의 운동을 측정하고 분석할 수 있다.

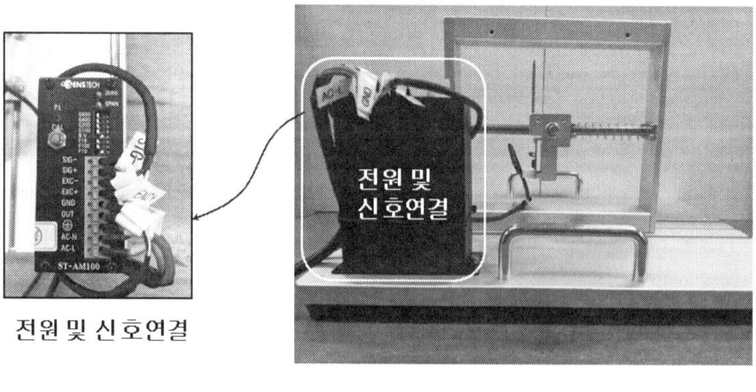

그림 18.4 가속도 측정장치 (반도체형 가속도센서)

가속도 센서는 MEMS 기술을 이용하여 제작되어 모토로라사에서 공급하고 있으며, 모델명은 MMA1270D이다. 코일형의 스프링에 물체가 달려있고, 좌우운동을 하도록 되어 있다. 센서는 물체에 부착되어 있고, 초기위치를 측정할 수 있도록 눈금자가 설치되어 있다. 별도의 감쇠기는 없지만, 직선 베어링에서 발생하는 마찰력이 감쇠기의 역할을 한다.

표 18.1 가속도 센서 MMA1270D의 특성

공급전원	+5V	영점출력전압	2.5V
사용온도범위	-40 to +125℃	민감도	750 mV/g
허용 최대 가속도	1500g	측정 주파수 범위	50Hz
측정가속도 범위	±2.5g	교차 축 방향 민감도	최대 5% (전체 스케일 기준)
가속도측정방향	x-방향(센서 두께 방향)		

※ 사용상의 주의점

① 가속도 센서: ±2.5g의 가속도를 측정할 수 있고, 750mv/g의 출력 값을 갖는다.

② 무게 추: 20g, 50g의 무게 추를 부가하면서 질량이 가속도에 미치는 효과를 확인한다.

③ 눈금자: 초기변위 값을 측정하는데 사용한다.

측정과정

진동추를 일정한 길이로 늘였다 놓으면 스프링의 복원력에 의해 진동하면서 가속도 신호가 발생되고 이를 가속도 센서(MMA 1270D)가 탐지하여 USB 6009 보드를 거쳐 가속도 자료를 수집하여 저장 및 분석을 하게 된다(그림 18.5 참조).

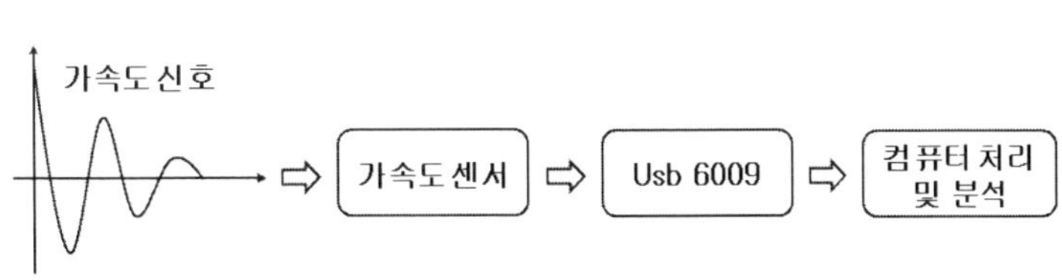

그림 18.5 가속도 측정 과정

5. 실험 방법

5-1. 초기 질량을 이용한 진동실험

① 가속도 측정장치 센서의 전원공급을 위하여 220V의 전원에 연결한다.

② 그림 18.6의 전원 및 신호연결 단자 중에서 GND와 OUT신호를 USB 6009의 입력단자에 연결하되 GND는 USB 6009의 GND에 연결한다.

③ 전원 및 신호연결 부분의 증폭도는 1배로 설정한다. 1배로의 설정은 G100, G200, G400, G800의 단자를 모두 왼쪽으로 위치시켜 OFF 시킨다(그림 18.6 참조).

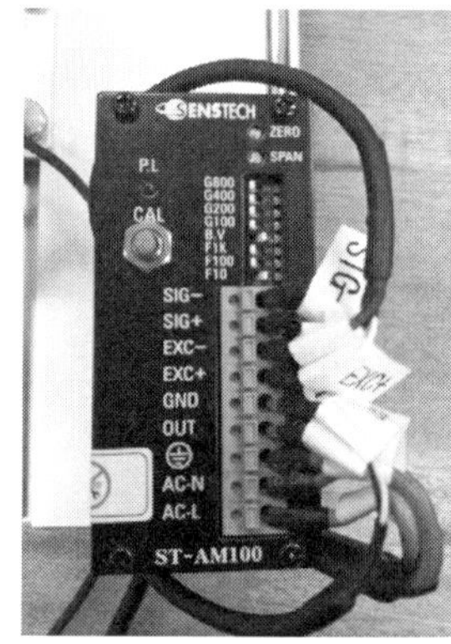

그림 18.6 전원 및 신호연결단자 셋팅

④ 바이어스 전압인 B.V를 5V로 설정한다. 즉, 스위치를 오른쪽에 위치시킨다

⑤ 필터를 F10만 ON시키고, 나머지는 OFF시킴으로서(오른쪽은 ON, 왼쪽은 OFF), 10Hz이하 신호만 통과하게 한다. 즉, F10은 ON, F100은 OFF, F1K는 OFF로 둔다.

⑥ 기기를 작동시켜 신호가 잘 검출되는지를 확인하고 검출된 데이터를 오리진 등의 프로그램을 이용한 분석을 위하여 기록하고 저장되도록 Labview 프로그램을 체크한다.

⑦ 진동추 위에 놓인 눈금자를 이용하여 초기변위를 확인한다. 진동추를 일정한 길이로 늘렸다 놓으면 스프링의 복원력에 의해 단순진동을 시작한다.

⑧ 가속도 센서가 부착되어 있어 가속도의 크기에 따라 일정량의 전기신호를 발생하게 되며, 이렇게 발생된 전기신호를 USB 6009를 이용하여 컴퓨터에 받아들이면서 그래프 형식으로 실시간으로 확인한다.

⑨ 진폭변화의 분석을 통하여 주기 값과 감쇠비율, 고유 각진동수를 찾아본다. 실험은 스프링이 연결된 진동추를 손으로 잡고 있다가 프로그램을 작동시킨 후, 추를

잡고 있던 손을 놓아 물체를 진동시킨다. 진동이 멈추었다고 생각되는 시점에 기록을 멈춘다.

⑩ 기록된 가속도 자료에서 최대 진폭이 발생한 시점과 최대 진폭의 크기를 찾는다.

⑪ 실험을 반복하여 감쇠비, 주기의 평균값을 구해보고 진동의 초기변위가 감쇠비와 주기에 대해 영향을 주지 못하는 것을 확인한다.

5-2. 부가 질량을 이용한 진동실험

① 위의 실험 4-1에서 초기질량을 이용한 진동실험에서와 같이 실험을 수행하되, 20 g, 50 g의 무게 추를 달고 실험을 수행하면서 질량이 진동현상에 미치는 효과에 대하여 알아본다.

6. 실험 결과

① 가속도 센서를 이용하여 감쇄진동의 진동결과를 탐지하고 이를 USB6009와 Labview 프로그램을 이용하여 데이터를 저장한 후, 데이터 분석 프로그램 중의 하나인 오리진을 이용하여 분석하면, 보다 이해하기 쉬우며 데이터의 처리가 수월해진다. 그림 18.7(a)는 Labview에서 실행한 그래프, 18.7(b)는 Labview에서 받은 데이터를 이용하여 오리진(또는 엑셀)에서 그린 그래프를 나타낸 것이다.

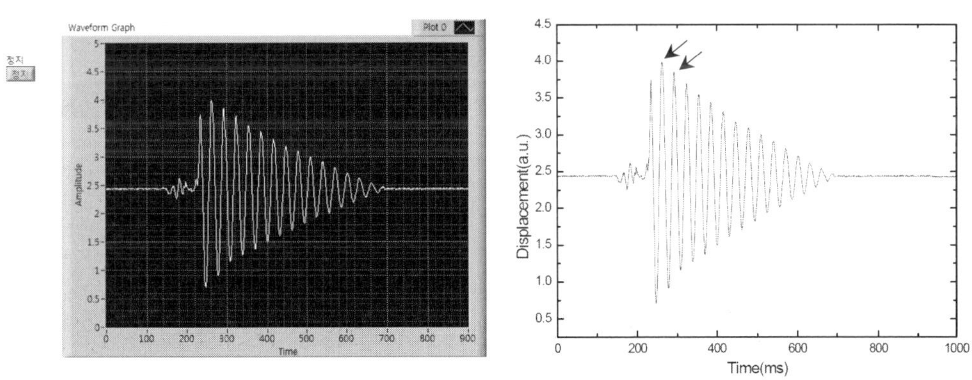

(a) (b)

그림 18.7 랩뷰를 이용하여 측정한 결과 및 오리진을 이용하여 그린 실험결과

② 단순 진동시의 그래프 모양이 매우 유사함을 볼 수 있으며 그림 18.7(b)에서 화살표로 체크한 부분이 각각 처음과 두 번째 최댓값이다.

- 처음 피크 시각(t_1) =   , $x_1'' =$
- 두 번째 피크 시각(t_2) =   , $x_2'' =$
- $T_d = t_2 - t_1 =$ (ms)
- 감쇠비(δ)는 $\delta = \ln \frac{x''_1}{x''_2}$ 와 같이 주어지므로, 이를 이용하여 감쇠비를 계산한다.
- 감쇠율(ζ)은 $\zeta = \frac{\delta}{2\pi}$ 이므로, 이를 이용하여 감쇠율을 계산한다.
- $w_n = \dfrac{2\pi}{T_d\sqrt{1-\zeta^2}}$ 을 이용하여 각속도를 구해본다.
- 5회 측정한 실험 결과를 표 18.2에 나타낸다.

표 18.2 5회 측정한 실험결과

	t_1	t_2	T_d	x_1''	x_2''	감쇠비(δ)	감쇠율(ζ)	고유각속도(w_n)
1								
2								
3								
4								
5								
평 균								

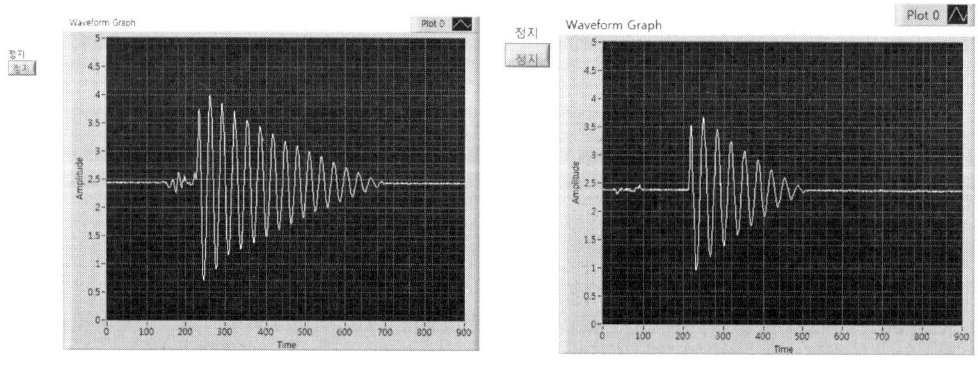

(a) (b)

그림 18.8 (a) 진동자만의 감쇠진동, (b) 부가질량 30g을 추가한 경우

- 진동자에 부가질량을 매달지 않고 진동을 2번 측정하고, 30g의 질량을 진동자에 매달고 2번 실험한 결과들을 표 18.3에 기록한다.

표 18.3 실험결과 2

	t_1	t_2	T_d	x_1''	x_2''	감쇠비(δ)	감쇠율(ζ)	고유각속도(w_n)
부가 질량을 이용하지 않은 단순 진동 실험								
1								
2								
30g의 부가 질량을 이용한 진동 실험								
1								
2								

- 단순 진동 실험의 평균값

주기 (T_d) :

감쇠비(δ) :

감쇠율(ζ):

고유진동수(w_{n1}) :

- 부가 질량(30g)을 이용한 진동 실험의 평균값

주기(T_d) :

감쇠비(δ) :

감쇠율(ζ) :

고유진동수(w_{n2}) :

각 데이터의 평균값을 이용하여 m_1과 k 를 구해본다.

$$m_1 = \frac{\Delta m \times w_{n2}^2}{w_{n1}^2 - w_{n2}^2} = \qquad\qquad [g]$$

$$k = \frac{\Delta m w_{n2}^2 w_{n1}^2}{w_{n1}^2 - w_{n2}^2} = \qquad\qquad [N/m]$$

7. 랩뷰 프로그램

그림 18.9에 제시된 랩뷰 프로그램은 “Labview를 이용한 RC 직렬회로에서의 충전 및 방전”에서 사용한 프로그램의 일부를 수정한 것이다.

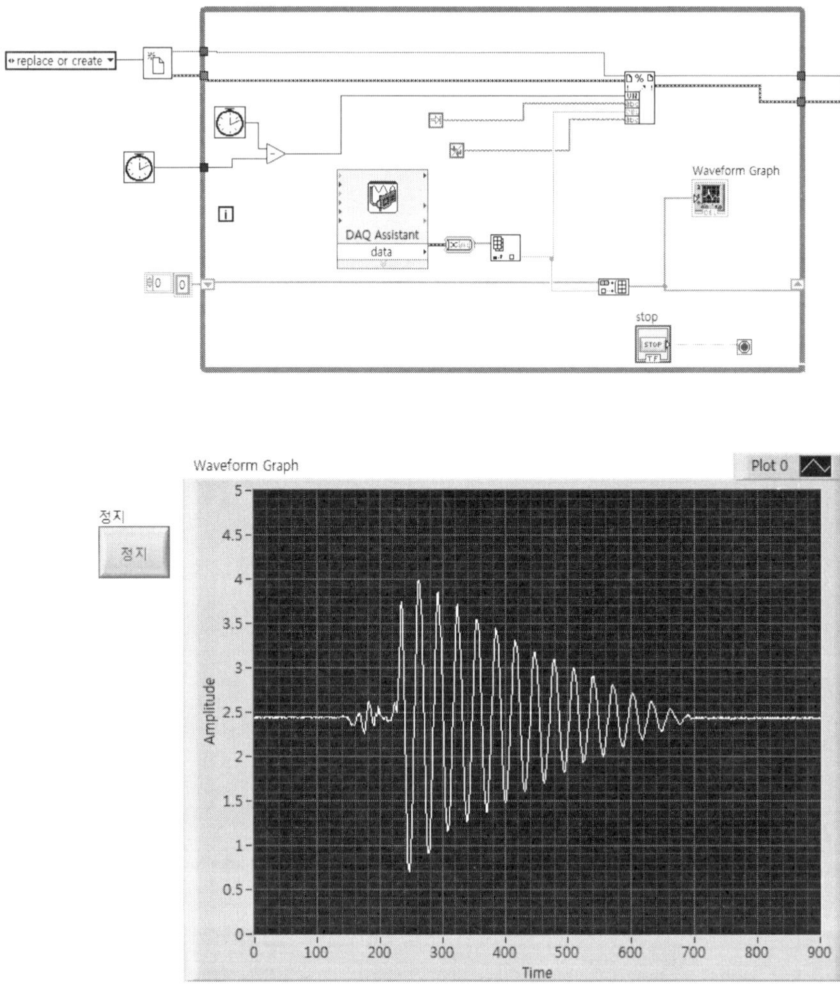

그림 18.9 감쇠조화진동 실험을 위한 Labview 프로그램

8. 고찰 및 토의

9. 결론

10. 보충설명

식 (18.1)에 대한 해를 $x(t) = e^{\gamma t}$와 같이 가정하면, $\frac{dx}{dt} = \gamma e^{\gamma t}$, $\frac{d^{2x}}{dt^2} = \gamma^2 e^{\gamma t}$이 얻어지며, 이를 식(18.1)에 대입하면

$$\gamma^2 e^{\gamma t} + b\,\gamma^2 e^{\gamma t} + ke^{\gamma t} = 0 \tag{18.13}$$

와 같게 된다. 식 (18.13)이 항상 성립할 조건은

$$\gamma^2 + b\,\gamma^2 + k = 0 \tag{18.14}$$

와 같다. 이로부터 γ를 구하면, $\gamma = \frac{-b \pm \sqrt{b^2 - 4\omega_0^2}}{2}$ $(\omega_0 = \sqrt{\frac{k}{m}}\,)$이다. 진동운동에 작용하는 감쇠는 마찰 등에 기인한 감쇠의 정도에 따라 다음과 같이 분류된다.

① $b^2 > 4\omega_0^2$: 과도감쇠

② $b^2 = 4\omega_0^2$: 임계감쇠

③ $b^2 < 4\omega_0^2$: 미급감쇠

해는 다음과 같다.

$$x = Ae^{-bt/2m}\cos(w_d t + \phi) \tag{18.15}$$

여기서 $\omega_d = \dfrac{\sqrt{4mk - b^2}}{2m}$ 와 같다.

11. 생각하여보기

① 복원력은 변위에 따라 증가한다.

② 저항력은 속도에 비례한다.

③ 실험결과의 분석을 통하여 감쇠계수 b/2m를 구해본다.

④ 본 실험장치를 통하여 임계감쇠가 일어날 조건을 예측하여 자신의 예측이 잘 맞는지를 실험을 통하여 입증하여 본다.

12. 참고자료

[1] http://www.physics.arizona.edu/physics/gdresources/documents/12_Damped_Harmonic%20_Oscillator.pdf.

[2] 가속도 측정실험장치 사용설명서, ㈜ 피앤에스미케닉스.

실험 19 랩뷰를 이용하여 순차적으로 LED 켜기

1. 실험 목적

그림 19.1은 스텝모터를 제어하고 작동시키는 순서를 도식적으로 나타낸 것이다. 본 실험에서는 랩뷰 프로그램을 이용하여 스텝모터 작동에 필요한 4개의 LED를 순차적으로 켜는 프로그램을 코딩한다. 또한 코딩한 프로그램을 사용하여 실제로 LED를 순차적으로 켜 봄으로서 스텝모터의 작동법을 이해하고, 스텝모터가 동작하는 회로를 직접 구성하고, 스텝모터를 동작하여 본다. 이를 통하여 스텝모터를 사용하는 물리실험 및 기타 일상생활에서의 응용사례에 대해서 생각하고 필요시 필요한 프로그램을 코딩한다.

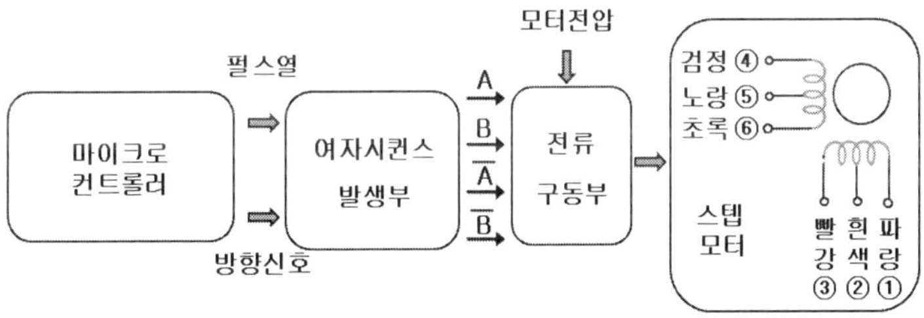

그림 19.1 스텝모터 제어과정

그림 19.1에 나타낸 스텝모터 제어과정에서의 기능은 다음과 같다.

① 마이크로 컨트롤러 : 방향 신호와 펄스열을 발생한다.

② 여자 신호 발생부 : 펄스를 인가하여 각상의 여자 신호를 발생한다. 여자신호란 모터의 코일에 전류를 흘려서 자화시키는 신호이다.

③ 구동 회로부 : 펄스 신호를 받아서 모터의 코일에 여자 전류를 흘려준다.

2. 실험 준비물

- DAQ USB 6009
- 만능기판
- 탄소저항(1$k\Omega$, 1/4 W) 4개
- LED 4개
- 납땜인두 및 납땜용 납 약간

3. 기초 이론

① 바탕화면에 있는 MAX 프로그램을 더블클릭하여 프로그램을 연다.

② MAX 프로그램을 열면, 화면 왼쪽에 내 시스템〉디바이스와 인터페이스〉 등이 나타나는 데, 여기에서 디바이스와 인터페이스를 선택하면 컴퓨터와 연결된 디바이스들이 나타난다. 초록색으로 표시된 디바이스들이 활성화된 디바이스로서 USB-6009의 연결을 확인한 후, 시험패널(테스트패널)에서 Digital I/O을 선택한다.

③ ②번의 방향선택(Select Direction)에서 모두출력(All output)를 선택한 후, ③번의 상태선택(select state)을 이용하여 “모두하이”로 선택한 후, 시작을 클릭하면 LED가 모두 켜지고 “모두로우”로 선택하면 LED가 모두 꺼지는 것을 확인한다. 테스트가 끝나면 정지버튼을 클릭하여 테스트를 끝낸다(그림 19.2 참조). 참고로 “모두하이”로 선택한 후, 시작을 클릭하면 LED가 모두 켜진 다음, 정지버튼을 클릭하면 LED는 켜진 상태를 유지한다.

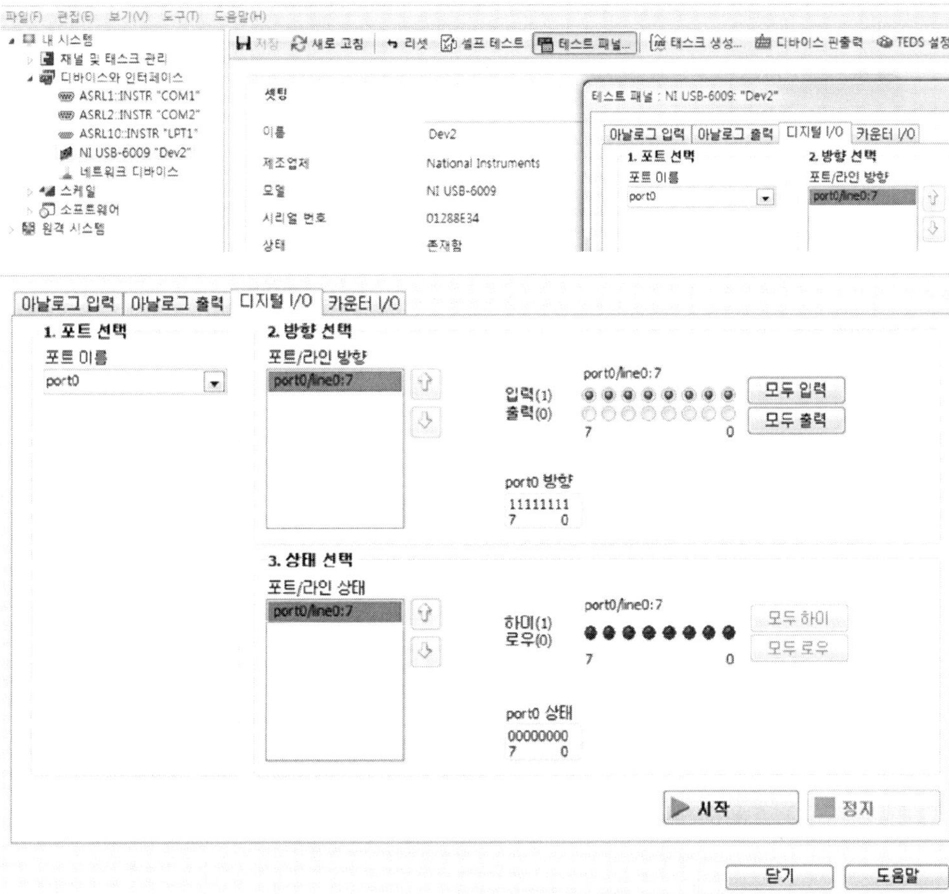

그림 19.2 Max를 이용한 LED 켜기

④ 위의 과정을 끝낸 후에, labview 프로그램을 열어 DAQ 어시스턴트를 이용한 디지털 신호를 출력하는 VI를 작성한다.

⑤ Functions〉〉Input 팔레트의 DAQ 어시스턴트를 찾아서 블록다이어그램에 위치시키면 초기화라는 메시지가 나온 후 그림 19.3과 같은 화면이 나온다. 랩뷰의 버전에 따라 그림 19.3 (a) 또는 19.(b)와 같은 화면이 나타난다.

⑥ 위에서 Digital I/O 〉〉 Port Output을 선택한다.

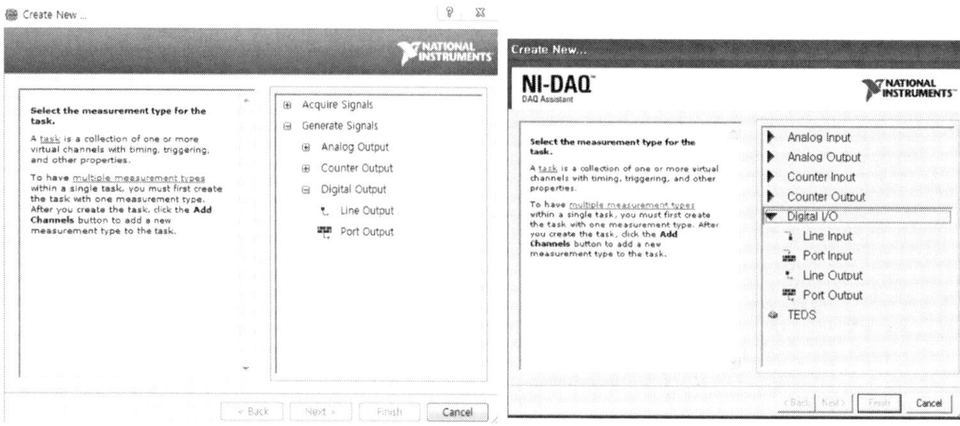

(a)(b)

그림 19.3 DAQ 어시스턴트 초기화면

⑦ 그림 19.4와 같이 물리적 채널을 선택해준다. Dev1(USB6009)보드에서 port0를 선택한 후에 Finish버튼을 누른다.

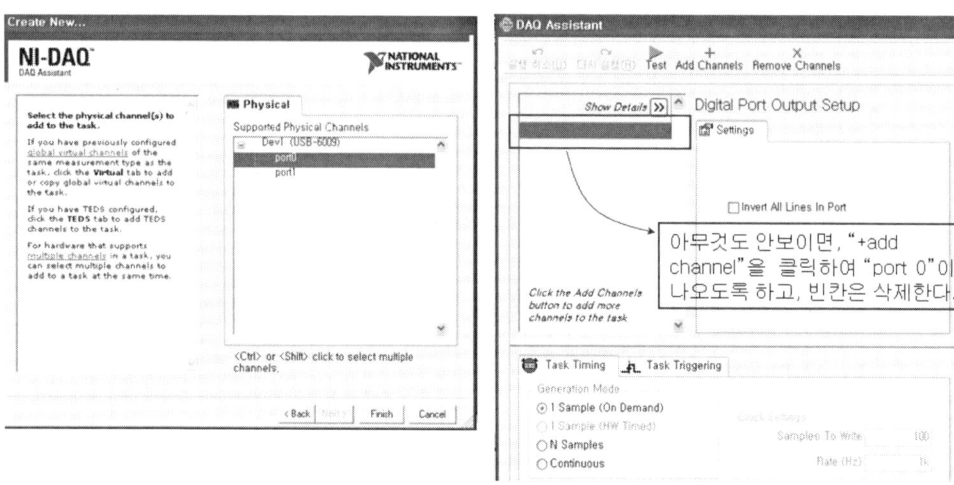

그림 19.4 물리적 채널 선택

⑧ 입력한 값을 반대로 출력을 묻는 창이 있는데 그냥 둔다. 즉, "Invert All Lines in Port" 에 체크하지 않고 확인(OK)버튼을 누른다.

⑨ DAQ 어시스턴트의 디지털 출력에는 항상 Array data가 필요하므로 build

Array 함수를 그림 19.5와 같이 연결하여 사용한다. 물론 프런트 패널의 어레이 컨트롤에 LED를 넣어준다. 어레이의 위치는 랩뷰의 버전에 따라 위치가 다른데, 2016 버전에서는 프런트 판넬 control의 "modern"을 클릭하면 쉽게 찾아진다.

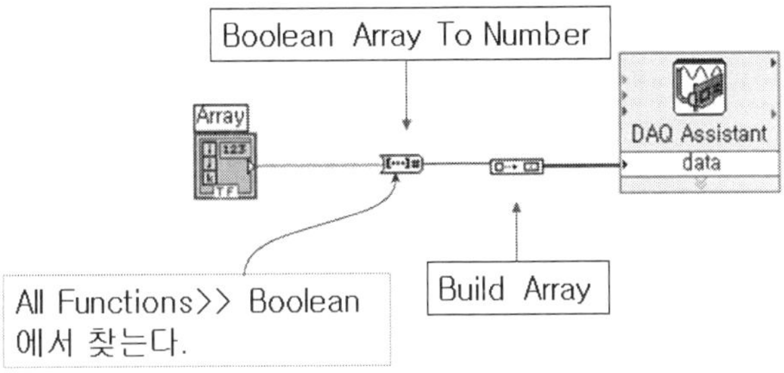

그림 19.5 DAQ 어시스턴트 연결

⑩ 프로그램을 연속으로 실행시킨 후, 프런트패널의 LED를 하나씩 켜면서 USB 6009에 연결된 LED가 켜지는지를 보면서 디지털 출력을 체크한다. 한번 실행할 때마다 새로운 설정에 따라 정상 작동된다.

⑪ 프로그램의 실행을 멈추면 LED 램프는 마지막 상태를 유지한다.

⑫ 정상작동이 안되면 컴퓨터를 껐다가 다시 켜서 실행하되, 그래도 실행이 안 되면 다른 컴퓨터로 다시 시도한다. 안 되는 주된 이유는 버그 때문이다.

4. 프로그램 연습

4-1. DAQ 어시스턴트를 이용한 수동 디지털 출력

① 그림 19.6과 같이 블록 다이어그램을 구성한다.

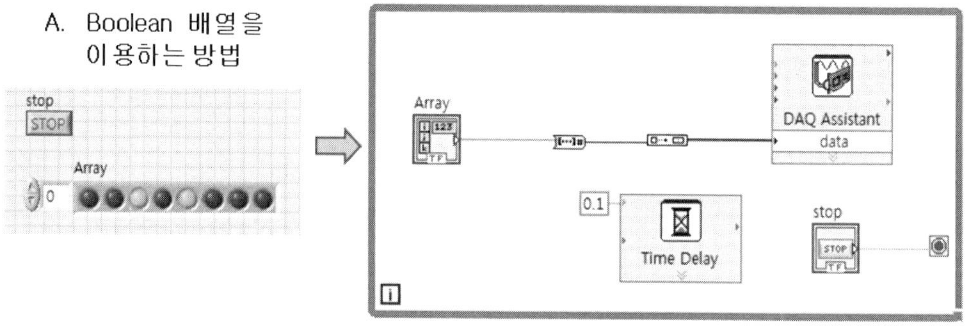

그림 19.6 불리언 어레이와 DAQ 어시스턴트 연결

② 그림 19.7과 같이 프런트 패널에 불리언배열을 하고 원하는 램프를 High(켬)로 하고 실행시키면 다이오드에 불이 들어온다. 그림 19.7과 같이 프런트패널에서 입력을 하면 디지털출력 "0"번에 연결된 LED가 켜지며 램프가 켜지는 방향은 불리언배열과 반대방향이다.

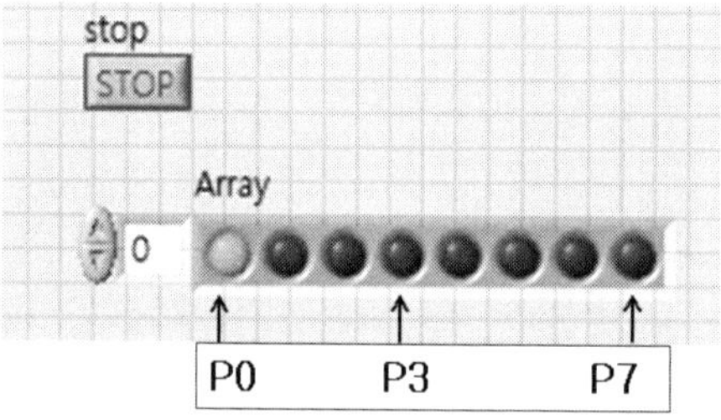

그림 19.7 LED 램프와 불리언 배열순서

주의 While Loop가 있는 상태에서 Physical Channels를 변경하면 에라가 발생하므로 Assistant를 설정하고 While Loop를 두른 후에 다시 실행시켜본다.

③ 그림 19.6에서 LED 컨트롤대신에 숫자컨트롤을 이용하여 "0"부터 "15"까지 숫자를 바꿔주면 LED가 입력되는 숫자에 따라 켜지는 것을 관찰한다. 이를 통하여 2진법과 10진법 관계를 알아낸다.

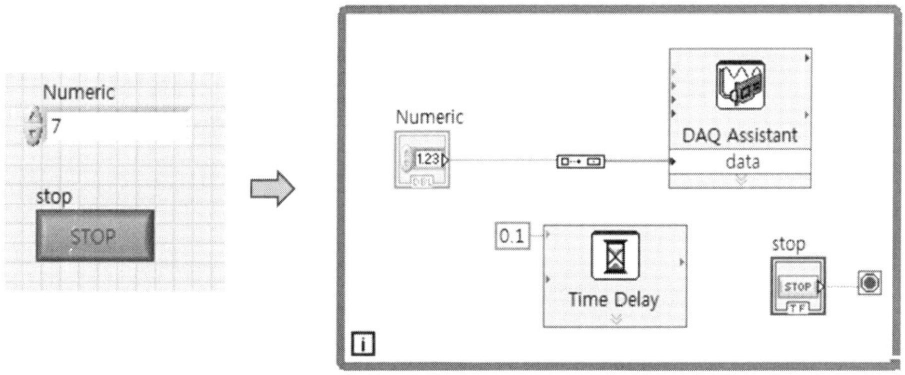

그림 19.8 숫자컨트롤을 이용한 LED 출력

④ 그림 19.9와 같이 토글스위치 8개를 프런트패널에 위치시킨다.

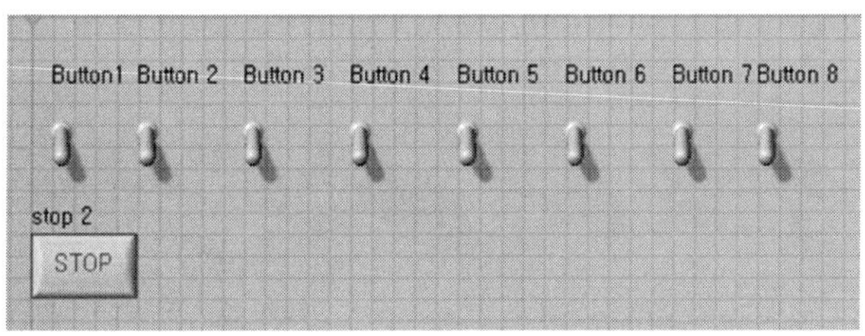

그림 19.9 토글스위치를 이용하여 LED 켜기

⑤ 그림 19.10과 같이 블록 다이아 그램을 구성한다.

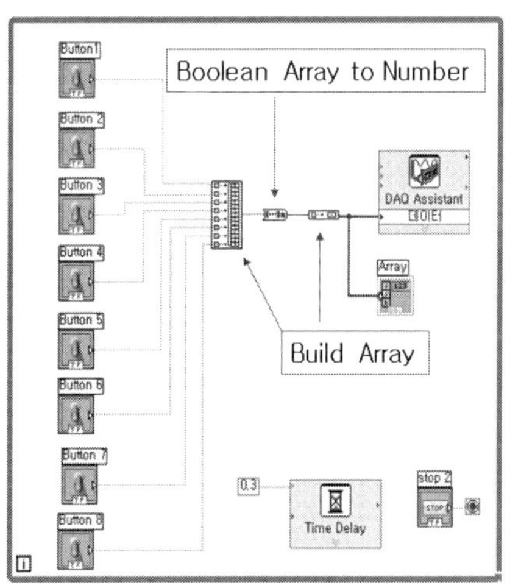

그림 19.10 스위치와 DAQ 어시스턴트

⑥ All Functions>>Boolean에서 Boolean Array to Number을 찾는다.

⑦ DAQ 어시스턴트를 이용하여 디지털 I/O>>포트출력으로 설정한다.

⑧ 그림 19.11과 같이 VI를 실행시키면서 출력의 변화를 관찰한다.

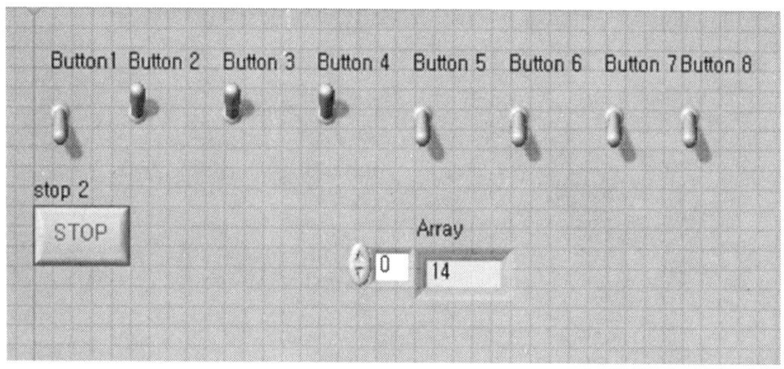

그림 19.11 입력에 따른 출력관찰

⑨ While Loop와 같이 연동이 되어 있으므로 실행할 때마다, LED에 불이 켜짐을 알 수 있다.

4-2. DAQ 어시스턴트와 프로그램을 이용한 디지털 연속출력

랩뷰 프로그램을 이용하여 스텝모터를 제어하는데 필요한 디지털신호를 발생시키는 랩뷰 프로그램을 작성한다. 여기서는 1상여자 스텝모터와 2상여자 스텝모터만을 작동시키는 프로그램을 작성한다.

(1) 1상여자 스텝모터 1방향 작동 프로그램

① 어레이 상수는 블록다이어그램의 '어레이'에 있다. 여기에 숫자를 넣으면 숫자어레이 상수가 된다.

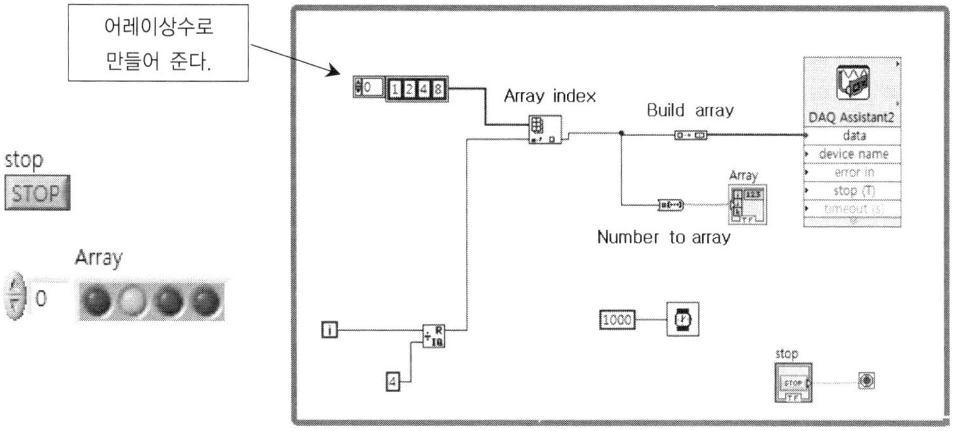

(a) 프런트 패널 (b) 블록다이아 그램

그림 19.12 1상여자 스텝모터 동작프로그램

② 그림 19.13과 같이 어레이 상수 대신에 프런트 패널에서 직접 숫자형 어레이를 만들어 연결하여 작동시켜도 정상 작동한다.

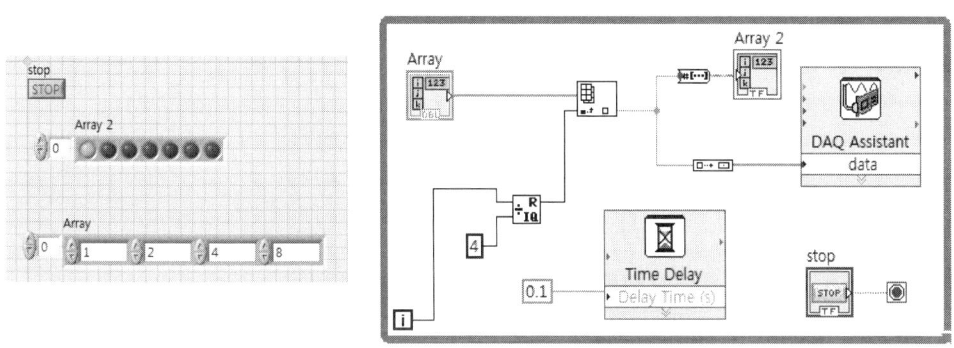

(a) 프런트패널 (b) 블록다이아그램

그림 19.13 1상 여자 스텝모터 동작프로그램

1상여자 스텝모터를 순방향으로 작동시키는 프로그램을 나타낸 그림 19.12를 참조로 반대방향으로 회전하는 프로그램을 작성하고, 이를 바탕으로 순방향과 반대방향으로 작동하는 프로그램을 작성한다. 반대방향으로 동작하는 프로그램은 숫자어레이의 숫자를 반대의 순서로 입력하면 된다.

(2) 2상여자 스텝모터 순방향 동작 프로그램

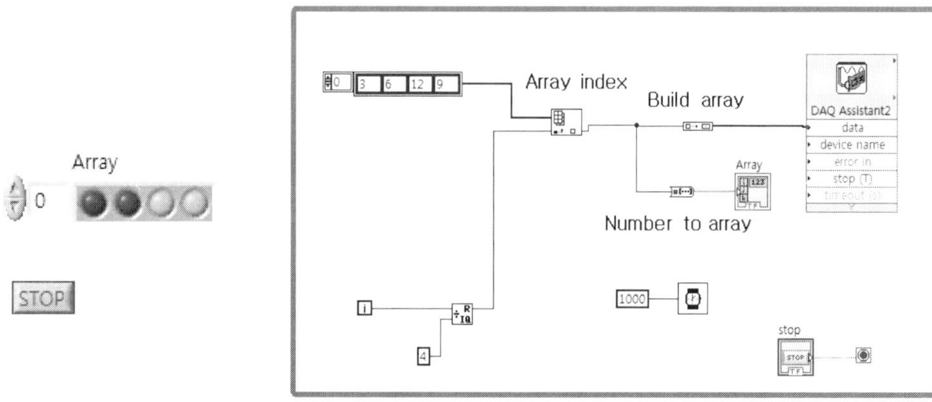

(a) 프런트 패널

(b) 블록다이아 그램

그림 19.14 2상 여자 스텝모터 동작프로그램

2상여자 스텝모터를 순방향으로 작동시키는 프로그램을 나타낸 그림 19.14을 참조로 반대방향으로 회전하는 프로그램을 작성하고, 이를 바탕으로 순방향과 역방향으로 작동하는 프로그램을 작성한다. 반대방향으로 동작하는 프로그램은 숫자어레이의 숫자를 반대의 순서로 입력하면 된다.

실 험 20

랩뷰를 이용한 스텝모터 구동

1. 실험 목적

스텝모터의 구조와 동작 원리를 이해하고, 이를 바탕으로 스텝모터를 동작시키는 회로를 구성하고 스텝모터를 작동시켜 본다.

2. 실험 준비물

- 스텝모터(PK243-03A) : 1개
- 스텝모터 동작에 필요한 직류전원(VSF15-05) : 1개
- 트랜지스터(TR BDX53) : 4개
- 다이오드(1N 4007, 1/4 W) : 4개
- 탄소저항(390 Ω, 1/4 W) : 8개
- LED : 4개
- DAQ USB 6009

3. 기초 이론

3-1. 스텝모터(Step Motor)

디지털펄스를 입력받아 회전하는 모터로서 펄스신호를 받을 때마다 일정한 스텝(각도)으로 회전한다(그림 20.1 참조). 예를 들어 1회전 200펄스의 스텝모터는 동작회로에 1개의 펄스를 주면 1스텝 즉 1.8°만 회전한다.

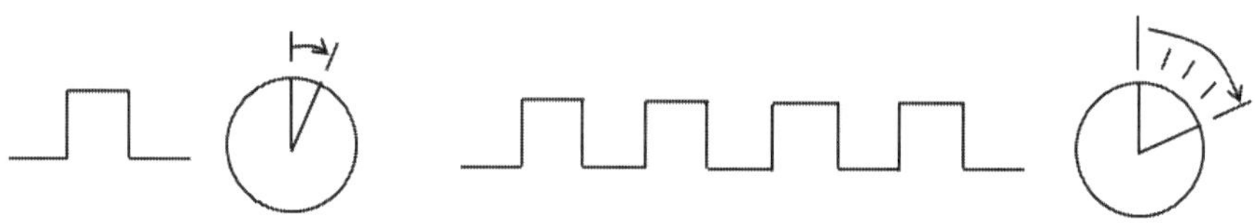

그림 20.1 입력펄스와 회전하는 스텝 수의 관계

따라서 모터의 회전각은 입력펄스의 수에 비례하므로 펄스 수를 제어함으로서 회전각의 조절이 가능하다. 또한 각각의 펄스는 회전자를 1스텝만큼 회전시키므로 정확한 위치제어가 가능하다. 이러한 스텝모터는 ① 높은 안정도 ② 간단한 기계적 구조 ③ 상대적으로 견고하고 튼튼하다는 장점을 가지고 있다. 단점으로는 ① 고정된 스텝만큼 이동하므로 분해능의 한계 ② 관성이 큰 부하를 다루기 어렵다. ③ 고속운전 시에 탈조하기 쉽다. ④ 출력과 크기에 제약을 받는다는 점이다.

3-2. PK 243-01A 스텝모터 제어 회로 구성

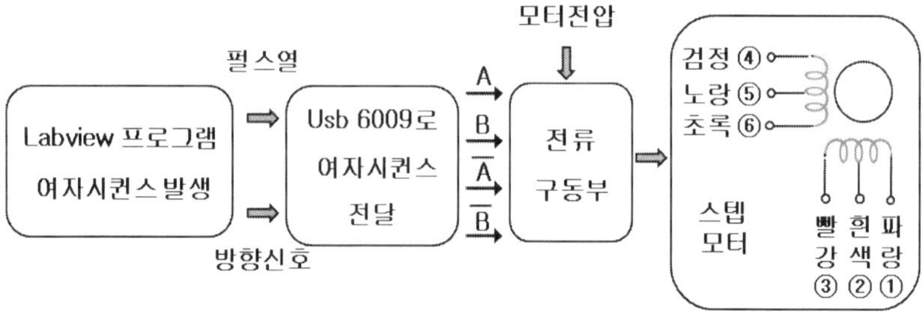

그림 20.2 PK 243-01A 스텝모터 제어 순서도

그림 20.2에서와 같이 랩뷰프로그램으로 스텝모터에 가해주는 방향신호와 펄스시퀀

스가 USB 6009의 펄스출력단자로 보내진다. USB 6009의 펄스출력이 전류 구동부에 보내주면 스텝모터를 구동하는데 필요한 크기의 펄스로 증폭된 신호가 스텝모터에 전달되어 스텝모터가 동작하게 된다.

3-3. 스텝모터의 작동방식

일반 DC-모터와는 달리 스텝모터의 내부에는 회전축을 중심으로 여러 개의 코일들이 일종의 전자석들을 형성하고 있어 외부에 연결하는 리드 선들의 수도 여러 개이다. 즉, 스텝모터가 회전하는 원리는 회전축을 중심으로 배열된 전자석들이 하나씩 시계방향이나 반시계 방향으로 자화되면서 모터의 축이 그 특정 자석 쪽으로 접근하기 위하여 (자력이 있으므로) 움직이면서 회전한다.

스텝모터의 작동방법은 코일에 흐르는 전류의 형태에 따라 구별된다. 즉, 제어회로로부터 출력된 동작신호에 의해서 모터의 코일에 한쪽방향으로만 전류가 흐르도록 하는 유니폴러 방식과 코일에 양방향으로 전류가 교대로 흐르는 바이폴러 방식이 있다. 여기서는 유니폴러 방식에 대해서만 알아본다. 또한 모터내의 코일을 여자시키는 방식에 따라 1상여자 방식, 2상 여자 방식 및 이들을 조합한 1-2상 여자 방식이 있다.

(1) 1상 여자방식

① 1상 여자방식의 특징:

- 스텝 모터를 구동하기 위한 최소한의 구동 방법.
- 스텝 A → 스텝 B→ 스텝 $\overline{A}$ → 스텝 $\overline{B}$ → 스텝 A 와 같이 펄스를 가해주면 순방향으로 회전하며, 이의 반대방향으로 가해주면 역방향으로 회전한다.
- 1개의 코일만을 차례로 여자하는 방식.
- 소비 전력이 낮고 1스텝당 정밀도가 높음.
- 감쇠진동이 크고 탈조하기 쉬움.

② 1상 여자방식의 펄스입력

1상 여자방식의 펄스 입력은 표 20.1에 나타내었다.

표 20.1 1상 여자방식의 펄스입력

구분	1 주기				2 주기			
	1	2	3	4	5	6	7	8
A	1	0	0	0	1	0	0	0
B	0	1	0	0	0	1	0	0
$\overline{A}$	0	0	1	0	0	0	1	0
$\overline{B}$	0	0	0	1	0	0	0	1

③ 1상 여자방식의 동작 타이밍

1상 여자방식의 동작타이밍을 그림 20.3에 나타내었다.

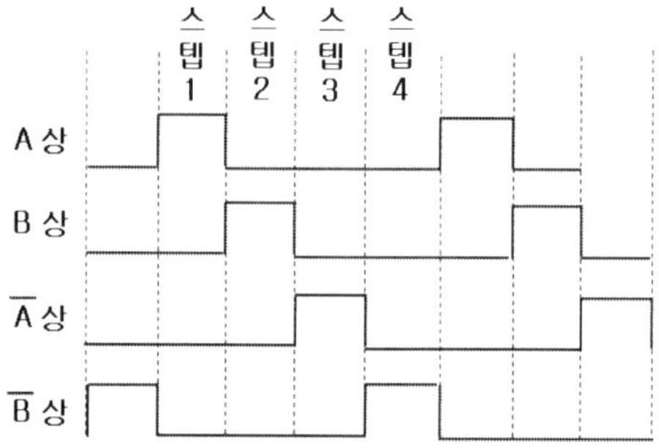

그림 20.3 1상여자방식의 동작 타이밍

(2) 2상 여자방식

① 2상 여자의 특징

- 2개의 코일을 동시에 여자하는 방식.
- 1상 여자구동에 비해 2배의 전류가 필요하지만 토크가 크고 감쇠진동이 적음.
- 주파수(damping)특성이 양호하여 가장 널리 이용되는 방법.
- 스텝 A, B → 스텝 B, $\overline{A}$ → 스텝 $\overline{A}$, $\overline{B}$ → 스텝 $\overline{B}$, A 와 같이 펄스를 가해주면 순방향 회전을 하게 되며, 이의 반대방향으로 가해주면 역방향으로 회전한다.

② 2상 여자방식의 펄스입력

2상 여자방식의 펄스 입력을 표 20.2에 나타내었다.

표 20.2 2상 여자방식의 펄스입력

구분	1 주기				2 주기			
	1	2	3	4	5	6	7	8
A	1	0	0	1	1	0	0	1
B	1	1	0	0	1	1	0	0
$\overline{A}$	0	1	1	0	0	1	1	0
$\overline{B}$	0	0	1	1	0	0	1	1

③ 2상 여자방식 동작 타이밍

2상 여자방식의 동작타이밍을 그림 20.4에 나타내었다.

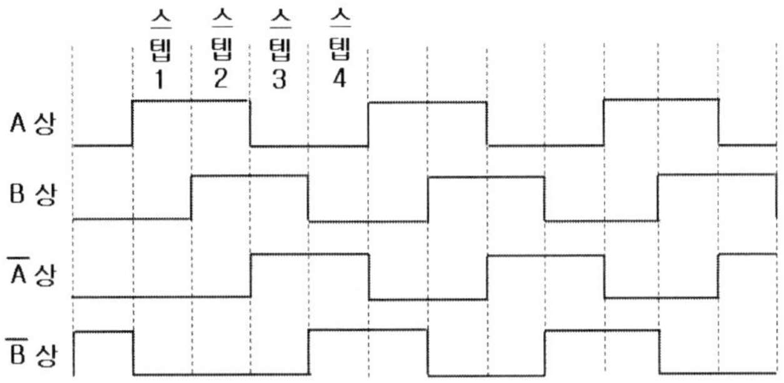

그림 20.4 2상 여자방식의 동작타이밍

4. 2상 여자 (PK243-03A 유니폴러)스텝모터의 작동원리

2상 여자 스텝모터는 그림 20.5에서 보여주는 바와 같이 4단계로 진행되면서 동작하게 된다.

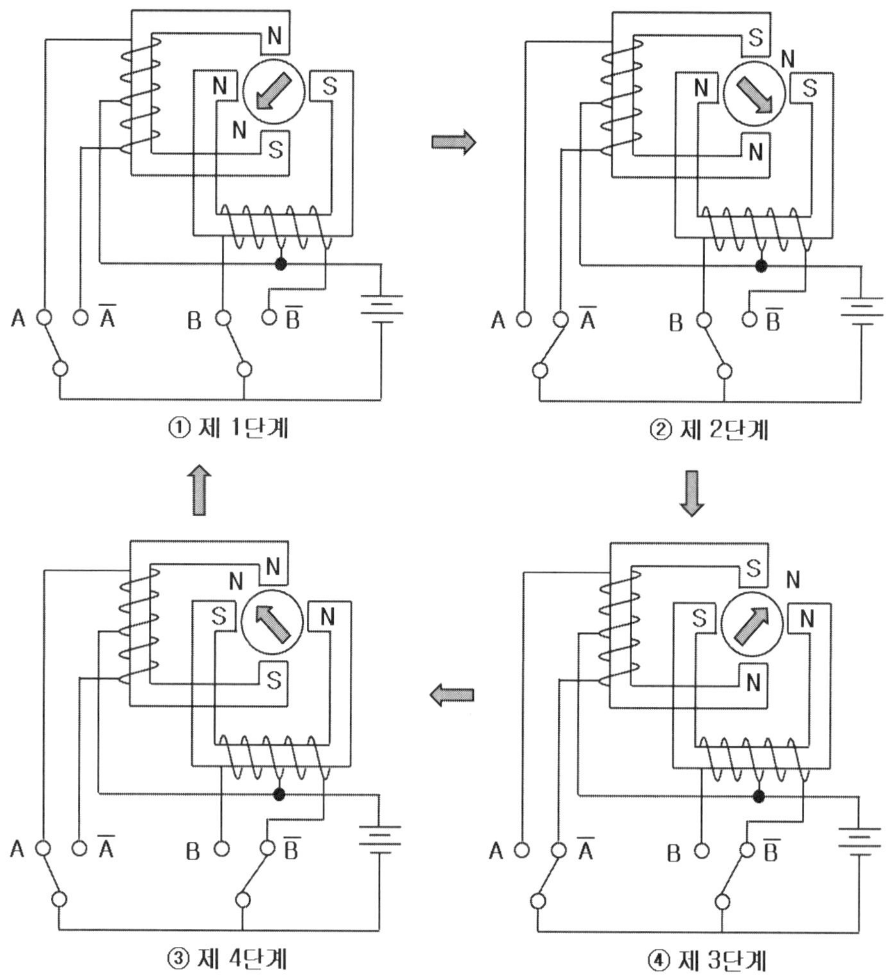

그림 20.5 스텝모터의 순방향 작동원리

4-1. PK243-03A의 유니폴러 배선

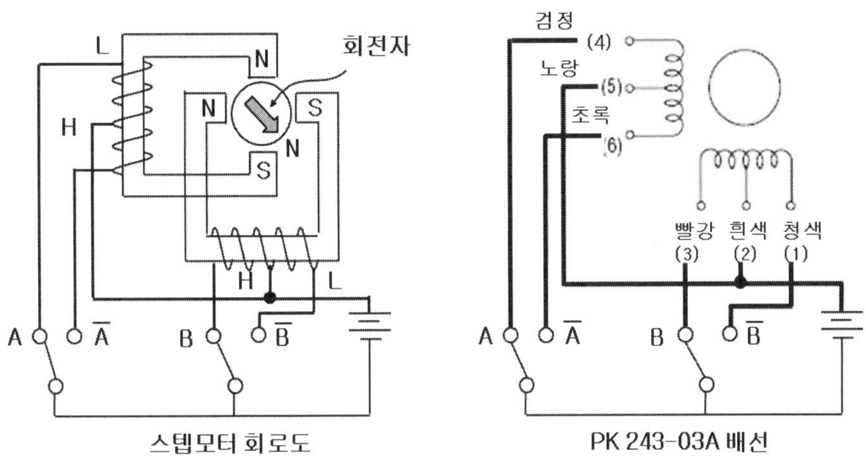

그림 20.6 유니폴러 PK243-03A의 배선

여기서 사용하게 될 PK243-03A 스텝모터에는 6가지 색깔의 리드선이 있으며, 이들 각각은 모터내의 각 코일과 연결되어 있다(그림 20.6 참조). (A상-검정, B-빨강, $\overline{A}$상-초록, $\overline{B}$상-파랑, 흰색과 노랑색 리드선은 결선하여 전원공급장치의 +5V에 연결).

5. 스텝모터(step motor) 구동 회로도

(1) 스텝모터를 동작시키는 데 필요한 부품

표 20.3 Step motor 구성 부품

부품명, 규격	그림	부품명, 규격	그림
스텝모터 : 1개 (PK243-03A)	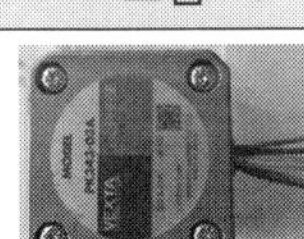	직류전원장치 (VSF15-05)	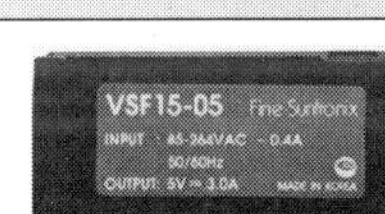
트랜지스터: 4개 (TR BDX53)		다이오드: 4개 (1N4007, 1/4 W)	
발광다이오드: 4 개 (LED)	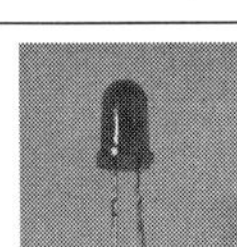	저 항: 8개 (390Ω, 1/4 W)	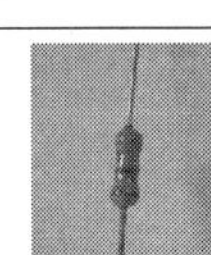

(2) 스텝모터 회로도

스텝모터에 가해주는 전원회로는 그림 20.7과 같다. 이러한 회로를 구성하여 스텝모터에 연결하고, 랩뷰프로그램을 이용하여 스텝모터를 작동시켜 본다.

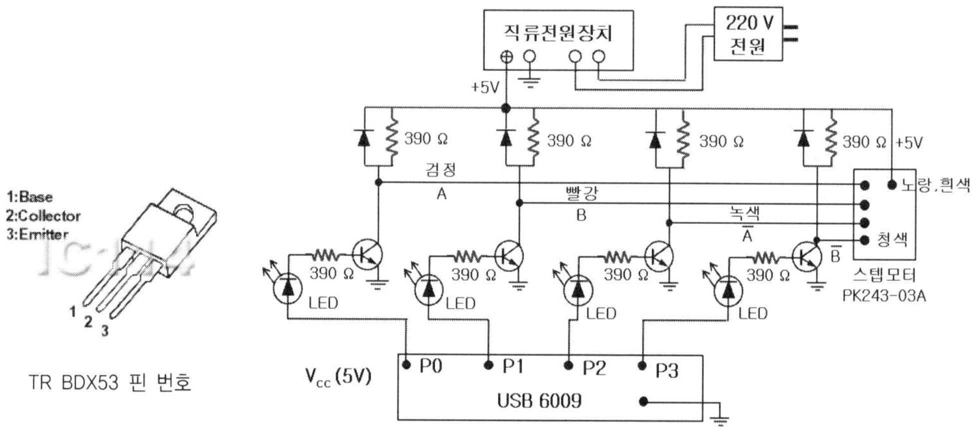

그림 20.7 스텝모터 회로 전원회로도

(3) 스텝모터 전원장치와 스텝모터의 연결

① $A, B \rightarrow \overline{A}, B \rightarrow \overline{A}, \overline{B} \rightarrow A, \overline{B}$

② A, B: 1번 다이오드: A (스텝모터의 검정색 선), 2번 다이오드: B (스텝모터의 빨강색 선)

③ $\overline{A}, B$: 3 번 다이오드: $\overline{A}$ (스텝모터의 녹색 선), 2번 다이오드: B (스텝모터의 빨강색 선)

④ $\overline{A}, \overline{B}$: 3 번 다이오드: $\overline{A}$ (스텝모터의 녹색 선), 4번 다이오드: $\overline{B}$ (스텝모터의 청색 선)

⑤ $A, \overline{B}$: 1 번 다이오드: A (스텝모터의 검정색 선), 4번 다이오드: $\overline{B}$ (스텝모터의 청색 선)

6. 스텝모터 구동

(1) 컴퓨터 프로그램

랩뷰프로그램을 이용하여 스텝모터를 제어하면서 데이터를 받는 프로그램을 작성해야 한다. 하지만 1차적으로 1상여자 스텝모터와 2상여자 스텝모터만을 작동시키는 프로그램을 작성한다.

① 1상여자 스텝모터 1방향 작동 프로그램

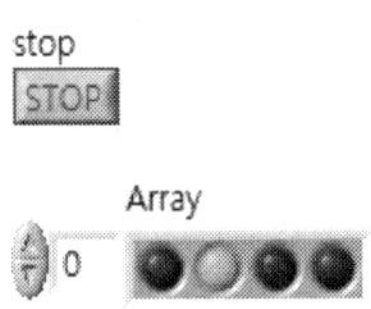

(a) 프런트 패널

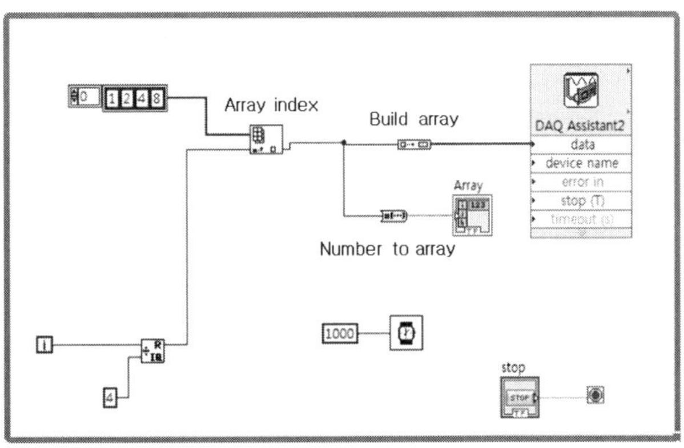

(b) 블록다이아 그램

그림 20.8 1상여자 스텝모터 동작프로그램

1상여자 스텝모터를 순방향으로 작동시키는 프로그램을 나타낸 그림 20.8을 참조로 반대방향으로 회전하는 프로그램을 작성하고, 이를 바탕으로 순방향과 역방향으로 작동하는 프로그램을 작성한다.

② 2상여자 스텝모터 순방향 동작 프로그램

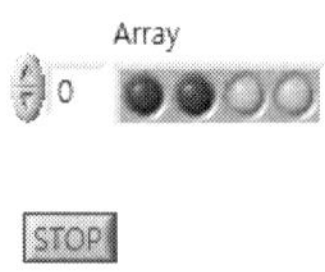

(a) 프런트 패널

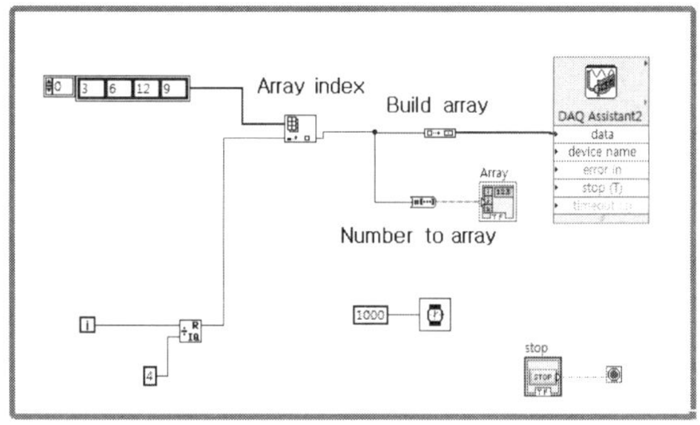

(b) 블록다이아 그램

그림 20.9 2상여자 스텝모터 동작프로그램

2상여자 스텝모터를 순방향으로 작동시키는 프로그램을 나타낸 그림 20.9를 참조로 반대방향으로 회전하는 프로그램을 작성하고, 이를 바탕으로 순방향과 역방향으로 작동하는 프로그램을 작성한다.

③ 스텝모터의 동작회로 사진

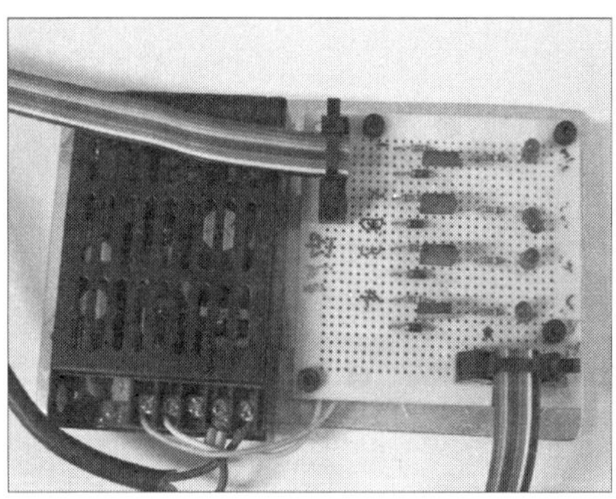

그림 20.10 스텝모터 동작회로

7. 참고자료

[1] http://www.ni.com/white-paper/3656/en.

[2] www.Stepperworld.com.

[3] http://www.youtube.com/watch?v=bngx2dKl5jU.

[4] http://micro.skku.ac.kr/xe/?module=file&act=procFileDownload&file_srl=2313&sid=35c857a1fe2348ee79245f5245b468b1.

[5] http://forum.falinux.com/zbxe/index.php?document_srl=570184&mid=hardware.

실 험 21
랩뷰를 이용한 시간영역과 주파수영역에서의 소리 분석

1. 실험 목적

주기적으로 변하는 전압 또는 음파에 대한 설명은 2가지 방법으로 이뤄진다. 하나는 시간에 따른 파의 변화를 관찰하는 것이며, 2번째 방법은 특정모양을 하고 있는 파형의 진동수를 분석하는 것이다. 우리들이 자주 접하는 피아노의 “라”음이나 플루트의 “라”의 기본진동수는 440 Hz 로서 서로 같다. 하지만, 악기가 내는 “라”음의 소리를 들어보고 피아노 음인지 아니면 플루트 음인지를 구분하게 되는데 이는 “라”음을 구성하고 있는 진동수 특성이 서로 다르기 때문이다. 본 실험에서는 이러한 음의 특성분석을 통하여 푸리에 변환을 이해하고 이들의 활용방법에 대해서 알아본다.

2. 기초 이론

2-1. 시간 영역에서의 음파

그림 21.1과 같이 시간에 따라 주기적으로 크기가 변하는 전류 또는 음파에 대한 파형은 싸인 함수와 코사인 함수의 푸리에 급수(Fourier series)로서 나타내질 수 있다. 즉, 임의의 주기적 파형은

$$V(t)= \frac{a_0}{2}+\sum_{n=1}^{\infty}(a_n \cos n\omega_0 t+b_n \sin n\omega_0 t) \tag{21.1}$$

와 같이 표현되며, 여기서 ω_0 를 기본 각진동수라 하며 다음과 같이 표현된다.

$$\omega_0 = \frac{2\pi}{T} \quad (T \ : \ 주기) \tag{21.2}$$

여기서 $2\omega_0$ 는 제 2차 조화 진동수, $3\omega_0$ 는 제 3차 조화 진동수라고 한다. 식 (21.1)에서의 상수들은

$$a_n = \frac{2}{T}\int_{-T/2}^{T/2} V(t)\cos n\omega_0 t \, dt \tag{21.3}$$

$$b_n = \frac{2}{T}\int_{-T/2}^{T/2} V(t)\sin n\omega_0 t \, dt \tag{21.4}$$

와 같이 주어진다. 식 (21.1)에서의 $a_0/2$ 는 $V(t)$ 의 평균값이다. 여기서 종속변수인 $V(t)$ 가 전압을 나타내는 경우에 시간에 따른 전압의 변화를 의미하며 음파인 경우에는 시간에 따른 공기압력의 변화를 의미하며, 시간은 독립변수로서 사용된다.

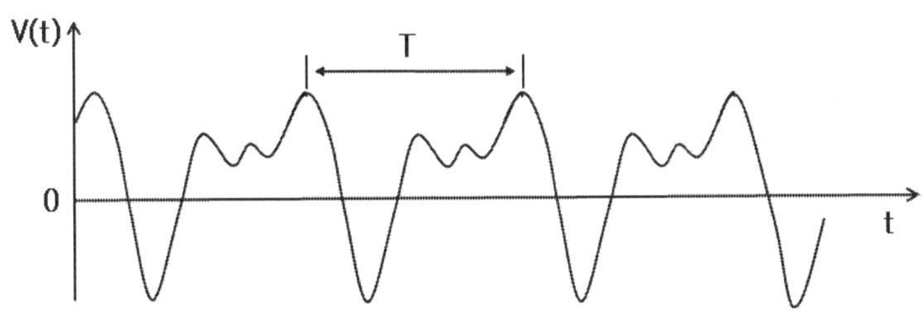

그림 21.1 주기 T를 가진 주기적인 파형

2-2. 진동수 영역에서의 음파

시간에 따라 주기적으로 크기가 변하는 전압 또는 음파(그림 21.1 참조)를 수식으로 표현하면 다음과 같다.

$$V(t) = \frac{1}{2\pi}\int_{-\infty}^{\infty} \overline{V}(\omega)e^{j\omega t}\, d\omega \tag{21.5}$$

하지만 식 (21.5)를 진동수 영역에서 표현하면 다음과 같다.

$$\overline{V}(\omega) = \int_{-\infty}^{\infty} V(t) e^{-j\omega t} dt \tag{21.6}$$

식 (21.5)와 (21.6)에서 주어진 $V(t)$와 $\overline{V}(\omega)$를 푸리에 변환 쌍(Fourier Transform Pair)이라고 한다.

위에서 설명한 시간영역에서의 음파와 진동수 영역에서의 음파 사이의 관계를 그림 21.2에 나타내었다.

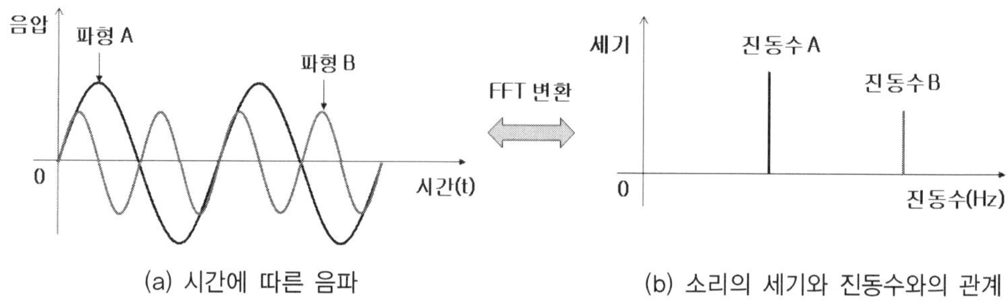

그림 21.2 시간영역(a)과 진동수 영역(b)에서의 음파 비교

3. 실험 준비물

- Labview 2015
- USB 6009 또는 그 이상의 하드웨어 : 1개
- 증폭기가 내장된 소형 마이크로폰 (FK-1006) : 1개
- 음차 : 1개
- 리코더 : 1개

4. 실험 방법

1. 단일 진동수를 가지는 사인파 시뮬레이션 생성 및 분석
2. 2개 진동수를 가지는 소리의 시뮬레이션 생성 및 분석 동영상 참조-참고자료 1, 2
3. 음차소리 분석
4. 악기음 분석

실험 4-1

① 그림 21.3에서와 같이 마이크와 USB 6009를 연결한다.

② 프리앰프가 내장된 마이크로폰(FK-1006)의 출력을 USB 6009 해당 입력단자에 연결한다. FK-1006의 "+"출력을 USB 6009의 신호입력 단자에 연결하며, FK-1006의 접지를 USB 6009의 접지에 연결한다.

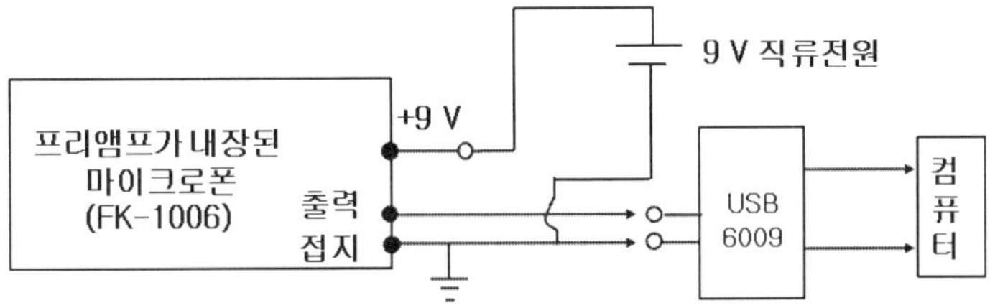

그림 21.3 마이크로폰과 USB 6009 연결

③ 아래의 과정 ④~⑪에 따라 프로그램을 작성한다.

④ Functions 〉 Measurement I/O 〉 DAQmx-Data Acquisition 〉 DAQ Assistant를 찾아 While Loop 안에 두고 기다린다. While Loop안에 DAQ Assistant를 열어 USB 6009로부터 신호획득 → 아날로그 입력 → 전압 → USB 6009 → 데이터를 받아들이는 채널을 선택한다.

⑤ Terminal configuration을 "RSE"로 선택하고, Acquisition Mode를 "Continuous Samples", Samples to read를 800, 그리고 Rate(Hz)를 8 k로 설정한 후, "OK" 버튼을 누른다.

⑥ DAQ Assistant의 data에 와이어커서를 두고 오른쪽을 클릭하면 선택항목들이 나오는데 "Signal Manipulation Palette"를 선택한 후, "From DDT"를 선택하면 "Configure Convert from Dynamic Data"에 관련된 창이 뜬다. 여기에서 "Single Waveform"을 선택하고 "OK"버튼을 누른 다음, DAQ Assistant의 data에 연결한다.

⑦ Convert from Dynamic Data에 waveform Graph를 연결한다.

⑧ Functions〉Signal Processing〉Waveform Measurements〉FFT Power Spectrum and PSD.vi을 선택하여 블록다이어그램에 둔다.

⑨ FFT Power Spectrum의 오른쪽 위의 power spectrum/PSD(붉은 색)에 와이어를 두고 클릭하면 선택항목이 나오는데 이중에서 "Culster, Class, & Variant Pallette"를 선택하여 "unbundle by Name"를 선택하여 연결하면 스펙트럼에 대한 정보를 얻을 수 있다. 여기서 f_0, df 및 $magnitude$는 연결하면 자동으로 얻어지는 것이다.

⑩ Functions〉array〉Array Max&Min을 선택하여 블록다이어그램에 둔다.

⑪ Functions〉array〉Replace array subset을 선택하여 블록다이어그램에 둔다.

⑫ 음차를 진동시켜 음차에서 발생된 소리를 시간영역과 진동수 영역에서의 결과를 관찰한다.

⑬ 관찰된 결과를 컴퓨터에 저장하는 프로그램을 작성하여 얻어진 데이터를 저장한 후, 오리진 등의 분석프로그램을 통하여 분석한다.

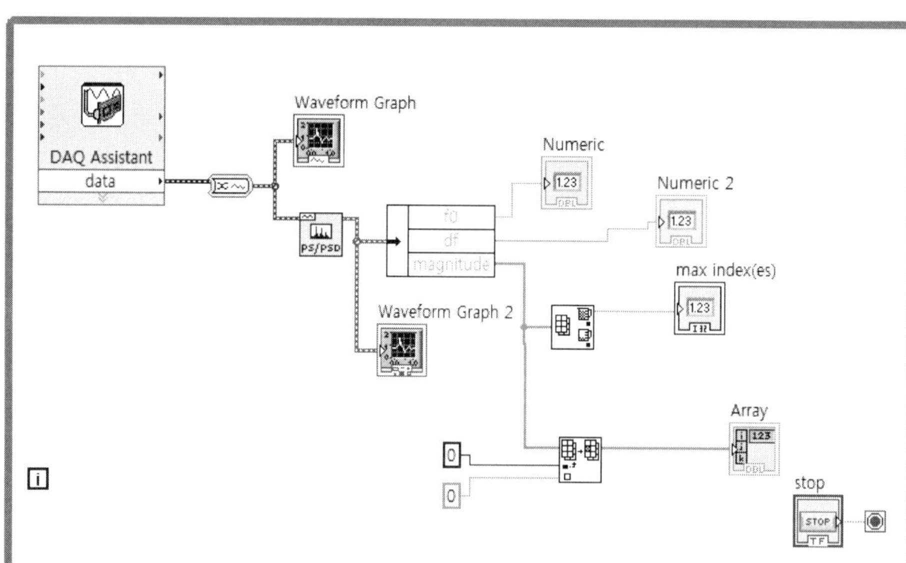

그림 21.4 FFT 분석을 위한 블록다이어그램

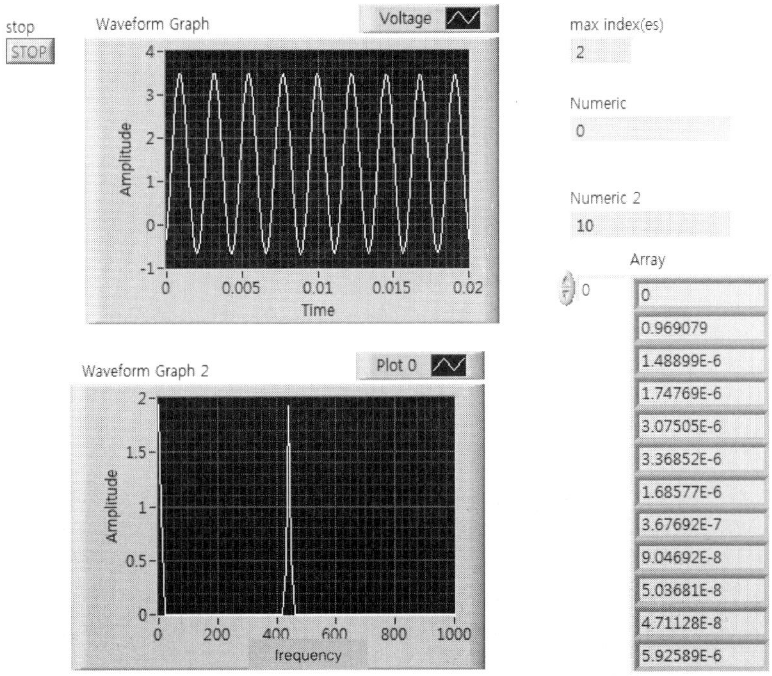

그림 21.5 FFT 분석을 위한 프런트패널

실험 4-2

① 실험방법-1의 과정 ①~⑧은 동일하다.

② 그림 21.6과 같이 프로그램을 구성하고, 소리굽쇠를 진동시켜 시간에 따른 파형과 진동수 스펙트럼이 예상 값과 일치하는 가를 확인한다. 소리굽쇠의 진동수가 440 Hz인 경우에 Waveform Graph의 x-축을 0부터 0.02로 수동 설정하고, Waveform frequency Spectra의 x-축을 0부터 1000으로 수동 설정한다. 음원의 진동수 영역에 따라 Waveform Graph와 Waveform frequency Spectra의 x-축의 범위를 적절히 수동 설정한다.

③ 플루트 또는 단소와 같은 악기에서 내는 특정 음에 대하여 시간에 따른 파형과 진동수 스펙트럼이 예상 값과 일치하는 가를 확인한다.

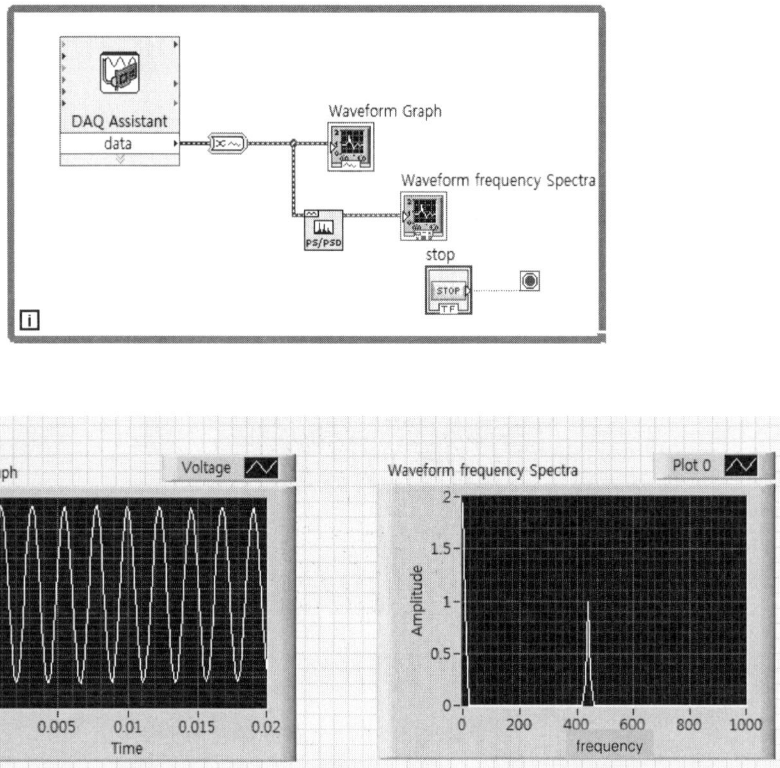

그림 21.6 FFT 분석을 위한 프로그램

④ 그림 21.6에 제시된 프로그램과는 약간 달리 다음과 같은 과정에 따라 프로그램을 작성한다. 즉, Functions 〉 Signal Processing 〉 Waveform Measurements 〉 Spectral Measurement을 선택한 후, selected Measurement에서 Power spectrum을 선택한다.

⑤ 그림 21.7과 같이 프로그램을 작성하여 소리의 시간에 따른 파형과 함께 소리에 대한 진동수 성분들을 분석한다.

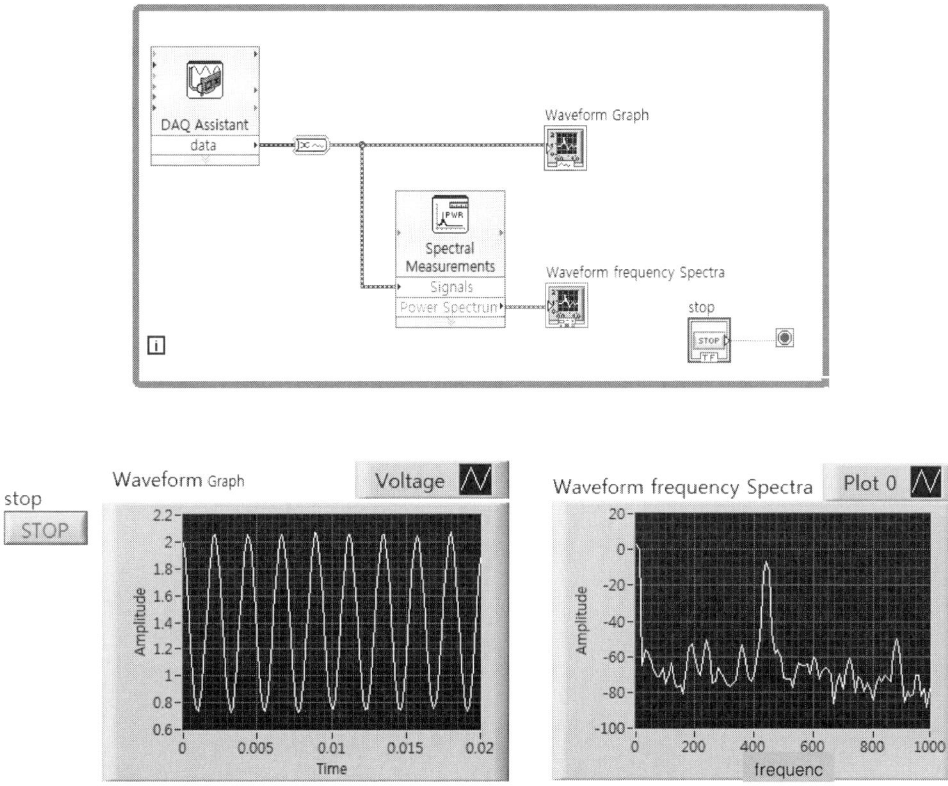

그림 21.7 FFT 분석을 위한 프로그램

⑥ 위의 과정이 끝나면 데이터를 저장하는 프로그램을 작성하고 실험데이터를 저장한 후, 오리진과 같은 데이터 처리 프로그램을 활용하여 실험결과를 분석하고 정리한다.

5. 보충자료

같은 높이의 피아노 음과 바이올린 음을 구별하는 이유는 무엇인가?

그림 21.8은 시간에 따른 소리굽쇠(음차), 클라리넷 및 오보에의 음을 녹음하여 재생한 것이다. 그림 21.8을 보면 모두가 같은 주기로 변화지만, 모양이 서로 다르다는 것을 알 수 있다. 예를 들어 특정 소리의 진동수가 "라"음에 해당하는 440 Hz 라고 하면 이들 모두가 440 Hz 의 진동수를 가지고 시간에 따라 크기가 변한다는 것을 의미한

다. 하지만 이들 모양이 서로 다른 이유는 무엇일까?

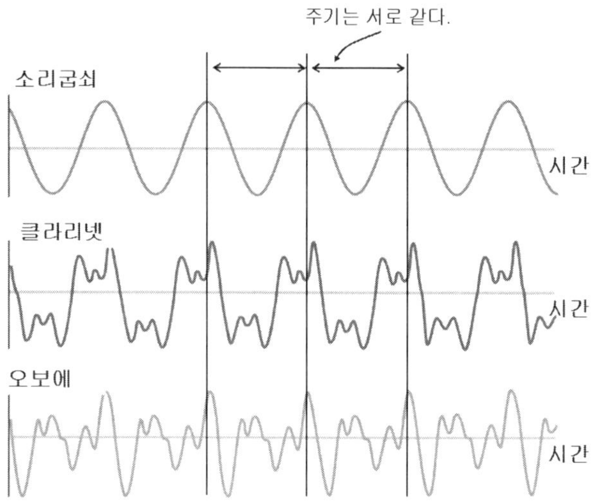

그림 21.8 시간에 따른 소리굽쇠, 클라리넷 및 오보에의 파형

그림 21.9는 소리굽쇠, 클라리넷 및 오보에로부터 발생된 소리에 대한 기본음 및 배음들의 상대적 세기를 나타낸 것이다. 소리굽쇠의 경우에는 기본음만 존재하고 배음이 존재하지 않는다. 따라서 시간에 따른 파형의 변화가 그림 21.8에서와 같이 가장 간단하다.

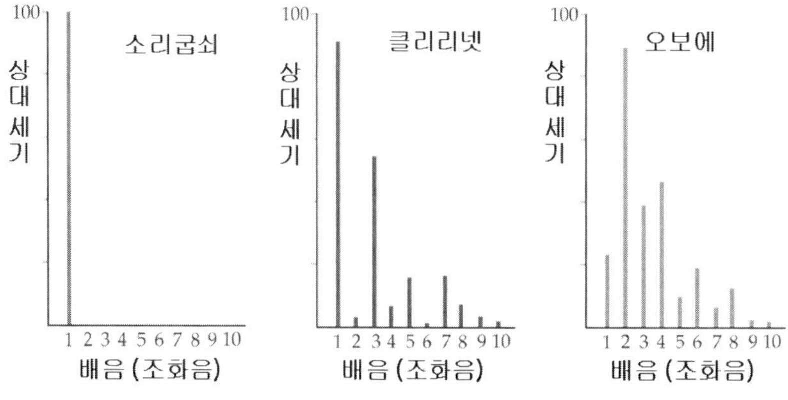

그림 21.9 소리굽쇠, 클라리넷 및 오보에의 배음들의 상대세기

하지만, 클라리넷의 경우에 기본진동수의 세기가 가장 강하고, 3배 진동수의 음이 2번째로 강하다. 예를 들어서 클라리넷을 440 Hz 의 "라"음으로 연주한다면, 440 Hz 의 음이 가장 강하고, 이의 3배진동수인 1,320 Hz 의 음이 두 번째로 강하다는 것을 의미한다. 3번째로 강한 음은 기본진동수의 5배와 7배에 해당하는 2,200 Hz 와 3,080 Hz 를 가진다. 다시 말해서 클라리넷의 "라"음을 연주하면 기본음을 비롯하여 이들 모두의 배음들이 동시와 발생되며, 이들을 합하면 그림 21.8에서 보여준 파형을 나타낸다. 오보에의 경우에는 440 Hz 의 배음(880 Hz)이 기본 진동수인 440 Hz 보다 좀 더 강하게 나온다.

그림 21.9에서처럼 배음들의 상대적 세기가 서로 다르기 때문에 같은 "라"음을 연주하더라도 소리를 듣고 악기를 서로 구별할 수 있는 것이며, 이를 전문용어로는 "음색"이라고 한다. 즉, 음의 높고 낮음은 진동수가 높고 낮음에 따라 결정되는 것이며, 음색은 기본진동수에 대한 배음들의 상대적 세기에 의해서 결정되는 것이다. 그림 21.9에 나타낸 배음들의 상대적 세기를 가지는 소리를 전자적으로 합성하면 전자악기가 되는 것이다. 따라서 전자악기를 만들기 위해서는 그림 21.9와 같은 음의 분석이 필요하다.

6. 참고자료

[1] http://www.youtube.com/watch?v=DKQT4M7M2Fg.

[2] https://m.youtube.com/#/watch?v=xMWIATas_e0.

[3] http://www.youtube.com/watch?v=5Av4D2AB2UI.

[4] http://www.ni.com/tutorial/13601/en/.

[5] https://m.youtube.com/#/watch?v=Q7UJ_uOvXP8.

실 험 22

랩뷰를 이용한 맥놀이현상 측정 및 분석

1. 실험 목적

서로 비슷한 진동수를 가진 두 소리가 겹쳐서 들릴 때 주기적으로 "소리가 커졌다 작아졌다"하는 현상을 맥놀이 현상이라고 하는데, Labview를 이용하여 이를 측정하고 결과를 분석함으로서 맥놀이 현상이 발생되는 이유와 원리를 이해한다.

2. 실험 준비물

- 진동수가 비슷한 음차 : 2개 (음차의 진동수는 250 Hz 와 238 Hz)
- 증폭기가 내장된 소형 마이크
- USB 6009 또는 그 이상의 하드웨어

3. 기초 이론

맥놀이 현상은 서로 비슷한 진동수를 가진 두 음파가 간섭을 일으키는 경우에 발생한다. 간섭의 효과는 주기적으로 소리가 커졌다 작아졌다하면서 하나의 단일 음을 발생시킨다. 이러한 맥놀이 현상을 이해하기 위하여 진폭이 같고 위상차가 없이 서로 간섭하는 2개의 음파를 생각하여 보자. 진폭이 같고 위상차가 없는 2개의 음파를 수식으로 나타내면 다음과 같다.

$$p_1 = A\cos(\omega_1 t) \tag{22.1}$$

$$p_2 = A\cos(\omega_2 t) \tag{22.2}$$

여기서 A는 진폭, ω_1, ω_2는 2개 음파의 각진동수, t는 시간 그리고 아래첨자 1,2는 2개의 파를 구별하기 위하여 사용하였다.

식 (22.1)과 (22.2)로 주어진 2개의 파를 서로 더하면,

$$p = p_1 + p_2 = A(\cos\omega_1 t + \cos\omega_2 t) \tag{22.3}$$

와 같이 된다. 이를

$$\cos\alpha + \cos\beta = 2\cos[(\alpha - \beta)/2] \cdot \cos[(\alpha + \beta)/2] \tag{22.4}$$

와 같은 삼각함수의 성질을 이용하여 간단히 표시하면 다음과 같다.

$$p = A(\cos\omega_1 t + \cos\omega_2 t) = [2A\cos(\omega_1 - \omega_2)t/2] \cdot \cos(\omega_1 + \omega_2)t/2 \tag{22.5}$$

식(22.5)는 2파가 중첩된 파의 각진동수는$(\omega_1 + \omega_2)/2$ 이며, 진폭은 시간에 따라서 $(\omega_1 - \omega_2)/2$ 의 진동수로 변하게 된다는 것을 의미한다.

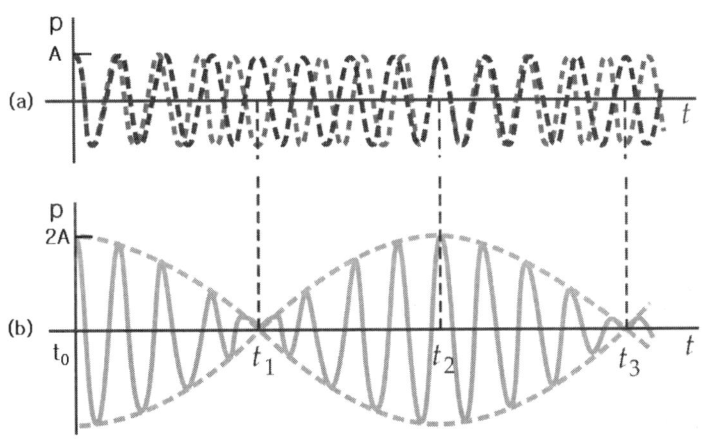

그림 22.1 (a) 2파의 중첩 및 (b) 중첩결과로 얻어진 맥놀이 신호

식 (22.5)는 2개의 파가 서로 간섭하는 어떤 경우에 대해서도 성립하지만, 맥놀이 현상을 쉽게 관찰하기 위해서는 다음과 같은 조건을 만족해야 한다.

$$|\omega_1 - \omega_2| \ll \omega_1 + \omega_2 \tag{22.6}$$

식 (22.6)은 진폭의 변화를 나타내는 $2A\cos(\frac{\omega_1 - \omega_2}{2})t$는 $\cos(\frac{\omega_1 + \omega_2}{2})t$에 비하여 매우 느리게 진동한다는 것을 의미한다. 진폭의 극대는

$$2A\cos(\frac{\omega_1 - \omega_2}{2})t \tag{22.7}$$

가 +1이거나 -1일 때에는 언제든지 생긴다. 그림 22.1(b)에서 $t = t_0$ 및 $t = t_2$에서 진폭의 극대가 일어나며, $t_2 - t_0 = T/2$(T : 맥놀이 주기)와 같아, 맥놀이의 한 주기당 2번씩 맥놀이가 발생한다는 것을 의미한다. 따라서 1초 당 맥놀이 수는 $(\omega_1 - \omega_2)/2$의 2배, 즉,

$$\omega_{\text{맥놀이}} = \omega_1 - \omega_2 \tag{22.8}$$

와 같다. 각진동수(ω)와 진동수(f)사이에는 $\omega = 2\pi f$와 같은 관계가 있으므로 맥놀이 진동수($f_{\text{맥놀이}}$)는 다음가 같이 표현된다.

$$f_{\text{맥놀이}} = \frac{\omega_1 - \omega_2}{2\pi} = \frac{\omega_1}{2\pi} - \frac{\omega_2}{2\pi} = f_1 - f_2 = \Delta f \tag{22.9}$$

f_1과 f_2는 각 파원의 진동수이며 맥놀이 진동수는 두 파의 진동수 차이를 의미한다. 이러한 맥놀이 현상은 피아노의 음을 조율하는데 이용되기도 하며, AM(amplitude modulation) 라디오 수신기에서 이용되는 진폭변조의 형태가 맥놀이 현상이다. AM 방송 시에 이러한 진폭변조를 이용하는 이유는 같은 세기의 음을 전파하는 경우에, 낮은 진동수의 소리가 멀리 전파되는 현상 때문이다. 즉, 맥놀이 진동수는 원래 소리의 진동수보다 훨씬 작아 같은 세기의 전파를 발생하는 것 보다 훨씬 멀리 전파된다.

4. 실험 방법

① 1개의 음차를 고무망치로 두드려 발생된 소리를 마이크와 증폭과정을 거친 후, USB6009로 입력된 신호를 분석한다. 즉 시간에 따른 음파의 모양을 관찰하고 분석한다.

② 위에서 저장된 데이터를 실험 20의 “랩뷰를 이용한 시간영역과 주파수영역에서의 소리 분석”에서 이용한 FFT분석을 통하여 과정 ①에서 얻은 음차의 진동수를 진동수 영역에서 분석한다.

③ 음차가 설치된 소리상자를 20~30 cm 떨어져서 서로 마주보게 위치시킨다. 그들 사이의 거리를 변화시키면서, 고무망치로 소리굽쇠를 치면서 가장 적합한 위치를 찾아낸다. 음의 맥놀이 현상이 크게 들리는 위치가 좋은 위치이다.

④ 마이크를 2개 소리상자의 가운데에 위치시킨다.

⑤ 진동수가 비슷한 2개의 음차를 서로 가까이에 놓고 고무망치를 사용하여 2개의 음차를 동시에 진동시킨다.

⑥ 소리가 커졌다 작아지는 맥놀이 신호가 잘 들리는 지를 알아본다.

⑦ 마이크를 이용하여 맥놀이 신호를 탐지하여 오실로스코프로 관찰한다.

⑧ 오실로스코프를 이용하여 맥놀이 현상이 잘 관찰되면, 증폭된 마이크의 출력신호를 USB 6009에 입력하고 랩뷰프로그램을 이용하여 측정하고 저장한다.

⑨ 맥놀이 신호를 USB 6009과 FFT 분석을 통하여 두 음차의 진동수를 찾아낸다.

⑩ 저장된 데이터를 오리진과 같은 분석프로그램을 이용하여 분석한다. 즉, 맥놀이 파형을 오리진 프로그램을 이용하여 그래프로 나타내고, 맥놀이 진동수를 찾아낸다.

⑪ 음차에 기록된 음차의 진동수와 FFT 분석을 통하여 얻은 값들의 차이를 알아보고 원인에 대하여 분석한다.

5. 실험 결과

실험 회수	FFT 분석을 통한 음차 1의 진동수	FFT 분석을 통한 음차 2의 진동수	맥놀이 진동수	비 고
1				
2				
3				
4				
5				

6. 생각하여 보기

① 음파의 맥놀이 진동수는 얼마인가?

② 맥놀이 파형을 분석한 결과, 두 음파의 진동수는 얼마인가?

③ 두 파의 진폭이 같은 경우에 맥놀이 파형은 어떤 모양이 될까?

④ 두 파의 진폭이 서로 다른 경우에 맥놀이 파형은 어떤 모양이 될까?

7. 참고자료

[1] http://video.mit.edu/watch/tuning-forks-resonance-a-beat-frequency-11447/.

[2] https://www.mun.ca/physics/undergraduates/fylabs/p1021/experiment3.pdf.

[3] http://www.gwahak.com/pdfs/physics/sound_beats.pdf.

[4] http://physica.gnu.ac.kr/sim/phtml/simexp/wave/beat/beat2.html.

실 험 23

포토다이오드와 포토트랜지스터의 특성

1. 실험 목적

포토다이오드와 포토트랜지스터는 광탐지기(photo detector)의 일종으로 빛의 신호를 전기신호로 변환시킬 수 있는 반도체 소자이다. 본 실험에서는 입사하는 빛의 세기에 따른 포토다이오드와 포토트랜지스터의 특성을 알아보고, 이들의 동작원리에 대해서 이해한다. 또한 바이어스 전압을 걸어주면, 이들 소자에 도달하는 빛의 양이 증가할수록 포토다이오드와 포토트랜지스터에 흐르는 전류가 증가하는 이유와 함께 같은 조건에서 포토트랜지스터에 더 많은 전류가 흐르는 이유를 이해한다.

2. 실험 준비물

- 가변 직류전원장치(0~15 V 가변, 100 mA) : 1대
- 디지털멀티미터 : 1대
- 포토다이오드(OSP-1ML 또는 유사 포토다이오드) : 1개
- 포토트랜지스터(OST-1KLB 또는 유사 포토트랜지스터) : 1개
- 꼬마전구(200 Ω) : 1개
- 저항(10 $k\Omega$) : 1개

3. 기초 이론

빛의 신호를 전기신호로의 변환을 목적으로 제작된 광탐지기 소자로 대표적인 것이 포토다이오드와 포토트랜지스터가 있으며, 이들 소자의 표면에 도달하는 빛을 통과시키는 유리 또는 플라스틱 등의 재질로 만들어진 렌즈가 부착되어 있다. 포토다이오드의 경우에 빛이 없는 상태에서 포토다이오드에 전압을 인가하면 그림 23.1의 ⓐ와 같은 일반 다이오드의 정류 특성이 얻어지지만, 외부로부터 입사하는 빛의 세기에 따라 전류-전압특성은 그림 23.1의 ⓑ및 ⓒ와 같이 변하게 된다.

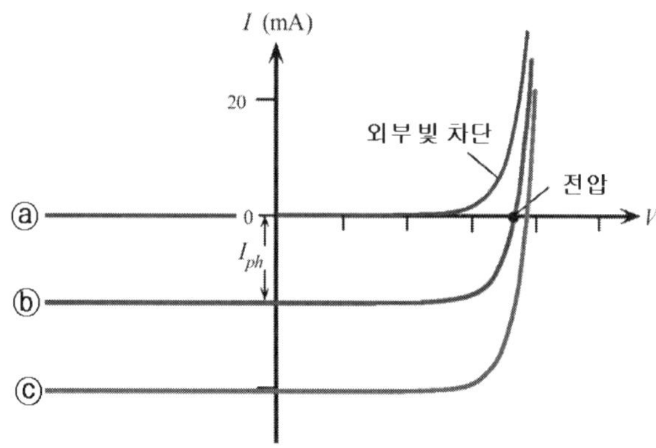

그림 23.1 포토다이오드의 전류-전압특성 (참고자료 5에서 인용)

한편, 포토트랜지스터의 베이스와 컬렉터 사이의 $p-n$ 접합부에 빛을 조사하면 전자와 정공이 발생하고 이들이 전기장을 따라 이동하면서 광전류를 발생시킨다. 이렇게 발생된 광전류를 트랜지스터의 증폭작용을 이용하여 증폭시킨 것이 포토트랜지스터이다. 포토트랜지스터는 일반 트랜지스터와 마찬가지로 3단자로 쓰는 것과 베이스 전극단자를 없애 외견상 2단자인 것이 있는데, 동작원리는 거의 비슷하다.

입사하는 빛의 파장에 대한 포토트랜지스터의 반응특성은 사용된 반도체의 금지대폭에 의해 결정된다. 따라서 게르마늄에서는 0.7 eV 에 상응하는 1.5 μm , 실리콘에서는 1.1 eV 에 상응하는 0.97 μm 부근에서 최고 감도가 얻어지며, 그 이상에서는 감도가 급속히 떨어진다. 이보다 짧은 파장의 빛이 입사하는 경우에 빛의 에너지는 충분히 커지지만 반도체 표면에서의 빛의 흡수가 커져서 감도가 내려간다. 광전류는 빛의 세기에 비례하여 증가하는데, 입사광이 너무 세면 발열문제가 발생하여 오히려 증가율은 감소한다.

4. 실험 방법

4-1. 포토다이오드의 저항측정

포토다이오드는 빛의 세기에 따라 저항이 변하는 특별한 다이오드로서, 수동소자이기 때문에 회로에 전류를 흘려주기 위해서는 바이어스전압을 가해주어야 한다. 이러한 포토다이오드는 빛의 세기변화에 매우 빠르게 반응한다. 외부에서 바이어스전압을 가해주는 경우에 빛의 세기가 증가함에 따라 포토다이오드의 저항이 감소하므로 회로에 흐르는 전류는 증가한다. 포토다이오드의 P/N 접합부를 향하는 2개의 화살표는 소자가 빛의 변화에 반응한다는 것을 나타낸다.

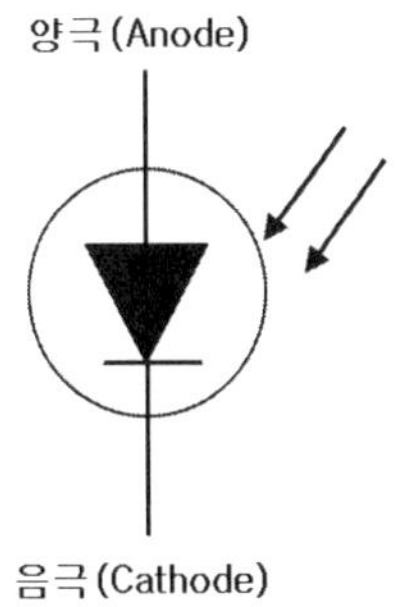

그림 23.2 포토다이오드 기호

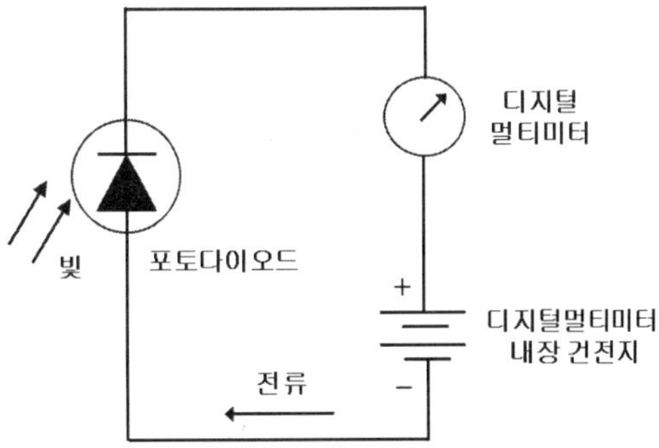

그림 23.3 포토다이오드 저항측정법

① 포토다이오드를 그림 23.3과 같이 연결하면, 포토다이오드에 역-바이어스의 전압(OSP-1ML의 최대 역 바이어스 전압은 20V)을 걸어주는 결과를 가져오므로 멀티미터가 가리키는 전류의 크기는 포토다이오드의 저항의 변화에 따라 변하게 된다.

② 디지털 멀티미터를 반대로 연결하면 포토다이오드가 순방향으로 연결되는 결과를 가져오므로, 포토다이오드에 과전류가 흘러 손상을 가져올 수 있다.

③ 포토다이오드는 전류의 증폭이 불가능하므로, 주어진 회로에서 사용될 수 있는 전류의 양은 소자가 사용되어지는 전류에 의하여 제한되므로 포토다이오드를 사용하여 낮은 레벨의 신호를 사용하는 데에는 한계가 있다.

4-2. 포토트랜지스터의 저항측정

포토트랜지스터는 포토다이오드가 내장된 트랜지스터라고 볼 수 있으며, 기호는 그림 23.4과 같다. 그림 23.5에서 포토다이오드의 저항이 감소하면, 트랜지스터의 베이스에 흐르는 전류가 증가하여 콜렉터에 흐르는 전류가 증가하게 된다. 그림 23.5와 같이 멀티미터의 저항기를 에미터와 콜렉터에 연결하면, 전류가 증가함에 따라 저항이 감소한다는 것을 알 수 있지만, 이를 측정하는 것은 불가능하다.

① 포토다이오드와 포토트랜지스터의 저항을 측정하여 보자. 포토다이오드의 측정은 트랜지스터의 베이스와 콜렉터 사이에서 이뤄지게 된다.

② 포토트랜지스터의 측정은 트랜지스터의 에미터와 콜렉트사이에서 이뤄지게 된다.

③ 포토트랜지스터는 트랜지스터의 끝부분에 플라스틱렌즈가 있다는 것을 제외하고는 일반 트랜지스터와 매우 비슷하다.

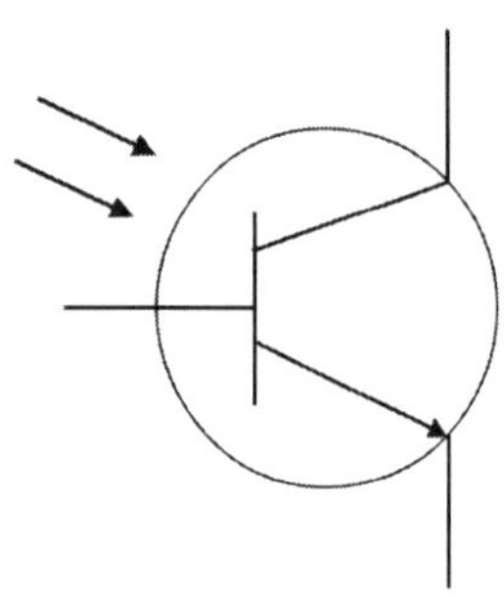

그림 23.4 포토트랜지스터 기호

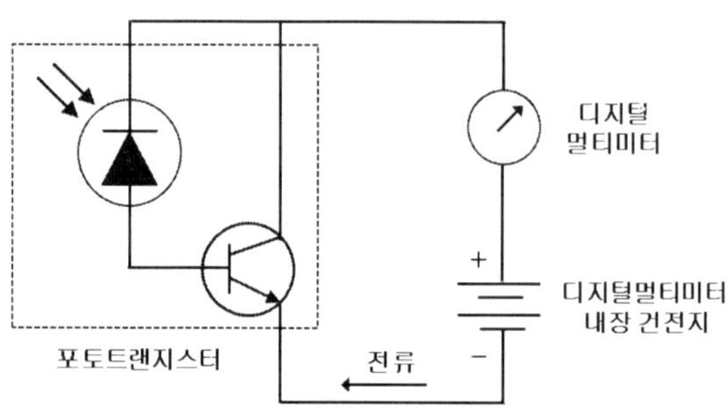

그림 23.5 포토트랜지스터 저항측정법

④ 측정에 편리하도록 트랜지스터의 다리들을 브레드보드에 끼우거나 멀티미터의 단자선과 연결이 쉽도록 트랜지스터의 다리들의 사이를 약간 벌려 놓는다.

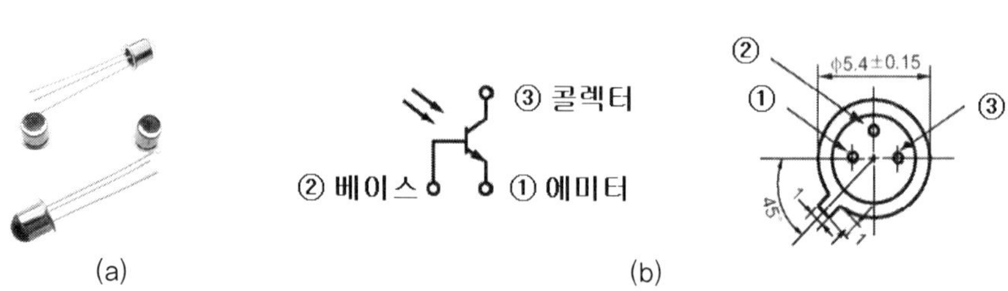

그림 23.6 포토트랜지스터 OST-1KLB의 모양(a)과 규격 및 단자위치(b) (참고자료 3, 4에서 인용)

⑤ 그림 23.6(b)에서 보여주는 바와 같이 트랜지스터의 바닥 쪽에서 보면서 트랜지스터의 리드선을 구별한다.

⑥ 그림 23.7에서와 같이 멀티미터의 리드선을 트랜지스터의 베이스 및 콜렉터와 연결한다. 참고로 디지털멀티미터의 공통리드선(블랙)은 내장된 전지의 (+)와 연결되어 있다는 것을 기억하기 바라며, OST-1MLA의 베이스는 그림 23.5(a)에서 보여주는 바와 같이 옆으로 살짝 튀어나온 것으로 에미터와 콜렉터와 같이 단자 모양이 아니다.)

⑦ 트랜지스터의 렌즈부분을 검은 전기테이프로 감싼 상태에서 저항을 측정하여 표 23.2에 기록한다. 물론 이때에 멀티미터의 측정범위는 측정하기 가장 좋은 범위를 선택해서 측정한다.

⑧ 트랜지스터의 렌즈부분을 감싼 검은 전기테이프를 제거하고, 켜진 꼬마전구 가까이에서 저항을 측정한다. 또한 꼬마전구까지의 거리를 증가시키거나 감소시키면서 저항의 변화를 관찰한다.

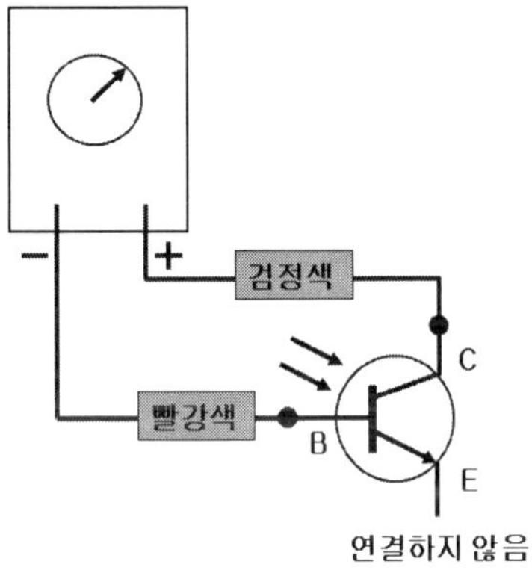

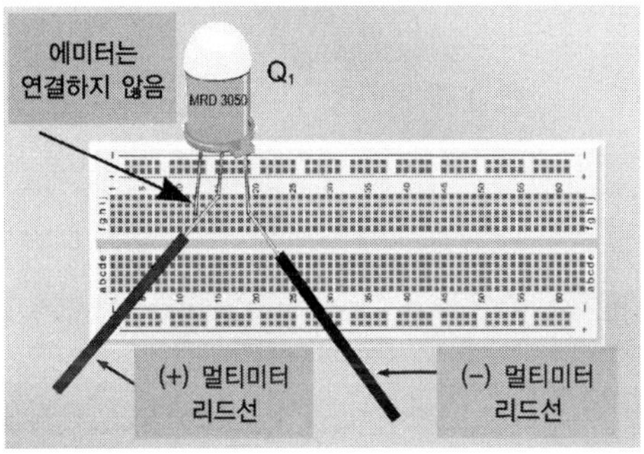

그림 23.7 포토트랜지스터를 사용하여 포토다이오드 저항 측정하기

⑨ 포토트랜지스터를 그림 23.8과 같이 연결한다.

⑩ 포토트랜지스터의 경우에 램프까지의 거리가 감소함에 따라, 저항 값은 감소해야만 된다. 이를 확인하고 이유를 생각하여 보라.

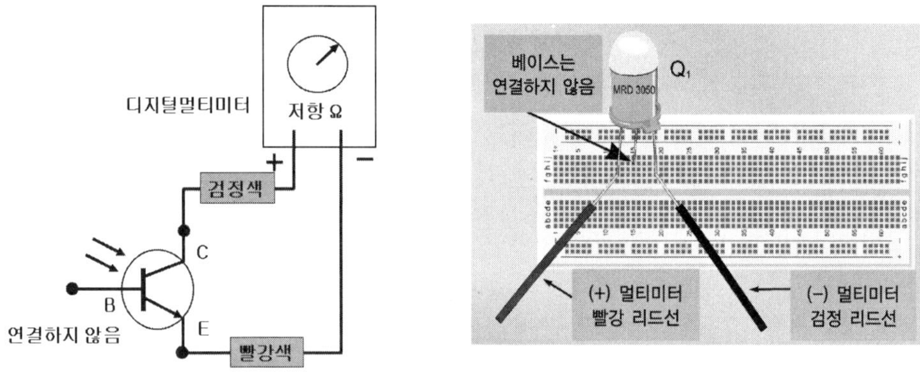

그림 23.8 포토트랜지스터 저항 측정하기

⑪ 위의 과정 ⑨, ⑩을 통하여 측정한 저항 값들을 표 23.2에 기록한다.

표 23.2 포토다이오드와 포토트랜지스터의 저항

조명 조건	포토다이오드의 저항	포토트랜지스터의 저항
빛이 차단된 경우		
실내조명 경우		

⑫ 포토트랜지스터를 이용하는 대부분의 회로에서는 그림 23.8에서와 같이 회로에도 에미터와 콜렉터만을 연결하여 사용되고 있다.

4-3. 포토다이오드와 포토트랜지스터에 흐르는 전류

포토다이오드와 포토트랜지스터의 저항이 이들 소자에 도달하는 빛의 양에 의하여 변한다는 것을 알았다. 실험 3에서는 빛의 세기를 변화시키면서 이들 소자에 흐르는 전류에 대한 특성을 알아보고자 한다.

① 포토다이오드와 포토트랜지스터에 그림 23.9와 같이 역전압을 걸어준다.

② 포토다이오드에 도달하는 빛의 양에 따라, 포토다이오드의 저항이 변하므로, 베이스에 흐르는 전류가 변하게 된다. 이러한 전류의 변화는 증폭기에 의해 증폭되어 콜렉터에 흐르는 전류의 변화를 가져온다.

③ 포토트랜지스터에서의 전류 이득은 포토트랜지스터에 흐를 수 있는 전류가 포토다이오드에 흐를 수 있는 전류보다 훨씬 더 크기 때문이다.

④ 전구를 사용하여 소자에 들어오는 빛의 양을 조절한다. 즉, 전구와 트랜지스터 사이의 거리를 일정하게 유지하고, 전구에 가해주는 전압을 변화시키면서 전구의 밝기를 조절한다.

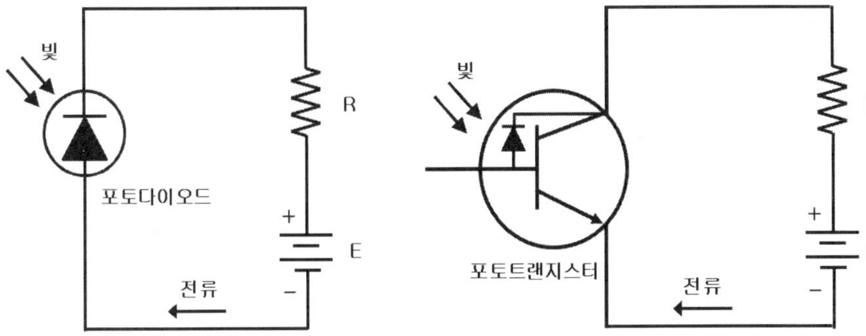

그림 23.9 포토다이오드와 포토트랜지스터에 흐르는 전류 측정회로 및 역 바이어스 전압

⑤ 전구의 밝기에 따라 포토다이오드와 포토트랜지스터에 흐르는 전류를 멀티미터를 이용하여 측정한다.

⑥ 그림 23.10과 같이 회로를 구성하고, 전구를 끈 상태에서 전류를 측정한 후, 전구의 밝기에 따라 베이스와 콜렉터로 이뤄된 포토다이오드에 흐르는 전류를 측정하여 표 23.3에 기록한다.

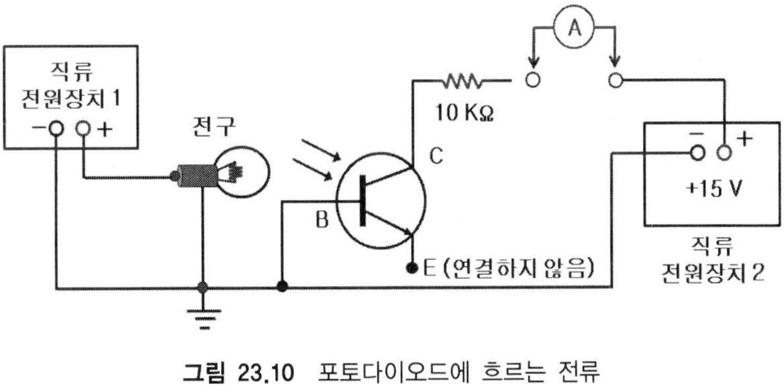

그림 23.10 포토다이오드에 흐르는 전류

⑦ 그림 23.11과 같이 회로를 구성하고 전구를 끈 상태에서 전류를 측정한 후, 전구의 밝기에 따라 포토트랜지스터에 흐르는 전류를 측정하여 표 23.3에 기록한다. 하나의 전구로부터 같은 거리에 포토다이오드와 포토트랜지스터를 위치시키고 실험하면 전구의 밝기가 같은 조건하에서 포토다이오드와 포토트랜지스터에 흐르는 전류를 측정하여 그 크기를 서로 비교할 수 있다.

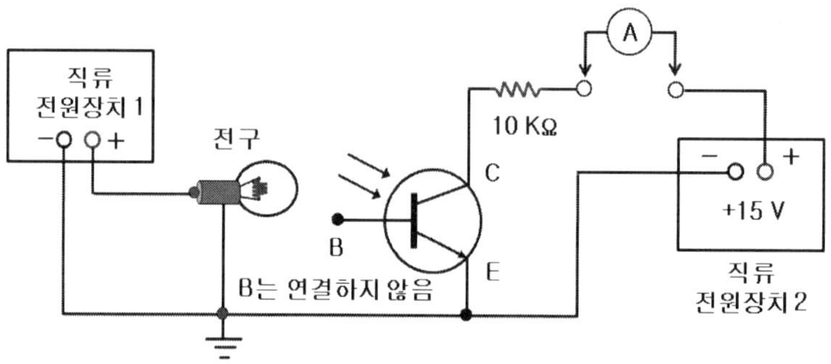

그림 23.11 포토트랜지스터에 흐르는 전류

표 23.3

전구 전압	포토다이오드에 흐르는 전류	포토트랜지스터에 흐르는 전류
0 V		
2 V		
4 V		
6 V		
8 V		
10 V		
12 V		
14 V		

⑧ 빛의 세기가 증가함에 따라 저항이 감소하므로 전류는 증가해야 한다.

⑨ 포토트랜지스터는 전류의 증가가 일어나므로 포토트랜지스터에 흐르는 전류의 세기는 포토다이오드에 흐르는 전류보다 훨씬 커야 한다.

5. 생각하기

① 포토다이오드와 포토트랜지스터의 저항은 어떻게 측정하는가?

② 포토다이오드와 포토트랜지스터 소자에 입사하는 빛의 양이 증가할수록 저항이 감소하는 이유는 무엇인가?

③ 같은 양이 빛이 입사하더라도 포토다이오드와 포토트랜지스터의 저항 값은 서로 다르다(표 23.4 참조). 그 이유는 무엇인가?

④ 포토트랜지스터는 트랜지스터의 베이스와 컬렉터 사이에 연결된 포토다이오드로 구성되어 있으므로, 베이스와 컬렉터 단자를 연결하여 저항 및 전류의 크기를 측정함으로서 포트다이오드의 특성을 측정할 수 있다.

⑤ 트랜지스터의 에미터와 컬렉터 단자를 연결하여 저항 및 전류의 크기를 측정함으로서 포트다이오드의 특성을 측정할 수 있다.

⑥ 전구에 가해주는 전압의 크기에 비례하여 전류의 크기가 비례하지 않는 이유는 전구의 밝기가 가해주는 전압에 비례하지 않으며, 포토트랜지스터와 포토다이오드의 전류 특성도 입사하는 빛의 세기에 비례하지 않기 때문이다.

6. 참고자료

[1] http://cie-wc.edu/1452-Photodiode-Phototransistor-R-Measurements-EXP5-06-26-2012.pdf.

[2] http://cie-wc.edu/Photodiode-Phototransistor-Characteristics-07-10-2012.pdf.

[3] https://www.ic114.com/AJAXWWW/SITE/sc/00V0.aspx?ID_P=P0067261.

[4] http://www.opto-sensor.com.tw/upload/1309940233OST-1KLB.pdf.

[5] http://elearning.kocw.net/KOCW/document/2014/mmu/hansonghee2/9.pdf.

실 험 24

랩뷰와 광센서를 이용한 빛의 회절과 간섭

1. 실험 목적

레이저를 이용하여 빛의 특성 중의 하나인 회절과 간섭현상을 관찰하고, 영(young)의 간섭 실험을 통하여 빛의 파동성에 대한 이해와 함께 사용한 빛의 파장을 측정하는 방법을 이해한다. 또한 단색광(레이저)와 이중슬릿을 이용한 간섭 및 단일슬릿을 이용한 회절현상을 광센서와 랩뷰를 이용하여 측정함으로서 사용 중인 단색광 빛의 파장을 측정한다.

2. 실험 이론

2-1. 간섭

간섭성이 좋은 두 빛이 중첩되는 경우 빛의 에너지가 공간에 균일하게 분포되지 않고, 관측지점에 따라 극대와 극소가 반복적으로 일어나는 현상은 빛의 간섭에 기인한다. 간섭을 일으키기 위해서는 두개 이상의 파동이 같은 속도, 진동수 및 상대적 위상이 일정하게 유지되어야 한다.

간섭은 두 파동의 마루와 마루 또는 골과 골이 중첩되어 합성파의 진폭이 최대로 되는 보강간섭과 두 파동의 마루와 골이 중첩되어 합성파의 진폭이 최소로 되는 소멸간섭이 있다.

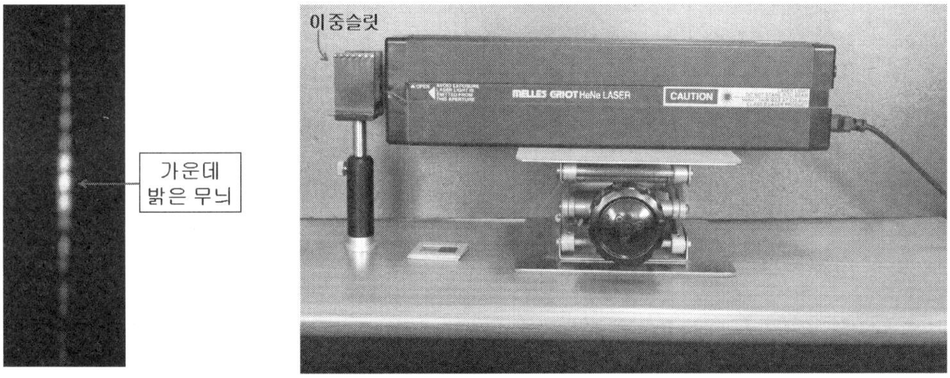

(a) (b)

그림 24.1 이중슬릿에 의한 (a) 간섭무늬, (b) 실험도구

2-2. 회절

광원과 스크린 사이에 빛이 투과하지 않는 원형 또는 특정 모양의 물체를 두었을 경우에 관측하고자하는 스크린 위에 생긴 물체의 그림자 주위에 밝고 어두운 무늬들을 볼 수 있는데, 이처럼 기하광학의 예측으로부터 벗어나는 현상을 빛의 회절이라고 한다.

한 예로서 폭이 좁은 슬릿을 통과한 빛이 슬릿의 폭에 비하여 넓게 퍼지면서 밝고 어두운 무늬가 얻어지는 현상으로, 얻어지는 회절패턴은 슬릿 내에 존재하는 무수히 많은 연속적인 파원들로부터 나온 파들이 일종의 간섭을 일으켜 밝고 어두운 무늬가 생기는 것이다. 파장이 길수록, 그리고 슬릿의 폭이 좁을수록 회절이 잘 일어난다.

2-3. 광센서

물체의 가속도, 온도, 압력 및 빛의 세기와 같은 물리량을 전압, 전류, 전기저항 및 전기용량 등과 같은 전기적 신호로 바꾸어 주는 전자소자를 센서라 한다. 빛의 세기를 광센서를 이용하여 전기적 신호로 변환하면, 컴퓨터 등을 이용한 측정이 가능하며 빛의 세기를 측정하는 데 사용되는 광센서는 다양한 센서 중의 하나이다.

3. 실험 방법

3-1. 이중슬릿에 의한 간섭

토마스 영은 빛에 대한 간섭효과를 발견하여 빛의 파동성을 설명하였다. 이중슬릿에 의한 간섭에서는 두개의 파동이 서로 중첩되어 관측지점에 따라 빛의 세기가 극대와 극소로 변한다. 간섭을 일으키기 위해서는 두개 이상의 파가 같은 진행속도 및 진동수 (또는 파장)를 가지면서, 두 파사이의 상대적 위상이 일정하게 유지되어야 한다.

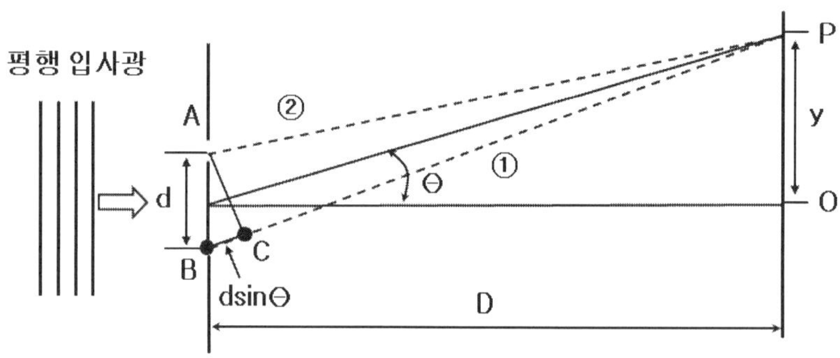

그림 24.2 이중슬릿에 의한 빛의 간섭

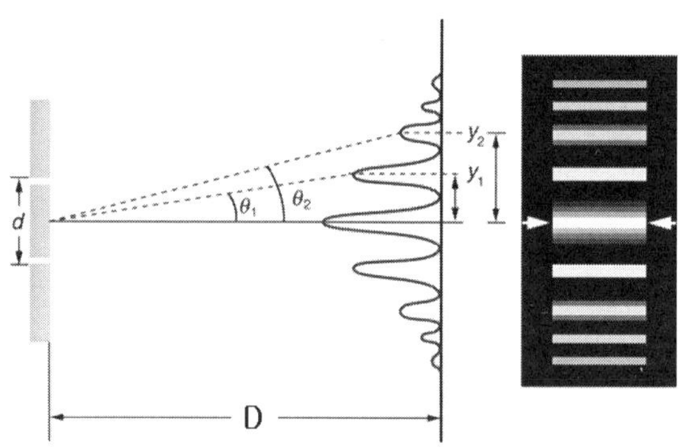

그림 24.3 이중슬릿에 의한 간섭 패턴 (참고자료 1에서 인용)

그림 24.2에서 두 개의 슬릿 A, B에서 나온 빛에 의한 간섭을 생각하자, 슬릿 A, B로부터 점 P에 도달하는 광선 ①과 ②는 두 슬릿에서 같은 위상에 있고, 슬릿을 통과한 두 광선이 점 P에 도달하면 진행거리의 차이에 의해 위상차가 생긴다. 두 슬릿사이

의 간격 d와 스크린 위의 두 점 PO의 거리 y가 슬릿과 스크린까지의 거리 D보다 매우 작다면 광선 ①과 ②사이의 경로차(δ)는 다음과 같이 주어진다.

$$\delta = BP - AP = BC \tag{24.1}$$

만일, 경로차 δ가 입사광의 파장(λ)의 정수배가 되면 점 P에서 광선 ①과 ②는 같은 위상에 있게 되어, 점 P에서 보강간섭을 일으켜 밝은 점이 된다.

그림 24.2에서 광선 ①과 ②의 광경로 차는 $BC = d\sin\theta$이므로 점 P에서 보강간섭을 일으킬 조건은 다음과 같다(그림 24.4 참조).

$$d\sin\theta = n\lambda \quad (n = 0, 1, -1, 2, -2, \cdots) \quad [\text{보강간섭}] \tag{24.2}$$

여기서 n은 간섭의 차수라고 부르며, $n = 4$인 경우를 4차 간섭이라 부른다. 식(24.2)로부터 슬릿의 간격(d)가 좁을수록 밝은 무늬들 사이의 간격이 넓어짐을 알 수 있다. 즉, θ가 증가함을 알 수 있다.

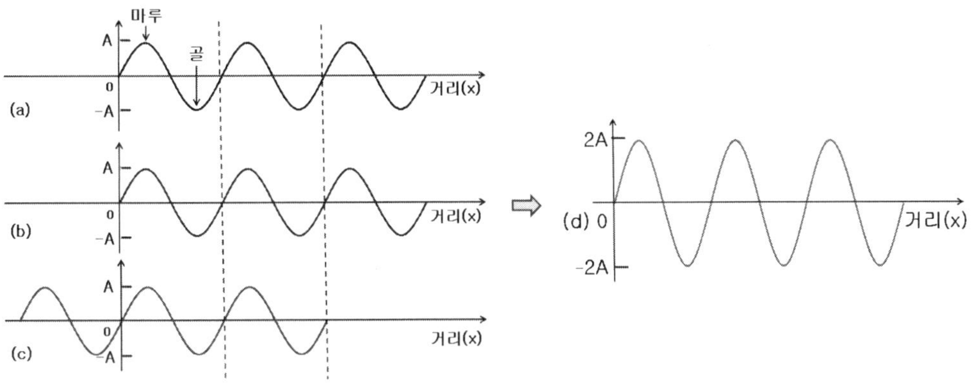

그림 24.4 2중 슬릿에 의한 보강 간섭

한편, 점 P에서 광선 ①과 ②의 광경로 차가 반파장의 홀수배가 되면 광선 ①과 ②는 점 P에서 서로 마루와 골이 만나면서 소멸간섭을 일으켜 어둡게 된다. 따라서 소멸간섭을 일으킬 조건은 식(24.3)과 같다(그림 24.5 참조).

$$d\sin\theta = (n + \frac{1}{2})\lambda \quad (n = 0, 1, -1, 2, -2, \cdots) \quad [\text{소멸간섭}] \tag{24.3}$$

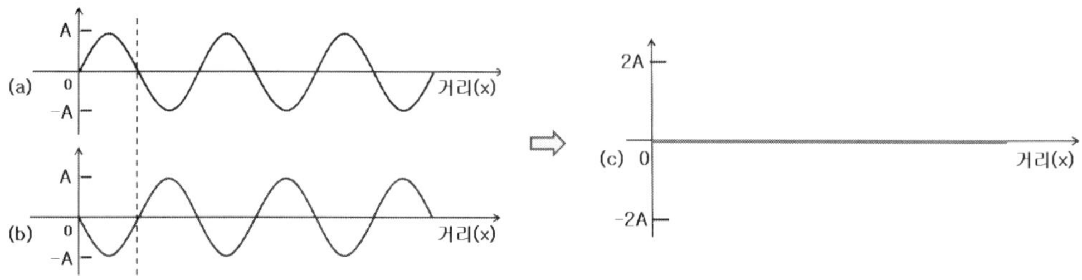

그림 24.5 2중 슬릿에 의한 소멸 간섭

스크린의 중앙(O)에는 보강간섭에 의하여 밝은 점이 생기고, 이를 기준으로 양쪽으로 어둡고 밝은 무늬가 연속적으로 생기게 된다(그림 24.1(a) 또는 그림 24.3 참조). 슬릿의 간격 d 가 빛의 파장 λ 에 비하여 매우 크고 슬릿에서 스크린까지의 거리 D 가 슬릿의 간격 d 에 비하여 매우 큰 경우에 $\sin\theta \simeq \theta$ 의 관계가 있으므로, $y = D\lambda / d$ 의 관계가 있다. 한편, 인접한 밝은 무늬사이의 관계는 다음과 같이 표현된다. 즉,

$$d\sin\theta_n = n\lambda \quad (n \text{ 번째 밝은 무늬})$$

$$d\sin\theta_{n+1} = (n+1)\lambda \quad (n+1 \text{ 번째 밝은 무늬}) \tag{24.4}$$

식(24.4)로부터 인접한 밝은 무늬들 사이의 간격은 다음과 같다. 즉,

$$d\sin\theta_{n+1} - d\sin\theta_n = d(\sin\theta_{n+1} - \sin\theta_n) = \lambda \tag{24.5}$$

그림 24.3에서 $D\sin\theta_2 = y_2$, $D\sin\theta_1 = y_1$으로 인접한 두 밝은 무늬사이의 간격은 다음과 같다.

$$D\sin\theta_2 - D\sin\theta_1 = D(\sin\theta_2 - \sin\theta_1) = y_2 - y_1 = y \tag{24.6}$$

식 (24.5)와 (24.6)으로부터 인접한 두 밝은 무늬사이에는 다음과 같은 관계식이 얻어진다.

$$D(\sin\theta_2 - \sin\theta_1) = D\frac{\lambda}{d} = y \quad \rightarrow \quad \lambda = \frac{yd}{D} \tag{24.7}$$

식(24.7)로부터 인접한 밝은 무늬 (또는 어두운 무늬)사의 간격(y), 슬릿의 간격(d) 및 슬릿과 스크린까지의 거리(D)를 이용하면 사용된 빛의 파장을 구할 수 있다.

3-2. 단일슬릿에 의한 회절

빛이 진행하다가 슬릿과 같은 작은 구멍을 통과하거나, 또는 슬릿모양의 불투명체를 만나는 경우에 스크린에 밝고 어두운 무늬가 생기는 현상을 회절이라고 한다. 한 예로서 그림 24.6에서 슬릿을 통과한 7개의 광선들은 모든 방향으로 퍼져나가게 된다. 그림 24.6(a)와 같이 직진하는 광선들이 스크린 위의 한 점 O에서 만나는 경우에, 7개의 광선들은 모두 같은 위상에 있으므로 스크린의 중앙에 밝은 무늬(중앙 제1극대)를 형성하게 된다.

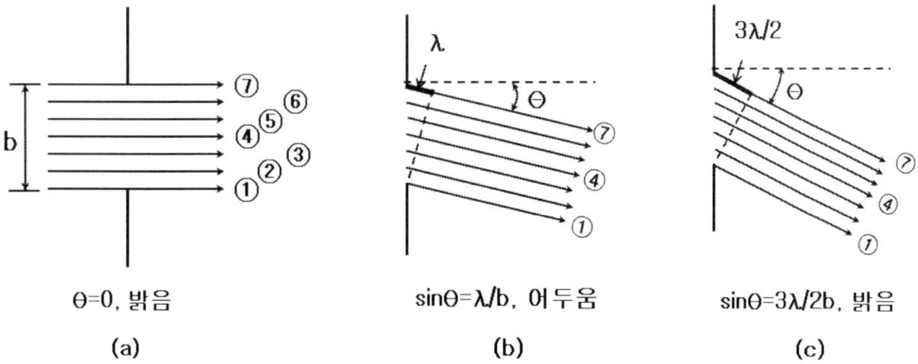

그림 24.6 단일슬릿에 의한 회절

그림 24.6(b)에서는 슬릿안의 제일 아래를 지나는 광선 ①과 제일 위를 지나는 광선 ⑦의 광 경로차가 정확히 한 파장 λ 만큼 차이가 나는 경우로서 슬릿의 중심을 지나는 광선 ④와 광선 ⑦의 빛과는 반파장의 위상차를 가지게 된다. 따라서 두 빛의 위상이 서로 반대이므로 소멸간섭을 일으키게 된다. 마찬가지로 광선 ②와 ⑤, 광선 ③와 ⑥은 스크린 위에서 서로 $\lambda/2$ 만큼의 광 경로차가 발생하여 서로 소멸간섭을 일으킨다. 따라서 슬릿의 상반부를 지나는 빛들과 하반부를 지나는 빛들은 대칭적으로 서로 소멸간섭을 하게 되며, 이를 수식으로 표현하면 다음과 같다.

$$b\sin\theta = \lambda \qquad [\text{제 1극소}] \qquad (24.8)$$

그림 24. 6(c)에서와 같이 광선 ①과 광선 ⑦의 광 경로차가 $3\lambda/2$ 인 경우에서는 위에서 설명한 같은 원리에 의하여 스크린에 밝은 무늬를 형성하게 되며, 이를 수식으로 표현하면 다음과 같다.

$$b\sin\theta = 3\lambda/2 \qquad [\text{제 2극대}] \qquad (24.9)$$

위의 설명을 기초하면 일반적으로 극소가 일어나는 조건들은 다음과 같이 표현된다.

$$b\sin\theta = n\lambda \qquad (\ n = 1, 2, \cdots)\ [\text{극소}\ ] \qquad (24.10)$$

$n = 0$ 인 경우는 극소가 아닌 가장 큰 제1 극대가 된다. 참고로 그림 24.7은 단일슬릿에 의한 회절무늬의 상대적 세기를 나타낸 것이다.

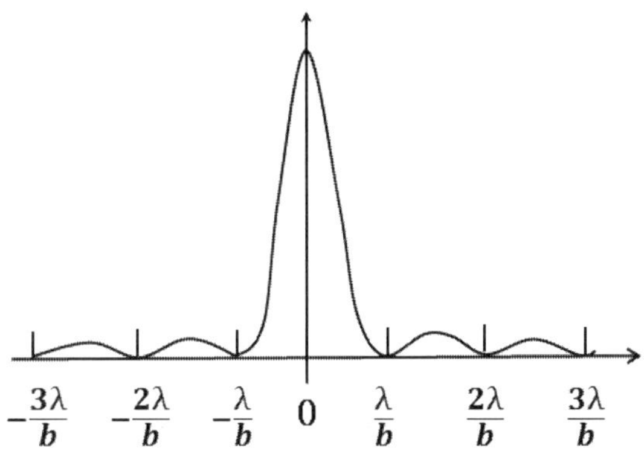

그림 24.7 단일 슬릿에 의한 회절 무늬 패턴

4. 실험 방법

4-1. 장치의 셋업

① 수평으로 놓인 바닥에 받침대를 설치하고 스텝모터를 고정시킨다(그림 26.8 참조).

② 그림 26.8에서와 같이 스텝 모터의 동작에 따라 광센서가 이동하도록 설치하고, 광센서로부터의 신호를 전달하는 컨넥터를 연결한다.

③ 그림 26.8과 같이 광센서 및 스텝모터가 USB009와 잘 연결되었는지 확인한다.

④ 레이저와 슬릿을 그림 26.8과 같이 설치한 다음 레이저를 켜서, 슬릿이 없을 때 레이저가 스크린(광센서)에 정확히 도달하는지 확인한다.

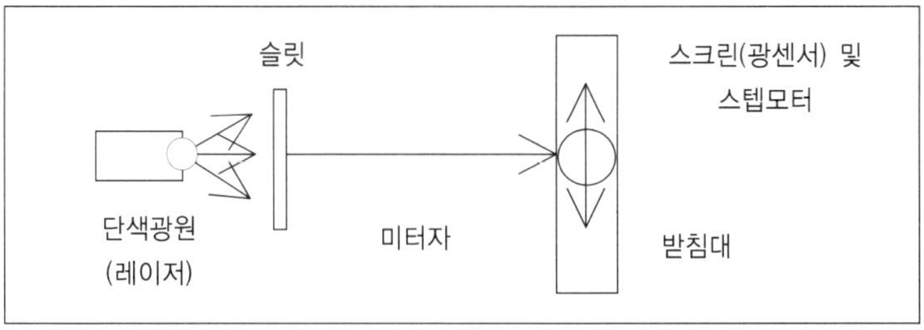

그림 26.8 개략적인 실험 장치

⑤ 그림 26.8과 같이 단일슬릿(또는 이중슬릿)을 설치하고 레이저 빛이 슬릿을 통과하는 지를 확인한다.

⑥ 슬릿과 스크린(광센서)사이의 거리 D를 측정한다.

⑦ 연산증폭기(IC741)를 연결한 회로를 만든 후 DAQ 보드(USB6009)에 연결하여 컴퓨터와 연결시킨다(그림 26.9 참조).

⑧ IC741을 이용하여 만든 증폭기의 출력을 DAQ 보드(USB-6009)에 연결하여 컴퓨터와 연결시킨다(그림 26.9 참조).

⑨ 실험 셋업이 끝나면 실험실 내의 조명을 꺼서 암실상태로 만든다.

주의 레이저 빛이 직접 눈에 들어오면 눈이 손상될 우려가 있고, 반사된 레이저 빛의 세기도 강하므로 직접 눈에 들어오지 않도록 주의한다.

4-2. 단일슬릿에 의한 회절무늬 관측을 위한 컴퓨터의 셋업과 데이터 저장

① 컴퓨터를 켜고 랩뷰를 실행한다.

② USB-6009를 통하여 스텝모터를 조절하는 핀 번호와 광센서로부터의 신호를 받아들이기 위위한 핀 번호를 각각 입력한다.

③ 데이터 측정과 저장을 시작하고 받침대 및 광센서가 흔들리지 않도록 천천히 스캔한다.

④ 저장된 데이터를 바탕으로 오린진과 같은 프로그램을 이용하여 회절무늬를 그래

프로 나타낸다. 그래프 상의 데이터들이 매끄럽지 않다면, 스캔 중 흔들림으로 인한 오차가 원인이 될 수 있다.

⑤ 중앙극대로부터 제1극소점까지의 거리 y를 측정하여 데이터를 기록하고 빛의 파장(λ)를 계산한다.

⑥ 슬릿의 폭이 보다 넓은 슬릿을 사용하는 경우에, 회절무늬에는 어떠한 변화가 일어나는 지를 측정결과를 바탕으로 알아본다.

4-3. 이중슬릿에 의한 간섭 실험

① 단일슬릿대신에 2중 슬릿을 설치하고, 2중 슬릿에 레이저 빛이 입사되도록 한다.

② 2중 슬릿과 광센서 사이의 거리 D를 측정한다.

③ 광센서 측정값에서 가장 밝은 간섭무늬의 중심으로부터 n번째 밝은 무늬 중심까지의 거리(y)를 측정한다.

④ 식 (24.7)을 이용하여 레이저 광원의 파장을 구한다.

$$\lambda = yd/nD \tag{24.11}$$

⑤ 사용한 레이저 광원의 파장과 식 (24.11)을 이용하여 구한 값을 비교한다.

주의 증폭기의 증폭도는 실험조건에 맞게 설정하여야 한다. 증폭이 너무 크면 보강간섭이 일어나는 부분에서의 신호가 포화(saturation)되는 경우가 있으므로, 포화가 일어나지 않는 범위 내에서 증폭기의 증폭도를 설정하여야 한다.

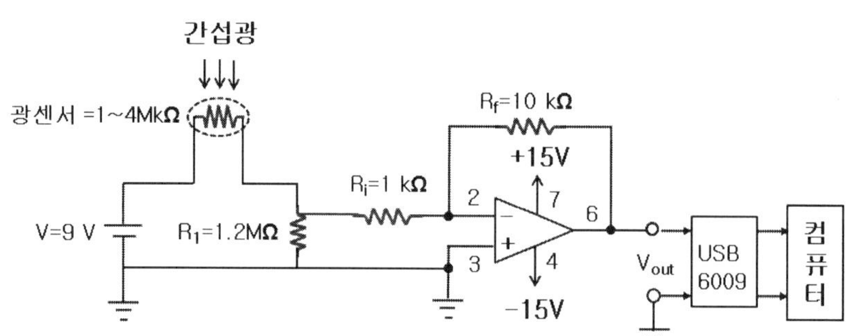

그림 26.9 실험 회로도

5. 스텝모터구동과 광센서의 데이터를 받아들이는 부분으로 구성

스텝모터의 구동을 위한 프로그램은 실험 19 랩뷰를 이용한 스텝모터 구동을 참조하여 작성하고, 광센서를 통하여 얻어진 데이터의 저장은 앞의 실험들에서 제공된 프로그램을 이용하여 저장하면 된다. 이 경우에 스텝모터의 구동과 데이터 저장 프로그램이 각각 동작하므로 실험자에 따라 1개 프로그램을 만들어 측정하는 방법도 좋은 방법이다.

6. 생각하기

① 이중슬릿에 의한 간섭실험에서 얻어진 관계식 $\lambda = dy/D$를 유도하여라. 여기서 d는 두 슬릿간의 거리, D는 슬릿과 스크린의 거리 그리고 y는 인접한 간섭무늬 사이의 간격이다.

② 주어진 광원의 파장으로부터 슬릿의 간격을 구해보라.

③ 광원을 단색광 대신에 백색광을 사용할 경우 간섭무늬는 어떻게 생길까??

7. 참고자료

[1] https://opentextbc.ca/physicstestbook2/chapter/youngs-double-slit-experiment/.

LabVIEW를 활용한 기초물리실험

인쇄 | 2019년 3월 01일
발행 | 2019년 3월 05일

지은이 | 장기완
펴낸이 | 조승식
펴낸곳 | (주)도서출판 북스힐

등 록 | 1998년 7월 28일 제22-457호
주 소 | 서울시 강북구 한천로 153길 17
전 화 | (02) 994-0071
팩 스 | (02) 994-0073

홈페이지 | www.bookshill.com
이메일 | bookshill@bookshill.com

정가 13,000원

ISBN 979-11-5971-209-8

Published by bookshill, Inc. Printed in Korea.